DIETER OTTO

Über die Arbeitsteilung im Staate von Formica rufa rufo-pratensis minor GÖSSW. und ihre verhaltensphysiologischen Grundlagen

WISSENSCHAFTLICHE ABHANDLUNGEN

NR. 30

Über die Arbeitsteilung im Staate von Formica rufa rufo-pratensis minor GÖSSW. und ihre verhaltensphysiologischen Grundlagen

EIN BEITRAG ZUR BIOLOGIE DER ROTEN WALDAMEISE

von

DIETER OTTO

DEUTSCHE AKADEMIE
DER LANDWIRTSCHAFTSWISSENSCHAFTEN ZU BERLIN

AKADEMIE-VERLAG · BERLIN
1958

Die Arbeit ist eine wenig veränderte Wiedergabe der gleichnamigen der Mathematisch-Naturwissenschaftlichen Fakultät der Karl-Marx-Universität zu Leipzig vorgelegten Dissertation des Verfassers. Sie wird mit Genehmigung des Dekans veröffentlicht.

ANSCHRIFT DES VERFASSERS:

Dr. DIETER OTTO

Deutsche Akademie der Landwirtschaftswissenschaften zu Berlin
Institut für Forstwissenschaften Eberswalde
Abteilung Forstschutz gegen tierische Schädlinge
Eberswalde

1958
Herausgegeben von der Deutschen Akademie der Landwirtschaftswissenschaften zu Berlin
Vorgelegt von Prof. Dr. Richter und Prof. Dr. Kruel
Erschienen im Akademie-Verlag GmbH, Berlin W 8, Mohrenstraße 39
Lizenz-Nr. 202 · 100/286/58
Satz, Druck und Einband: Druckhaus Maxim Gorki, Altenburg
Bestell- und Verlagsnummer: 2068/30
Printed in Germany

INHALTSVERZEICHNIS

VORWORT

Die vorliegende Arbeit entstand in den Jahren 1954 bis 1956 in der Abteilung Forstschutz gegen tierische Schädlinge des Institutes für Forstwissenschaften Eberswalde der Deutschen Akademie der Landwirtschaftswissenschaften zu Berlin.

Herrn Professor Dr. W. KRUEL möchte ich an dieser Stelle für die großzügige Förderung, die er mir bei meiner Arbeit zukommen ließ, für seine wertvollen Anregungen sowie für das mir entgegengebrachte Vertrauen meinen herzlichsten Dank sagen.

Auch Herrn Professor Dr. K. GÖSSWALD, in dessen Institut ich mich mit den Grundlagen der experimentellen Myrmekologie vertraut machen durfte und der mir das erste Versuchsmaterial zur Verfügung stellte, gilt mein Dank.

Weiter danke ich dem Direktor des Institutes für Forstwissenschaften Eberswalde, Herrn Nationalpreisträger Professor Dr. A. RICHTER, für seine verständnisvolle Unterstützung, die mir die Durchführung meiner Arbeiten an diesem Institut ermöglichte. Auch Herrn Professors Dr. A. WETZEL möchte ich an dieser Stelle gedenken, dem ich neben vielen anderen auch die Ausbildung in biologisch-technischen Arbeitsmethoden, vor allem in der histologischen Methodik, zu verdanken habe.

Schließlich gilt mein Dank all den technischen Mitarbeitern, die durch Protokollführung, Betreuung der Versuchsreihen u. a. m. zu der Fertigstellung dieser Arbeit mit so viel Eifer beigetragen haben.

Sämtliche Photos sind eigene Originalphotos, ihre Bearbeitung erfolgte im Zentralen Photolabor des Institutes durch Frau E. KRAMMEL. Ebenso sind alle Zeichnungen eigene Originale. Die zeichnerische Ausführung der Graphiken, Kurven und Schemen (Abb. 3, 22, 24 u. 25) erfolgte im Zentralen Zeichenbüro des Institutes durch Frl. E. DELFS und durch Frl. H. DANNENBERG.

I. EINLEITUNG

Die Rote Waldameise (*Formica rufa* L.) hat beachtenswerte Bedeutung beim vorbeugenden Schutz unserer Wälder gegenüber Massenvermehrungen von Schadinsekten erlangt. Der Wert ihrer Völker für den Forst ist bereits seit über 150 Jahren bekannt, doch wurde erst in den letzten Jahrzehnten damit begonnen, die regulierende Rolle von *Formica rufa* L. in der Biozönose des Waldes systematisch zu erforschen, eine Bewegung in der angewandten Entomologie, die in erster Linie auf die grundlegenden Untersuchungen von GÖSSWALD zurückzuführen ist. Inzwischen ist von den verschiedensten Seiten eine Menge verbürgtes Beobachtungs- und Untersuchungsmaterial über den Nutzen dieses staatenbildenden, räuberischen Insektes zusammengetragen worden, und seine Erprobung in der Praxis hat bereits das Stadium des Großversuches erreicht.
Der Mensch beginnt also, die nützlichen Eigenschaften dieses Insektes für seine Interessen zu nutzen; er hegt und pflegt es und stellt es in seine Dienste, so wie er es schon vor langer Zeit mit einem anderen sozialen Hautflügler, der Honigbiene, getan hatte. Die Honigbiene ist zu einem ,,wilden Haustier" geworden, und es ist verständlich, daß man sich schon seit langem für dessen Lebensweise und Körperbau interessierte. Es gibt eine große Anzahl von Darstellungen der Anatomie von *Apis mellifica* L., eine über die von *Formica rufa* L. wird man vergeblich suchen. Eine Aufzählung der Arbeiten über Histologie und Physiologie der Organe (z. B. Darmtraktus, Drüsen) der Biene würde Seiten füllen, ähnliche spezielle Untersuchungen bei *Formica rufa* L. finden sich äußerst selten. Der Nahrungsbedarf und die Fermentsysteme der Honigbiene sind genau bekannt, für die Rote Waldameise fehlen exakte Untersuchungen. Was man auch betrachtet, immer wird unser Wissen über *Formica rufa* L. im Vergleich zu dem über die Honigbiene sehr gering sein.
Diese Lücken in unserem Wissen über *Formica rufa* L. zu schließen, ist eine ernste Forderung an die Wissenschaft. Je besser spezielle Untersuchungen über die Details der Anatomie, Histologie, Physiologie und Biologie dieser Tiere informieren, desto exakter lassen sich Umfang und Grenzen des Nutzens der Roten Waldameise feststellen, desto besser sind vor allem die Ameisen für unsere Zwecke einzusetzen. Hierzu folgendes Beispiel: Erst nachdem GÖSSWALD festgestellt hatte, daß die Art *Formica rufa* L. mehrere, sich vor allem in ihrer Lebensweise unterscheidende Rassen besitzt, konnten bei der künstlichen Vermehrung die aktivsten und die biotopgerechten Rassen berücksichtigt werden. Und nicht nur das: Die Berücksichtigung der biologischen Rassenunterschiede bildete überhaupt

erst die Grundlage für eine wissenschaftlich fundierte Methodik, die eine künstliche Nestvermehrung im Großmaßstab ohne Fehlschläge und Mißerfolge gewährleistet.

Formica rufa L. gehört zu den staatenbildenden Insekten; die Formen des Zusammenlebens der einzelnen Individuen sind für das Gedeihen des Staates von ausschlaggebender Bedeutung. Doch gerade darüber ist bei *Formica rufa* L. sehr wenig bekannt. In welchem Maße die Tiere eines Ameisenvolkes bei der Bewältigung einer Aufgabe zusammenarbeiten, wodurch diese Zusammenarbeit bedingt ist, ob sich einige Individuen auf die Ausführung spezieller Arbeiten beschränken und nach welchem Prinzip diese Arbeitsteilung stattfindet, alle diese Fragen sind für unser Untersuchungsobjekt ungeklärt.

Sie zu klären, soll Aufgabe der vorliegenden Arbeit sein. Die Analyse dieses Fragenkomplexes ist gleichzeitig ein Beitrag zur vergleichenden Biologie der Insektenstaaten überhaupt.

Bei allen Experimenten beschränkte ich mich auf die Untersuchung der kleinen Rasse der Roten Waldameise, *Formica rufa rufo-pratensis minor* GÖSSW. (im folgenden kurz „*minor*" genannt), da diese nach den Ergebnissen der Arbeiten GÖSSWALDs die forstwirtschaftlich wichtigste und nützlichste Rasse der Roten Waldameise darstellt.

II. LITERATURÜBERBLICK

Nur sehr wenige Veröffentlichungen haben das Problem der Arbeitsteilung bei *F. rufa* L. zum Inhalt. Einige andere Ameisenarten sind in dieser Hinsicht bereits eingehender untersucht worden. Die Form der Arbeitsteilung bei verschiedenen Wespen und vor allem bei der Honigbiene war wiederholt Gegenstand spezieller Untersuchungen, und die gewonnenen Ergebnisse sollen, so weit es dieser Arbeit dienlich ist, vergleichsweise im folgenden mit angeführt werden.

Dieser Literaturüberblick kann tatsächlich nur ein grober Überblick sein, zumal es zweckmäßig erschien, Einzelheiten, Problemstellungen und Ergebnisse der Veröffentlichungen in den betreffenden Abschnitten dieser Arbeit anzuführen und zu besprechen.

Über den Fragenkomplex der Arbeitsteilung speziell bei *F. rufa* L. existieren lediglich 2 Freilandstudien. 1931 markierte OEKLAND Arbeiterinnen, die er im Freien bei einer bestimmten Arbeit antraf, mit einem Farbtupfen. Für jede Arbeit verwandte er eine bestimmte Farbe, dann beobachtete er die Tiere über mehrere Wochen und stellte fest, daß einige ihrer Arbeit (Bauen, Zusammentragen von Baumaterial oder Beute, Blattlausbesuch u. a.) bis zu 5 Wochen und länger treu blieben, daß andererseits aber viele der markierten Tiere zwischen den einzelnen Außendienstarbeiten wechselten.

OEKLANDs Versuche wurden 1934 von KIIL mit einer größeren Anzahl markierter Versuchstiere wiederholt. Auch KIIL berichtet, daß die einzelne Ameise nicht fest an eine spezielle Arbeit gebunden ist, sondern daß sie diese nicht selten mit einer anderen Beschäftigung vertauscht. KIIL bezweifelt deshalb eine echte Arbeitsteilung und führt die vereinzelt feststellbare schwache Stetigkeit auf drei Faktoren zurück: 1. Die Reihenfolge der erwachenden Reflexe und Instinkte bedingen eine gewisse altersmäßige Abhängigkeit der Tätigkeiten. 2. Während der ganzen Lebenszeit besteht eine ursächliche Verbindung zwischen der Betätigung und dem Polymorphismus. Da bei *F. rufa* L. eine durchgreifende größenmäßige Aufteilung in Arbeiterkasten nicht vorhanden ist, macht sich ein Unterschied in der Betätigung nur als vorherrschende Neigung geltend, indem einzelne Größengruppen in der Ausübung bestimmter Tätigkeiten dominieren. 3. Ein gewisser Konservatismus in der Betätigung hängt mit der von OEKLAND und KIIL nachgewiesenen Beharrlichkeit zusammen, ein bestimmtes Gebiet immer wieder aufzusuchen, in dem die Tiere dann stets die gleiche Betätigungsmöglichkeit vorfinden. Diesem dritten Faktor mißt KIIL bei weitem die größte Bedeutung bei.

Mit diesen beiden Arbeiten, deren experimenteller Teil sich zudem nur mit der Stetigkeit bzw. dem Wechsel zwischen einigen außerhalb des Nestes liegenden Tätigkeiten beschäftigt, ist die Aufzählung der sich mit der Arbeitsteilung bei *F. rufa* L. befassenden Literatur eigentlich bereits erschöpft. Zu erwähnen ist nur noch eine Veröffentlichung von HEYDE (1924) über die „Entwicklung der psychischen Fähigkeiten bei Ameisen". Hier finden sich einige Angaben über die Reihenfolge des Auftretens von Reflexen und der Instinkte (der eben erwähnte Faktor 1 bei KIIL) bei verschiedenen Ameisen, u. a. auch bei *Formica spec.* Die Verwertbarkeit der Ergebnisse dieser Arbeit wird allerdings stark beeinträchtigt durch folgendes: Erstens ist die von der Autorin vertretene Auffassung vom Wesen des Reflexes und Instinktes heute unhaltbar geworden. Zweitens wird stets nur die Gattung, nie die Art genannt, also nur von *Formica*, *Camponotus*, *Lasius* und *Myrmica* gesprochen. Drittens fehlen absolute oder relative Zeitangaben. (Eine Tabelle, die Angaben über die Instinktentwicklung nach Tagen enthält, bezieht sich auf Versuche unter völlig unnatürlichen Verhältnissen.)

Zur Analyse des Verhaltens bei der Bewältigung bestimmter Aufgaben existieren nur einige kleinere Mitteilungen verstreut im Schrifttum. STÄGER (1923) und WELLENSTEIN (1954) schildern das Erbeuten von Insekten, CHAUVIN (1950) beschreibt den Transport von Beute und STÄGER (1935) den von Baumaterial durch mehrere Arbeiterinnen zugleich. Aus allen Angaben geht hervor, daß die Zusammenarbeit keine planmäßige ist, sondern daß vielmehr sich jedes Tier so verhält, als hätte es allein die Arbeit zu verrichten, und nur das gleiche Grundstreben aller Beteiligten garantiert einen gemeinsamen Erfolg.

STÄGER (1931) veröffentlichte eine Arbeit über das Herbeilocken von Gefährtinnen zu einer großen Beute durch eine Finderameise. Er beschreibt die schon bekannte, aber falsch gedeutete Erscheinung, daß die Finderin das zu große Beutetier erregt umkreist, wodurch sie in der Nähe befindliche Ameisen anlockt. Nach STÄGER soll bei dieser Anlockung der Geruch keine Rolle spielen, sondern das Sehen der Bewegung (Kinopsis) veranlaßt die Gefährtinnen, zum Beuteplatz zu eilen.

Weit besser informiert das Schrifttum über das Problem der „großen Arbeitsteilung", der Arbeitsteilung zwischen den geschlechtstüchtigen, eierproduzierenden Weibchen und den geschlechtsuntüchtigen, die mannigfaltigen Arbeiten inner- und außerhalb des Nestes verrichtenden Arbeiterinnen. Der Streit um eine blastogene oder trophogene Determination von Königin und Arbeiterin ist durch die Arbeiten von GÖSSWALD und BIER (1953, 1954) und BIER (1952, 1954) für *F. rufa* L. dahingehend entschieden worden, daß die Potenz, Königinnen hervorzubringen, nur den im Winter gebildeten und im zeitigen Frühjahr abgelegten Eiern infolge ihres Reichtums an Ribonukleinsäure zukommt, daß nun aber noch trophogene Einflüsse während der postembryonalen Entwicklung bis zum dritten Larventage entscheiden, ob aus dem Winterei eine Königin oder eine Arbeiterin wird. Aus Sommereiern können nie Königinnen entstehen. Es findet sich also bei dieser Art eine enge Verquickung trophogener und blastogener

Determinanten. — Die Arbeitsteilung zwischen Königin und Arbeiterin soll jedoch nicht Gegenstand vorliegender Untersuchung sein.
Über die Arbeitsteilung zwischen *F.-rufa*-L.-Arbeiterinnen kann zusammenfassend gesagt werden, daß die bisherigen Untersuchungen sehr wenig Positives gebracht haben. Im Gegenteil, die angeführten Arbeiten lassen eine echte Arbeitsteilung eher bezweifeln.

*

Weit größer ist der Einblick in die Beziehungen zwischen den Arbeiterinnen bei anderen sozialen Hymenopteren. Die Verhältnisse bei diesen Arten seien hier kurz wiedergegeben, da sie gute Vergleichsmöglichkeiten zu den in dieser Arbeit gewonnenen Ergebnissen schaffen. Im folgenden werden nur die grundlegenden Arbeiten besprochen.
Die Honigbiene *Apis mellifica* L. wurde in dieser Hinsicht am gründlichsten untersucht. Mit Hilfe eines Beobachtungsstockes, einer Farbmarkierung nach Altersgruppen und einer histologischen Untersuchung der Futtersaft- und der Wachsdrüse gelang es RÖSCH (1925, 1927, 1930), alles Wesentliche der Arbeitsteilung im Honigbienenvolk aufzuzeigen. RÖSCH bewies experimentell, daß sich die einzelnen Arbeitstiere nicht, wie von BRÜNISCH (1909) behauptet, ein für allemal ein bestimmtes Arbeitsgebiet auswählen und dieser Arbeit zeitlebens treu bleiben, so daß verschiedene „Berufsgruppen" oder Arbeitskasten nebeneinander bestehen, sondern daß jedes Individuum sämtliche für das Volk notwendigen Tätigkeiten in einzelnen Arbeitsetappen nacheinander ausführt. Diese Arbeitskette im Lebenslauf einer Sommerbiene sieht etwa so aus:

Alter/Lebenstag:		Tätigkeit
Erste Stockperiode	2.—3.	Zellen für neue Eiablage vorbereiten, Brutwärmen.
	3.—6.	Füttern alter Larven mit Pollen und Honig. — Nimmt selbst reichlich Nahrung auf.
	6.—13.	Füttern junger Larven mit Futtersaft.
Zweite Stockperiode	13.—20.	Wechselnde Betätigung im Stock. Wabenbau, Futterabnehmen, Pollenstampfen, erste Orientierungsausflüge, Austragen von Fremdkörpern, Brutzellenöffnen. Gegen Ende Wachdienst als letzte Verrichtung im Stock.
Felddienst	20. bis Lebensende (30.—55.)	Sammelbiene.

In der Fütterungsperiode junger Larven befindet sich die Futtersaftdrüse (= Pharynxdrüse) in funktionsfähigem Stadium, danach bildet sie sich zurück (s. auch KRATKY 1931, OTTO 1955). Anderseits verläuft die Entwicklung der Wachsdrüsen mit ihrem besten Ausbildungsstadium zwischen 12. und 18. Lebenstag parallel zur zweiten Stockperiode, in die das Wabenbauen fällt.

RÖSCH (1925) warnt davor, den gegebenen Arbeitskalender als starr gültiges Schema anzusehen: „Es hat sich ergeben, daß jede Arbeitsbiene sämtliche vorkommenden Arbeiten übernehmen kann, und zwar — mit fortschreitendem Alter — in einer Reihenfolge, die für jedes Individuum dieselbe ist. Die einzelnen Arbeitsetappen jedoch, die die Biene während ihrer Lebensgeschichte durchläuft, sind zeitlich nicht streng abzustecken. Ihre Zeitdauer kann in gewissen Grenzen variieren, und dies ist einmal aus den jeweiligen Bedürfnissen des Volkes heraus sehr gut zu verstehen, zum anderen jedoch durch die wechselnden Faktoren der Außenwelt bedingt ... Dadurch, daß fortlaufend neue Generationen regelmäßig dieselbe Arbeitskette beginnen, deren Abschnitte jedoch fortwährender Regulierung fähig sind, besteht jenes Ineinandergreifen auch dann weiter, wenn Schwankungen durch äußere oder innere Ursachen sich einstellen."
1930 berichtet RÖSCH von Experimenten, bei denen er Bienenvölkchen in ganz unnatürliche, im normalen Volksleben nie vorkommende Situationen versetzte und dabei eine ganz erstaunliche Regulationsfähigkeit in der Arbeitsverteilung feststellen konnte. In einem nur aus jungen Bienen bestehenden Volk übernahmen einige Tiere vom 6. Lebenstag an den Sammeldienst in allen Einzelheiten, so daß nun die Arbeit nach dem Prinzip der gleichaltrigen Arbeitskasten auf Brutpflegerinnen und Trachtbienen verteilt war. Ebenso kehrten im Zwangsfalle (bis zu einer gewissen Grenze) ältere Arbeiterinnen, die bereits die Brutpflegeetappe hinter sich hatten, wieder zum Brutpflegedienst zurück, als die normalen Brutpflegerinnen fehlten. Bei Abwesenheit normaler Baubienen im Alter von 12—18 Tagen übernahmen ältere Arbeiterinnen die Bautätigkeit, indem sich ihre Wachsdrüsen ein zweites Mal entwickelten. Nach dem Schlüpfen isolierte und erst nach mehreren Tagen ins Volk gesetzte Arbeiterinnen begannen ihre Arbeitskette von vorn. RÖSCH zieht aus all dem den Schluß, „daß nicht allein die anatomische Konstitution einer Bienenarbeiterin verantwortlich zu machen ist für ihre augenblickliche Betätigung innerhalb des Staatsgetriebes, sondern daß der zu absolvierenden Tätigkeitskette ein instinktbiologisches Moment zugrunde liegt".
Alle späteren Arbeiten bestätigen im wesentlichen die Ergebnisse der Experimente RÖSCHs, betonen jedoch stärker, daß eine Arbeiterin mehrere Arbeiten nebeneinander ausführen kann; so wurden die Larvenpfleger der ersten Stockperiode (ohne eigene produktionsfähige Wachsdrüse) beim Verbauen und Umbauen von Altwachs beobachtet (MEYER und ULLRICH 1953, LINDAUER 1952). Auch SAKAGAMI (1953) berichtet von einer gleichzeitigen Verrichtung von zwei oder mehreren Arbeiten. Er und auch LINDAUER stellten größere individuelle Unterschiede hinsichtlich der Altersverteilung der Arbeit und dem Verhalten der Tiere fest. So konnte LINDAUER mit Hilfe einer individuellen Markierung nachweisen, daß nur ein Teil aller Bienen den Wächterdienst ausübt und auch dieser in sehr unterschiedlichem Maße in bezug auf Eifer und Ausdauer. In Übereinstimmung mit RÖSCH schreibt der Autor ferner: „Wird eine Biene unter solchen Bedingungen gehalten, daß sie im Stocke keine ihrem Alter zusagende Arbeit findet, so bleibt sie nicht müßig, sondern sucht sich unter allen

Umständen auf anderen Arbeitsgebieten zu beschäftigen und wechselt bei mangelnder Arbeitsgelegenheit im Stock sehr frühzeitig (mit 8 Tagen) zum Außendienst über".

Sämtliche Autoren stellen fest, daß die Grundlage der Arbeitsteilung durch mit dem Alter der Bienen sich ändernde physiologische und anatomische Faktoren gegeben ist, daß die Einzelbienen im Verhalten jedoch individuelle Unterschiede zeigen und eine hohe Anpassungsfähigkeit an eine im sozialen Verband herrschende Situation besitzen. STEINER (1932, 1934) führt für letztere Erscheinung den Ausdruck „soziale Reaktionsfähigkeit" ein. RÖSCH (1930) und LINDAUER (1952) bezeichnen die soziale Reaktionsfähigkeit als ein instinktbiologisches Moment, doch liegt eine wirkliche Analyse des Wirkungsmechanismus noch nicht vor.

Die sozialen Vespiden vermögen in unseren Gebieten nicht zu überwintern, ihre Staaten sind also einjährig. In jedem Frühjahr wird durch überwinterte Vollweibchen ein neuer Staat gegründet. Dies hat natürlich großen Einfluß auf die Verhältnisse der Arbeitsverteilung: Zwischen Weibchen und Arbeiterinnen besteht keine scharfe Trennung, so daß man letztere auch als Hilfsweibchen bezeichnet. Ferner wächst und verändert sich das Volk im Laufe des Jahres und erreicht nie hohe Individuenzahlen.

Besonders günstige Beobachtungsobjekte sind die Völkchen der Feldwespen (*Polistes*-Arten) mit ihren unbedeckten Waben. Eine gründliche Untersuchung der Arbeitsteilung in den winzigen Völkchen von *Polistes dubia* K. verdanken wir STEINER (1932). Bei der geringen Individuenzahl war es möglich, täglich in einer dreistündigen Beobachtungszeit von jedem der gezeichneten Tiere im Zweiminuten-Abstand insgesamt 90 Beobachtungen über die Tätigkeit zu protokollieren. So konnte die Arbeitsverteilung in bezug auf Individuum und Gesamtvolk statistisch erfaßt werden.

Das Weibchen hat im Frühjahr vor dem Erscheinen der Hilfsweibchen sämtliche Arbeiten selbst zu verrichten. Bei zu großer Wärme widmet es sich vollständig der Temperaturregulation durch Fächeln und Wassertransport. Nach Erscheinen der Hilfsweibchen spezialisiert sich das Weibchen immer mehr auf die Temperaturregulation, vor allem auf den Wassertransport. Trotz dieser zunehmenden Spezialisation stellt das Weibchen im Gegensatz zu anderen sozialen Hymenopteren zeitlebens „eine bedeutende Arbeitsgröße dar, was vielleicht mit seiner beschränkten, kaum über 100 Eier hinausgehenden Legetätigkeit im Zusammenhang steht".

Die Hilfsweibchen verrichten in ihren ersten Lebenstagen, dem Kräftigungszustand entsprechend, verschiedene Arbeiten auf der Wabe, bis die ersten Orientierungs- und Suchflüge einsetzen. In der dann folgenden „Aktivitätsperiode vermögen die Hilfsweibchen alle vorkommenden Arbeiten auszuüben; sie können aber nach dem Verhalten in eine Mittelgruppe und in Spezialisten getrennt werden". Spezialisten sind solche Tiere, bei denen eine bestimmte Tätigkeit mehr als 50% ihrer Gesamttätigkeit ausmacht. Spezialisten zeigten sich besonders beim Felddienst (Sammelwespen) und beim Wabendienst (Fächeln, Futterverarbeitung und -verteilung). Zur Mittelgruppe zählte STEINER die Tiere, deren spezielle Beschäftigung 50% ihrer Gesamttätigkeit nicht übersteigt. Doch auch bei dieser unspezialisierten Gruppe „treten die einzelnen Tiere noch durch die Verstärkung einer der Tätigkeiten aus dem Gesamtbild etwas hervor, so daß jedes von ihnen seine besondere, wenn auch nicht stark ausgeprägte Eigenart besitzt".

Bei der Arbeitsverteilung im *Polistes-dubia*-Staat wirken individuelle und soziale Faktoren. Die individuellen sind anatomisch-physiologisch und auch psychisch bedingt. Ersteres äußert sich besonders in der Jugend in Dauer und Aufeinanderfolge der Arbeitsabschnitte, der psychische Faktor kommt in der Individualität zum Ausdruck. Die sozialen Faktoren regeln eine Verteilung der Arbeit nach den Bedürfnissen des Volkes. STEINER konnte zeigen, daß die Arbeitsteilung vom Brutstand oder z. B. vom Bestand an Nestgenossen abhängig ist. Nach Wegfangen des Weibchens stellten sich einige Hilfsweibchen auf die Tätigkeit der Temperaturregulation um. Diese soziale Reaktionsfähigkeit ist im Jugendalter noch nicht ausgeprägt, „indem es nicht gelang, ein jugendliches Individuum in eine noch nicht ausgeübte Tätigkeit vorzuschieben".

Das soziale Leben im Staat der Feldwespe ist also kein mechanisches Zusammenwirken verschieden gerichteter Individualitäten. Durch die soziale Reaktionsfähigkeit der verschiedenen Individuen „besitzt dieser Staat demnach die Eigenschaften eines, wenn auch einfachen, Organismus".

Während WEYRAUCH (1936, 1937), der den Bauinstinkt der *Vespa*-Arten studierte, diesen Faltenwespen auf Grund von Gelegenheitsbeobachtungen über den Wachdienst eine noch höher entwickelte soziale Reaktionsfähigkeit zuschreibt, ist FREISLING (1938) anderer Ansicht. In seiner Arbeit über die Nestorientierung von *Vespa germanica* F. schreibt er: „Jedes Einzeltier arbeitet aus eigenem Antrieb beziehungslos zu den anderen vermöge seiner Instinkte, als wäre es allein vorhanden. Diese sind aber sämtlich so beschaffen, daß sie das Gedeihen des Staates sichern. Die sinnvolle Geschlossenheit des Wespenstaates ist nicht das Produkt einer kollektiven Gesetzmäßigkeit oder besonderer sozialer Instinkte ..."

Abschließend seien über die Wespen noch die interessanten Untersuchungen PARDIs (1947) erwähnt. PARDI entdeckte im Staate von *Polistes gallicus* L. eine strenge lineare Rangordnung. Diese entspricht dem Schlupfalter; das erstgeschlüpfte Hilfsweibchen ist allen folgenden überlegen. Das Weibchen steht an der Spitze der Reihe. Stirbt es, so tritt das älteste Hilfsweibchen an seine Stelle und wird schon nach wenigen Tagen voll legefähig. Wir werden später (s. S. 151) diese Verhältnisse noch einmal betrachten müssen, hier soll jetzt nur eine kurze Beschreibung einer Begegnung zwischen einer Ranghöheren (A) und einer Rangtieferen (a) folgen: A geht auf a los und betrillert sie mit Fühlern, Beinen und Flügeln. a weicht aus oder verhält sich ruhig, ja sie kann sogar in Akinese verfallen. Oft bietet a der A einen Flüssigkeitstropfen an, den sie aus ihrem Kropf hervorgewürgt hat und der von A auch gierig genommen wird. Bei starken Angriffen pflegt sich a auf die Wabenrückseite in Sicherheit zu bringen. Das Fühlertrillern von A kann von Bissen begleitet sein; zu ernsten Kämpfen kommt es bei Ungleichstarken nicht, stets aber bei Gleichstarken.

Mehr Anhaltspunkte, als die Betrachtung der Arbeitsteilung bei den sozialen *Apiden* und *Vespiden* liefert, können uns für unsere Untersuchung die Verhältnisse bei den *Formiciden* geben. Leider liegen auch hier nur wenige Untersuchungen vor, die sich noch dazu mit Arten einer anderen (primitiveren) Unterfamilie, nämlich mit den *Myrmicinae* beschäftigen. GOETSCH (1929, 1930) untersuchte die Biologie der südamerikanischen, körnersammelnden *Messor*-Arten (Spezies nicht angegeben) und berichtet in diesem Zusammenhang ausführlich über die Prinzipien der Arbeitsverteilung in diesen Völkern, bei denen alle Übergänge zwischen kleinen und großen Arbeiterinnen und darüber hinaus besonders große Arbeiterinnen (Giganten) vorkommen. Mittels Beobachtung in Kunstnestern und einer Farbmarkierung erhielt der Autor folgendes Bild: Die einzelnen Tiere leben im *Messor*-Staat mechanisch nebeneinander. „Die Arbeitsteilung beruht auf Ausübung einiger weniger auf morphologischer, physiologischer und psychologischer Grundlage beruhender Instinkte." Die physiologischen Faktoren äußern sich in einem Einfluß des Alters der Tiere auf ihr vorwiegendes Arbeitsgebiet. Im Außendienst überwiegen die älteren Arbeiterinnen, im Innendienst die jungen. Ganz junge Tiere verlassen das Nest noch nicht und widmen sich vor allem der Brutpflege. Der morphologische Faktor ist mit der Größe der Arbeiterin gegeben. Im Außendienst herrschen die größeren Tiere vor, im Innendienst die kleineren, obwohl grundsätzlich bei allen Tätigkeiten alle Größen vertreten sind. Besonders wichtig ist die enge Verquickung des morphologischen Faktors mit dem psychologischen: Die Arbeitsstetigkeit, d. h. das Bestreben, nur eine oder vorwiegend eine Tätigkeit auszuführen, ist besonders bei den kleineren Exemplaren ausgeprägt. Die Giganten dagegen sind äußerst unstet, und deshalb bleiben sie — stets nach Neuem begierig — nie lange bei einer Beschäftigung. Betätigungsdrang und Arbeitsstetigkeit sind nach GOETSCH die psychologischen Faktoren der Arbeitsteilung. „Die Stetigkeit und der Fanatismus der Arbeitsscharen auf der einen, der Tätigkeitsdrang arbeitslos gewordener Tiere auf der anderen Seite schaffen genügende Grundlagen dafür, daß in einem normal besetzten Nest alle nötigen Tätigkeiten ausgeführt werden." Die Arbeitssteten sichern den Grundstock der Hauptverrichtungen. Die „Mittelgruppe wird durch ihren Arbeitseifer dorthin gedrängt, wo ein Arbeitsplatz frei geworden ist".

Die Arbeitsverteilung geschieht rein mechanisch. Die Brutpflege erregt das meiste Interesse. Junge, sich nur im Nest aufhaltende und kleinere, arbeitsstete Tiere haben die größte Chance, bei der Brut zu bleiben. Nach außen gehende Tiere und die unsteten Giganten sind bei Brutmangel benachteiligt, einen freien Arbeitsplatz bei der Brutpflege zu finden. So verteilt sich die Arbeit automatisch nach Alter und Größe.

Allerdings sind auch auftretende Unzweckmäßigkeiten nicht selten. So beobachtete GOETSCH oft, wie Arbeiterinnen zusammen mit dem Bauschutt und Abfall auch gute, brauchbare Samenkörner aus dem Nest transportierten. In ihrem Arbeitsfanatismus unterschieden sie nicht mehr das Brauchbare vom Unbrauchbaren. Sammeltiere trugen die Körner wieder ein. Im Freiland und im Versuchsnest ließen sich so 2 Gruppen beobachten, „die ein und dieselben Körner dauernd ein- und austragen und so die Zwecklosigkeit einer Arbeit um der Arbeit willen demonstrieren".

GOETSCH gab 1935 bekannt, daß bei *Solenopsis gayi* (Autor nicht angegeben) die Arbeitsteilung nach dem gleichen Prinzip erfolgt wie bei den *Messor*-Arten. 1932 schilderte er die Verhältnisse der Wüstenameise *Pogonomyrmex bispinosus* (Autor nicht angegeben), deren Arbeiterschaft nur aus Giganten besteht. Diese zeigen sich unstet in der Arbeit und sind demzufolge schlechte Brutpfleger. Jedes Tier verrichtet häufig wechselnd jede Arbeit, wenn auch mit individuellen Bevorzugungen. Das ganze Verhalten ist als ein Spezialfall der Verhältnisse bei *Messor* gut zu verstehen.

Der Autor prüfte auch die Arbeitsteilung unter experimentell veränderten Bedingungen. Spezialisten, also in einer bestimmten Tätigkeit besonders aktive und stete Arbeiterinnen, ließen sich in Zwangslagen umstimmen, wenn auch nur langsam. Sie blieben teilweise der neuen Arbeit auch dann noch treu, nachdem sie wieder in normale Situationen gebracht worden waren. Im Extrem ließen sich Sammeltiere auf Brutpflege umstimmen. ERHHARDT (1931), der die Versuche von GOETSCH über die Arbeitsteilung bei *Messor* wiederholte und die Ergebnisse in allen wesentlichen Punkten bestätigen konnte, stellte allerdings fest, daß die Spezialisten nach erzwungener Arbeitsumstellung — ins alte Nest zurückversetzt — die alte Tätigkeit wieder aufnehmen. Und während GOETSCH aus seinen Ergebnissen schließt, daß die Spezialisten einmal zufällig an irgendein Arbeitsgebiet geraten seien, dem sie nun nur infolge ihrer Stetigkeit treu bleiben, folgert EHRHARDT, daß dem Individuum eine Neigung für eine besondere Tätigkeit angeboren ist. Letzterer begründet seine Auffassung vor allem durch seine Untersuchungen an Völkern von *Myrmica laevinodis* NYL. (von ihm noch *M. rubra laevinodis* NYL. genannt), in denen er Spezialisten in verschiedener Weise experimentellen Umstellungen aussetzte.

Da die Arbeiterinnenkaste von *M. laevinodis* NYL. keine nennenswerten Größenunterschiede zeigt, tritt bei dieser Myrmicinen-Art ein morphologischer Faktor bei der Arbeitsteilung nicht auf. Den physiologischen und den psychologischen Faktor wies EHRHARDT in Form von Alter und Individualität nach, beide untrennbar miteinander verbunden. Die Individualität äußert sich in einer verschieden starken Neigung zu der einen oder anderen Arbeit. Nur bei einzelnen Arbeiterinnen führt sie zu einer ausgeprägten Spezialisierung. Die Vorliebe für eine Arbeit bleibt das ganze Leben lang bewahrt, dennoch erfolgte bei allen beobachteten Tieren, wenn auch in verschieden starkem Maße, eine Zunahme des Außendienstes (Werkdienstes).

Nahe Verwandte unserer Roten Waldameise, Arten aus der Unterfamilie *Formicinae*, wurden noch keiner eingehenden Untersuchung unterzogen. Es liegen lediglich einige kleinere Beobachtungen über die Gattung *Camponotus* MAYR. vor.

Da sind erstens die Aufzeichnungen von EIDMANN (1943) über *Camponotus herculeanus* L., die er in seiner Arbeit über die Überwinterung der Ameisen veröffentlichte. Die Beobachtungen wurden ausschließlich an ganz jungen Kolonien durchgeführt und ergaben, daß eine strenge Arbeitsteilung zwar nicht besteht, daß

aber doch bestimmte Individuen ganz deutlich gewisse soziale Arbeiten bevorzugen. „So ließ sich an der Markierung leicht erkennen, welche Arbeiter in der Regel als Wächter, Brutpfleger und Ausgeher tätig sind ... Der Wachdienst wird nicht von einem Arbeiter allein durchgeführt; es ist vielmehr eine Art Wache vorhanden, d. h. 3 oder 4 Arbeiter, die man immer wieder als Wächter am Tor stehen sieht. Der Wachdienst kann unterbrochen werden, gelegentlich sieht man auch einmal eine andere Ameise Wache stehen, eine straffe Ordnung herrscht nicht.“ EIDMANN zeigt, daß die Arbeitsordnung in den Völkchen durch die Überwinterung in keine Weise unterbrochen wird, d. h. die individuell bevorzugte Tätigkeit ist nach der Überwinterung die gleiche wie zuvor.
Und als zweites soll auf das von CHEN, SHISAN (1937) beschriebene Führer-Gefolgschafts-Verhältnis hingewiesen werden. Der Autor berichtet, daß in einer Gruppe von *Camponotus japonicus* (Autor nicht genannt) die aktivsten Tiere Führer, die weniger aktiven ihre Gefolgschaft beim Bau eines neuen Nestes werden. Die von CHEN gegebene Bezeichnung läßt zwar zunächst an eine Art Rangordnung etwa wie bei *Polistes* denken, in Wirklichkeit dürfte die Erscheinung nur der Ausdruck einer individuell verschieden starken Neigung zur Verrichtung einer bestimmten Tätigkeit (im Versuch: das Nestbauen) sein.

*

Zusammenfassend läßt sich über das bisher hinsichtlich der Arbeitsteilung bei sozialen Hymenopteren Bekannte feststellen, daß sich die Verteilung der Arbeit immer als ein Resultat von Alterszustand und Individualität erweist. Entweder dominiert die altersmäßige Determination, so daß daraus eine von der Individualität nur schwach beeinflußte Arbeitskette resultiert (*Apis mellifica* L.), oder die Individualität der Tiere herrscht vor, und der Entwicklungszustand äußert sich nur in einer groben Beeinflussung, so daß ein Bild mehr oder weniger gut ausgeprägter Berufsgruppen entsteht (*Polistes dubia* K., *Myrmicinae*, vielleicht auch *Camponotus herculeanus* L.).
In manchen Staaten tritt eine Anpassung an die Bedürfnisse des Volkes augenscheinlich zutage (*Apis mellifica* L., *Polistes dubia* K.), in anderen Staaten ist sie weniger stark ausgeprägt und erscheint nur in anormalen Situationen, z. B. als Umstellung von Spezialisten (*Myrmicinae*).
In welche Gruppe *F. rufa* L. einzureihen ist, ist bisher noch völlig unbekannt.
Der vorliegende Literaturüberblick sollte deutlich machen, daß im Gegensatz zu anderen Hymenopteren-Staaten über die zur Untersuchung stehenden Verhältnisse bei *F. rufa* L. bisher fast nichts bekannt ist. Die Arbeitsteilung bei anderen Staaten wurde deshalb etwas genauer geschildert, weil sie Anhaltspunkte und Hinweise liefert, welche Formen der Arbeitsverteilung in der Natur nach den bisherigen Kenntnissen überhaupt vorkommen. Durch sinnvolle Fragestellung lassen sich von vornherein geeignete Versuchsanordnungen treffen. Schließlich sollte die Aufzählung eine Vergleichsgrundlage schaffen, damit die Erscheinungen bei *F. rufa* L. von einer höheren Warte aus beurteilt und eingeschätzt werden können.

III. ZUR METHODIK

Die Vielfältigkeit der Fragestellung, mit der an die Untersuchung herangegangen werden mußte, hatte eine Menge verschiedener Versuchsanstellungen zur Folge, und es wäre wenig sinnvoll, deren Methodik an dieser Stelle erschöpfend darzustellen. Über sie soll zweckmäßigerweise bei der Besprechung der einzelnen Versuche Näheres mitgeteilt werden. Einiges Grundsätzliche, Allgemeingültige und die Methodik der Hauptversuche seien jedoch schon jetzt erwähnt.

a) Herkunft des Materials

Sämtliche Arbeiterinnen und Puppen, die ich für die Laborversuche benötigte, entnahm ich zwei Nestkolonien, die sich in unmittelbarer Nähe des Institutes für Forstwissenschaften Eberswalde befinden und ohne jeden Zweifel der Kleinen Rasse angehören. An den Nestern dieser beiden Kolonien wurden auch sämtliche Freilandversuche und -beobachtungen durchgeführt.

Abb. 1. Teilansicht der Nestkolonie im Jagen 133
Die Nester sind mit Schutzhauben versehen

Die ökologischen Bedingungen dieser Nester seien kurz durch folgende Daten und Angaben charakterisiert: Die geographische Lage ist etwa mit dem 52° 50′ nördlichen Breitengrad und dem 13° 50′ östlichen Längengrad bei einer Höhenlage von etwa 60 m NN gegeben. Der Jahrestemperaturdurchschnitt beträgt im Revier Eberswalde +8,3° C, der maximale Monatsdurchschnitt liegt mit 17,8° C im Juli, der minimale mit −1,3° C im Januar, so daß die durchschnittliche Jahresschwankung 19,1° C beträgt. In 158 Tagen im Jahr erreicht die Temperatur Werte von +10° C und darüber. Die jährliche Niederschlagssumme beträgt 560 mm, das Maximum liegt mit 77 mm im Juli. (Alle Angaben sind der Durchschnitt einer 75jährigen Beobachtung; nach WAGENKNECHT 1956.)
Die beiden Nestkolonien liegen auf einer Grundmoräne des nordostdeutschen Diluviums, und zwar auf kräftigen Sandstandorten (Sb) (nach SCAMONI 1956).
Die kleinere von beiden besteht aus 5 Nestern und befindet sich zwischen etwa 80jährigen Kiefern und Rotbuchen und 10jährigen Douglasien im Jagen 406 des Eberswalder Stadtforstes. Die zweite Kolonie umfaßt 7 große und 4 kleinere Nester, von denen sich 9 auf einer etwa 1 ha großen, 1953 mit Roteichen und Roßkastanien begründeten Kulturfläche (Abb. 1) in der NO-Ecke des Jagens 133 der Revierförsterei Eberswalde (Staatlicher Forstwirtschaftslehrbetrieb Eberswalde) befinden. Die restlichen Nester liegen in den angrenzenden Rotbuchen-Kiefern-Douglasien-Beständen.

Die Königinnen des Beobachtungsnestes A (s. unter b) überließ mir freundlicherweise Herr Professor GÖSSWALD im Frühjahr 1954. Es handelt sich um Weibchen, die in der Umgebung von Würzburg beim Hochzeitsflug gefangen und im Labor des Institutes für Angewandte Zoologie der Universität zu Würzburg begattet worden sind. Die Königinnen für die übrigen Versuche entnahm ich im April 1955 Nestern eines Kiefernreinbestandes in der Oberförsterei Nedlitz (Bezirk Magdeburg) anläßlich einer künstlichen Kolonievermehrung.

b) Das Halten der Ameisen im Labor

OEKLAND und KIIL führten ihre Beobachtungen nur im Freiland durch. Sie konnten daher nur die Tiere erfassen, die das Nest verlassen und nur die Tätigkeiten berücksichtigen, die zu den Außenarbeiten gehören.
Eine umfassendere Analyse der Verhältnisse erforderte das Halten kleiner Völker im Labor, das die Kontrolle der Vorgänge im Nestinnern gestattete. Die Myrmekologie hat bereits eine große Anzahl künstlicher Beobachtungsnester (Formikare) entwickelt, alle unter dem Gesichtspunkt, den Ameisen naturnahe Wohnbedingungen zu schaffen und gleichzeitig durch das Einschalten von Glaswänden Einblicksmöglichkeit in das Leben im Nest zu erhalten.
Es stellte sich bald heraus, daß sich für unsere Zwecke die von JANET (1897) eingeführten Gipsnester in der von GÖSSWALD (1940) beschriebenen Form ausgezeichnet eignen. Ein solches Nest zeigt Abb. 2. Es ist ein flacher, rechteckiger Gipsblock: 15 cm lang, 12 cm breit und 2,5 cm hoch.
In der Mitte ist eine 11 cm lange, 7,5 cm breite und 1 cm tiefe Kammer ausgespart, in der sich die Ameisen aufhalten. Eine Glasplatte, welche in eine breitere Platte und in einen schmaleren Streifen zerschnitten wurde, deckt diese Kammer oben dicht ab. Der schmale Streifen ermöglicht einen schnellen Eingriff in das Nestinnere, ohne die ganze Scheibe entfernen zu müssen. Die Nestinsassen können ihr Gipsnest durch eine Bohrung mit 1 cm Durchmesser, die eine der beiden Längs-

wände durchzieht, verlassen. Der Gips eignet sich deshalb gut als Nestmaterial, weil er sich leicht feucht halten läßt, so daß in der Nestkammer immer eine hohe Luftfeuchtigkeit vorhanden ist.
Auf die Kammer legte ich eine dunkelrote Glasscheibe, um die Insassen nicht dem Licht auszusetzen.
Diese Gipskammer benutzte ich selten einzeln, meist waren mehrere durch gekreuzte Glasröhren miteinander zu einem großen, mehrkammerigen Nest verbunden. Damit wurde zweierlei erreicht: Die Nestinsassen konnten ihren Aufenthaltsort aus mehreren Möglichkeiten selbst wählen, und es ließen sich größere Völker unterbringen. Beides ist von großer Bedeutung.

Abb. 2. Einzelne Nestkammer
Die größere Deckscheibe ist vor der Aufnahme abgenommen worden

Die Anordnung der Kammern im Nest war je nach dem Versuchsziel verschieden. Ein großer Teil aller Beobachtungen wurde am vierkammerigen Nest A angestellt. Abb. 3 zeigt, wie die 4 Kammern angeordnet und untereinander verbunden waren. Die Kammern selbst standen auf einer größeren, 3 cm starken Gipsplatte, in die an der Längskante von Kammer IV ein Trog eingeschnitten war. Dieser Trog wurde mit Wasser gefüllt, das sich nun von hier über die ganze Gipsplatte ausbreitete und damit auch den Gips der Kammern durchfeuchtete. Die exzentrische Lage des Wassertroges verursachte jedoch die unterschiedliche Durchfeuchtung der einzelnen Kammern, so daß sich über das ganze Nest ein Feuchtigkeitsgefälle zog.
Dieses Feuchtigkeitsgefälle wurde nun überlagert von einem Temperaturgefälle, das sich von Kammer I aus über das Nest ausbreitete. 40 cm über der in Abb. 3 verzeichneten Stelle befand sich eine wärmespendende Infrarotlampe, die Kammer I auf 27° C erwärmte. In den übrigen Kammern war die Temperatur infolge der größeren Entfernung von der Heizquelle etwas geringer; die Differenz hing von der allgemeinen Raumtemperatur ab. Ein Kontaktthermometer sorgte

dafür, daß die Infrarotlampe erlosch, sobald die Temperatur von Kammer I 27° C überschritt und wieder ausstrahlte, wenn eine Abkühlung eintrat.
Auf diese Weise waren die Kammern verschieden stark mit Luftfeuchtigkeit und Temperatur versorgt, und die Ameisen hatten Gelegenheit, sich mit ihrer Brut in die Kammer mit den ihnen am meisten zusagenden Bedingungen zurückzuziehen.
STEINER (1924) stellte in der Schweiz während der „guten Jahreszeit“ in 15–50 cm Nesttiefe Temperaturen von 23–29° C für *F.-rufa*-L.-Staaten fest. HERTER (1924, 1925) ermittelte im Experiment für *F. rufa* L. ein Temperaturoptimum von 30–31,5° C. WELLENSTEIN (1928) maß in Nestern der Roten Waldameise Mitte September Temperaturen von 11,5–24° C in 25 cm Tiefe.

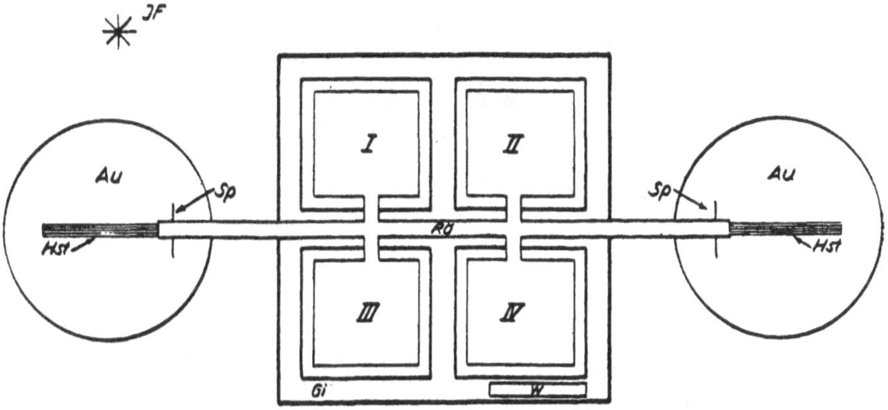

Abb. 3. Die Anordnung der Nestteile im Nest A

I–IV = Nestkammer Au = Auslauf W = Wassertrog Sp = Sperrplättchen
Rö = Verbindungsröhre Gi = Gipsfundament IF = Infrarotbirne Hst = Holzsteg

Ich glaube, mit 27° C eine günstige mittlere, für die Ameisen angenehme Temperatur gewählt zu haben.
Die Luftfeuchtigkeit wurde durch regelmäßiges Auffüllen des Troges stets so hoch wie möglich gehalten. Die Untersuchungen von GÖSSWALD (1938, 1941) über den Einfluß von verschiedener Temperatur und Luftfeuchtigkeit auf die Lebensäußerungen der Ameisen ergaben, daß für *F. rufa* L. wie auch für alle anderen untersuchten Arten eine 100%ige relative Luftfeuchtigkeit das Optimum darstellt. Schon eine 90%ige relative Luftfeuchtigkeit wirkt sich schädigend und nach wenigen Tagen schon tödlich auf die Tiere aus.
Das Nest war mit 15 Königinnen und ungefähr 700 Arbeitern besetzt. Das Volk wurde so groß gebildet, obwohl so viele Tiere aus versuchstechnischen Gründen nicht auf einmal beobachtet und protokolliert werden konnten. Aber es ist eine bekannte Erscheinung, daß sich staatenbildende Insekten in zu kleinen Gesellschaften nicht mehr normal verhalten. Einer Veröffentlichung von GONTARSKI (1949) ist zu entnehmen, daß kleine Bienenvölkchen von 25 oder 50 Arbeiterinnen zwar Ansätze einer Bautätigkeit und Futterspeicherung erkennen lassen, aber

Larven gegenüber völlig indifferent sind. Erst bei 100 Tieren zeigen sich Reaktionen auf das Fehlen der Königin und Anzeichen zur Larvenpflege. Ein annähernd soziales Gefüge entsteht erst bei etwa 500 Honigbienen. Ein solches Volk verhält sich dann in gleicher Weise wie ein Volk von 60–70000 oder noch mehr Tieren. Dies trifft auch für Ameisen zu. Für *F. rufa* L. schreiben z. B. GÖSSWALD und BIER (1953), daß die Aufzucht von weiblichen Geschlechtstieren an eine Mindestzahl von Arbeiterinnen gebunden ist. 50 Arbeiterinnen zogen noch 3 Königinnen auf, 20 Tiere keine mehr. Ich selbst konnte mich wiederholt davon überzeugen, daß sich Gruppen aus wenigen Tieren so abweichend verhielten – auch, wenn ihnen eine Königin zugegeben wird –, daß sie für unsere

Abb. 4. Beobachtungsnest A

Beobachtungen keine Verwendung finden konnten. Ich arbeitete daher stets mit größeren Völkern, nahm aber nur einen Teil der Arbeiter unter laufende Kontrolle. Für das Volk mußte noch eine Außenwelt geschaffen werden, ein Auslauf, in dem die Außendiensttiere Gelegenheit hatten, auf Insektenfang zu gehen, Zuckerwasser aufzunehmen, Baumaterial zu sammeln oder Abfälle aus dem Nest abzulegen. Für das beschriebene Nest A wurden 2 runde Glasschalen von 23,5 cm Durchmesser eingerichtet, die mit einem Gipsboden versehen und mittels eines Holzsteges mit dem Röhrensystem des Nestes verbunden waren. Das Nest ist mit seinen Ausläufen auf Abb. 4 abgebildet. Da die Ameisen normalerweise leicht an der Glaswand der Schalen emporklettern können, wurde diese mit wenig Glyzerin eingerieben und somit für die Tiere zu einem unüberwindlichen Hindernis. Glyzerin ist angenehmer in der Anwendung, als das in anderen myrmekologischen Laboratorien verwendete Paraffinöl. Um den Ameisen beim Übergang vom Holzsteg zur Röhre keine Möglichkeit zum Entrinnen zu geben, indem sie, statt in die Röhre zu kriechen, außen an ihr entlang kletterten, wurde eine durchbohrte Zelluloidscheibe von 7 × 7 cm im Quadrat über die Röhrenmündung geschoben und ebenfalls mit Glyzerin glatt gehalten. Somit gab es für die Tiere

keinen anderen Weg, als in die Röhre zu kriechen. Nur in den ersten Tagen versuchten sie, an der Sperrscheibe emporzuklettern, glitten ab und fielen in den Auslauf zurück; wenig später schon unternahmen die Ameisen keine Versuche mehr, außen an der Röhre entlangzulaufen.
In die Auslaufschalen wurden Hölzchen und etwas Nestmaterial gegeben, das einem Freilandnest entnommen worden war. Die Auslauftiere trugen es umher und schleppten es auch in die Kammern.
Ständig erhielten die Ameisen Nahrung in Form von Zuckerwasser und Insekten. Das Zuckerwasser wurde mit einer Pipette auf ein flaches Glasplättchen gegeben, das entweder direkt im Auslauf lag oder aber auf der Schnittfläche einer aufrecht in der Schale stehenden Buchenholzrolle (s. Abb. 4), die die Futterholer also erst erklettern mußten. Die häufigsten Futtertiere waren Fliegen und Mehlwürmer (Larven von *Tenebrio molitor* L.), aber auch andere Insekten — Imagines, Larven und Puppen. Die Fliegen wurden mit einer Pinzette einer Ameise im Auslauf vorgehalten, bis diese die Fliege festgepackt hatte, um sie dann — meist mit Hilfe ihrer Gefährtinnen — im Kampfe zu töten; die Mehlwürmer wurden kurz vor dem Füttern zu kleinen Stückchen zerschnitten.
Eine Übersättigung und daher Ablehnung der Nahrung, wie sie GRABENSBERGER (1934) und GOETSCH (1940) beschreiben, trat nicht auf. Die Autoren teilen bei der Besprechung von Zeitdressur bzw. der Tauglichkeit von Giftködern mit, daß Ameisen ein Futter sehr schnell über haben und sich besonders an süßen Stoffen sehr rasch übersättigen, was eine weitere Annahme des süßen Köders verhindert. Die *minor*-Tiere nahmen in meinen Versuchen jedoch das Zuckerwasser stets gleich gern, nur wenn zu viel auf einmal angeboten wurde, deckten sie es mit Erde, Nestabfällen und toten Ameisen zu. Am nächsten Tag umlagerten die Futterholer aber das frisch gebotene Zuckerwasser wieder.
Im Auslauf stand weiterhin ständig ein Schälchen mit reinem Leitungswasser, das die Ameisen ebenfalls einsaugten und eintrugen.
Es ist nun noch an dieser Stelle zu erwähnen, daß je nach Art des Versuches auch andere Beobachtungsnester verwendet wurden, alle aber hatten die GÖSSWALDsche Gipskammer zur Grundlage. So wurden z. B. auch Zweikammernester benutzt, die aber sonst in gleicher Weise und unter gleichen Bedingungen aufgestellt waren wie Nest A. Für die Untersuchung der Organentwicklung brauchte ich ein Nest, das ich leicht öffnen konnte, um aus dem Inneren bestimmte Tiere zu entnehmen, ohne daß alle Insassen aus der Kammer heraus über den Tisch wegliefen. Es wurden deshalb 2 Kammern als Nest B in einen großen Auslauf gestellt, wie auf Abb. 5 zu sehen ist. Beim Öffnen der Kammer gelangten die fliehenden Tiere in den Auslauf, und 1 Stunde nach der Entnahme der Probetiere hatten die Flüchtlinge bereits wieder ihre Behausung bezogen.

c) *Markierung der Tiere*

Um bestimmte Tiere im Volke immer wieder zu erkennen, muß man sie irgendwie markieren. Zu diesem Mittel ist schon oft gegriffen worden, und man hat entweder den Tieren gruppenweise nach Alter oder Tätigkeit gleiche Zeichen gegeben (RÖSCH 1925, 1930, OEKLAND 1931, KIIL 1934) oder aber die Tiere individuell verschieden gezeichnet (LINDAUER 1952, GOETSCH 1929, 1930, EHRHARDT 1931), wozu eine Vielzahl verschiedener Zeichen oder Zeichenkombinationen nötig ist. FRISCH (1923) entwickelte für seine sinnesphysiologischen Untersuchungen eine Numerierungsmethode für Bienen, die sich glänzend bewährte. Mit 5 Schellackfarben lassen sich durch 3 Punkte (2 auf dem in vier Felder eingeteilten Thorax und 1 auf dem Abdomen) alle Zahlen bis 599 wiedergeben.

Dieses System ist aus verschiedenen Gründen nicht ohne weiteres bei Beobachtungen an Ameisen anwendbar, vor allem nicht wegen der geringen Größe der Tiere. GOETSCH gab seinen *Messor*-Tieren deshalb je einen Farbtupfen auf

Abb. 5. Beobachtungsnest B

Kopf, Thorax und Abdomen. EHRHARDT konnte bei *Myrmica laevinodis* NYL. sogar nur einen Punkt auf dem Thorax und einen auf dem Gaster anbringen. (Mit Gaster wird hier und im folgenden der hinter dem Stielchen gelegene Teil des Abdomens bezeichnet.) Mit 5 Farben konnte er so die Ziffern 0 bis 9 darstellen und 35 Kombinationsmöglichkeiten erreichen.

Ich mußte ein anderes Markierungssystem entwickeln, da ich, wie unter d) mitgeteilt wird, die Tiere bei rotem Licht beobachtete. Hier war eine Farbunterscheidung nicht mehr möglich. Mit einer gelben Schellackfarbe wurden Tupfen auf den Gaster gebracht. Die Lage des Tupfens bestimmte seinen Zahlenwert. Die rechte und die linke Seite der vordersten drei Gastertergite (3., 4. und 5. Abdominalring) ermöglichten die Darstellung der Zahlen 1—6, woraus sich 62 Kombinationsmöglichkeiten ergaben. Alle Kombinationen ließen sich ein zweites Mal unter Zusatz eines Thoraxpunktes verwenden, so daß ich 124 Tiere eines Volkes unterscheiden konnte. Abb. 6 zeigt zwei auf diese Weise markierte Arbeiterinnen.

Leider stellte sich bald ein ernstlicher Mangel dieser Methode heraus: Es kam vor, daß die Ameisen Farbpunkte verloren, sei es, daß sie sich diese gegenseitig abknabberten, sei es, daß die Farbplatte abplatzte, wenn der Gaster sich bei einer Nahrungsaufnahme zu sehr dehnte. So änderten sich die Kennummern der Tiere, und diese waren bei längerer Versuchsdauer nicht mehr in jedem Falle sicher zu identifizieren. Die relativ schlechte Haltbarkeit der Farbpunkte bei Ameisen stellte auch GOETSCH (1930) fest, und schon LUBBOCK, der wohl ertmalig Ameisen farbig markierte, beklagte diesen Umstand. Die beschriebene Methode wurde deshalb nur für kurze Beobachtungsreihen und häufig auch für Freilandbeobachtungen, die ein schnelles Zeichnen erforderten, verwendet.
Ein widerstandsfähigeres Markierungsmittel ist in der Literatur nicht beschrieben, und so war ein eigener Weg zu suchen. Es wurde eine Methode entwickelt, die

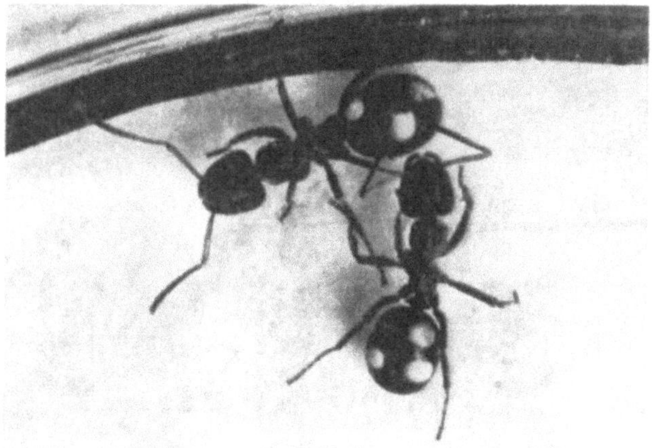

Abb. 6. Markierung durch Schellackpunkte (Nr. 135 und 235)

sich ausgezeichnet bewährt hat. Winzige Buchstaben-, Zahlen- und Zeichenschildchen — aus einem dünnblättrigen Fahrplan geschnitten — wurden mittels Gummilösung auf dem 2. Gastertergit — dem breitesten aller Tergite — aufgeklebt. Die Gummilösung muß vor dem Gebrauch mit Benzol leichtflüssig gemacht werden. Beim Aufkleben ist zu beachten, daß die Klebestelle auf den 2. Tergit beschränkt bleibt und nicht auf die Nachbarringe übergreift, um deren gegenseitige Beweglichkeit nicht zu beeinträchtigen. Das rechteckig geschnittene Schildchen bekommt noch einen dünnen Überzug aus farblosem Schellack, damit es von den Mandibeln der Ameisen nicht zerkratzt und unleserlich gemacht werden kann. Während der ganzen — nach einiger Übung doch recht kurzen — Prozedur wird die Arbeiterin zwischen den Fingerkuppen von Daumen und Zeigefinger der linken Hand gehalten. Nach sehr kurzer Zeit sitzen die Schilder so fest, daß sie ohne Verletzung des Tieres nicht mehr entfernt werden können. Der Fahrplan lieferte mir eine große Auswahl verschiedener Zeichen, z. B. das kleine und das große Alphabet, schwarze Zahlen auf weißem und weiße auf schwarzem

Grund, umrahmte Zahlen, eine Anzahl von Erläuterungs- und Anmerkungszeichen u. a. In einem Fall wurden auch Doppelbuchstaben verwendet. Die Abb. 7, 8 und 9 zeigen die gute Erkennbarkeit der Marken.

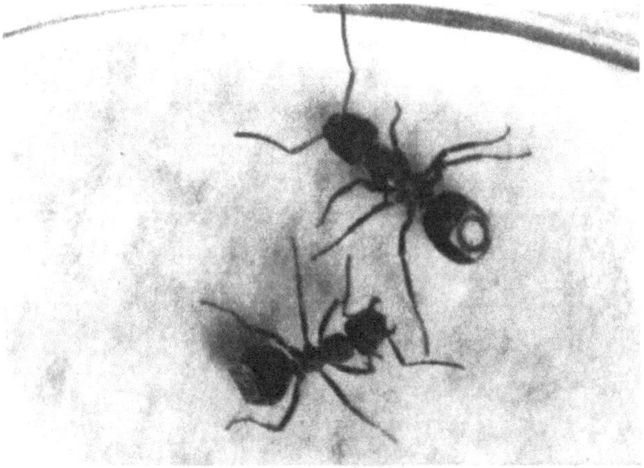

Abb. 7. Markierung durch Schildchen

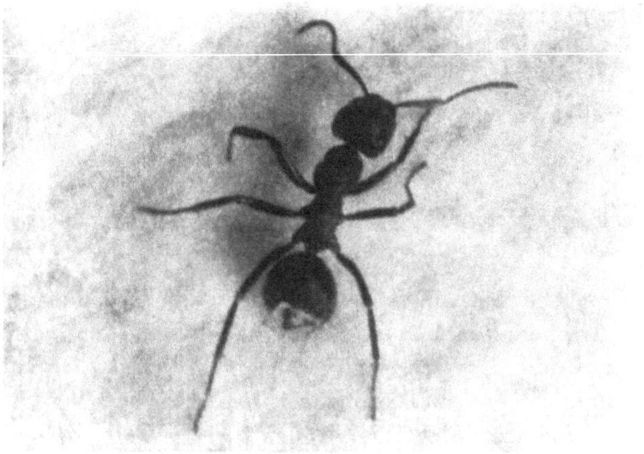

Abb. 8. Markierung durch Schildchen

Diese Zeichenmethode wurde bei allen größeren Laborversuchen und teilweise auch bei Markierung von Freilandtieren (z. B. Blattlausbesuchern) verwendet.

d) Beobachtung und Protokollführung

An dieser Stelle sei nur über die Kontrolle der Tiere im Beobachtungsnest näher berichtet, weil sie die Grundlage verschiedener Versuche darstellt.

Eine direkte Beobachtung der Ameisen durch die Glasscheibe der Nestkammer hindurch ist nicht möglich, da die Insassen, durch das Licht beunruhigt, von ihrer normalen Beschäftigung ablassen. KLOFT (1954) berichtet, daß einige soziale Verhaltensweisen (das Zusammentragen von Puppen bei *Lasius niger* L.) nur im Dunkeln auftreten. Im Hinblick auf das Phänomen der Rotblindheit der Honigbiene (KÜHN 1927, FRISCH 1923) deckte ich über jede Kammer noch eine rote Dunkelkammerlampenscheibe. Während der Beobachtungszeit wurde die dunkle Scheibe durch eine etwas hellere Rotscheibe ersetzt. Jetzt konnte mit einer Handlampe durch diese rote Deckscheibe hindurch das Innere erhellt

Abb. 9. Markierung durch Schildchen (Doppelbuchstaben)

werden, ohne daß dies die Ameisen störte. Die Helligkeit reichte aus, um alle Einzelheiten im Nest erkennen zu lassen.

Die Beobachtung dauerte täglich 1—2 Stunden. Während dieser Zeit wurde die Tätigkeit und der Aufenthalt aller gezeichneten Tiere notiert. Ein System von Abkürzungen ermöglichte ein schnelles Erfassen aller wesentlichen Vorgänge. Die Aufzeichnungen wurden in eine Kartei übertragen. Jedes markierte Tier besaß eine Karteikarte. Auf ihr wurde täglich hinter dem Datum die Beobachtungszeit, das Alter des Tieres sowie dessen Aufenthalt und Betätigung vermerkt. Der Kopf der Karteikarte enthielt neben der Versuchsnummer die Nummer der Arbeiterin, ihren Schlupftag aus der Puppe und ihre Größe.

Die Größe der Tiere wurde in diesen Versuchen nur geschätzt und nur eine Einteilung der Arbeiterinnen in große, mittlere und kleine Tiere vorgenommen. Dies genügte vollauf. Die Mehrzahl der Ameisen gehörte zur Mittelgruppe. Nur wer von der normalen Durchschnittsgröße auffällig nach oben oder unten abwich, wurde der Gruppe der großen oder kleinen Exemplare zugeordnet. — Für die speziellen Untersuchungen über Beziehungen zwischen Größe und Betätigung wurden 1600 mikroskopische Messungen der Kopfkapselbreite durchgeführt.

Tiere bekannten Alters erhielt ich auf folgende Weise: Eine größere Glasschale mit Gipsboden füllte ich mit einigen hundert Arbeiterinnen, die unter Pappgewölben und Holzplatten Unterschlupf finden konnten. Dieser Arbeiterinnengruppe gab ich Freilandnestern entnommene Puppen zur Pflege. Die Nähe einer Infrarotlampe sorgte für Temperaturen zwischen 21° und 25°C. Diesem Brutnest wurden täglich sämtliche frisch geschlüpften Tiere entnommen, die sich durch Färbung und Benehmen leicht von ihren älteren Pflegern unterscheiden lassen. Die Frischgeschlüpften erhielten sofort ihr Nummernschildchen und kamen zu dem Versuchsvolk, nachdem ihr Schlupftag notiert worden war. Ich legte sie einfach in den Auslauf des Beobachtungsnestes, wo die Außendiensttiere sie fanden und ins Nest trugen. Die Annahme erfolgte ohne Schwierigkeiten.
Außer dem regelmäßigen Protokollieren im erwähnten Karteikartensystem wurden noch andere, speziellen Fragestellungen dienende Beobachtungsweisen angewendet, wie z. B. mehrstündige Kontrolle des Tätigkeitswechsels der Einzeltiere oder die quantitative Bestimmung des Anteiles einer Tätigkeit an der Gesamttätigkeit eines Individuums, die erst später näher besprochen werden.

e) *Histologische Technik*

Um den Ausbildungsgrad verschiedener Drüsen in Kopf und Thorax der Ameise beurteilen zu können, empfahl sich vor allem eine Betrachtung des histologischen Schnittbildes, da die Kleinheit der Organe einer Präparation und Verarbeitung zu Totalpräparaten größere Schwierigkeiten entgegensetzt. Die Mandibulardrüsen bestehen nur aus wenigen größeren Zellen, während die Maxillardrüsen sogar nur einzellig sind. So wurden Kopf und Thorax als Ganzes geschnitten.
Nachdem den in Äther getöteten Tieren der Gaster abgetrennt worden war, wurden sie in Bouin fixiert. Jedem Tier wurden die Beine auf andere Weise verschnitten, so daß es möglich war, bis zum Einbetten in Paraffin jedes Individuum zu identifizieren, obwohl immer mehrere Tiere zugleich die Einbettungsreihe durchliefen. Nach Entwässerung in den Alkoholstufen kamen die Objekte in Methylbenzoat-Celloidin und von hier über Benzol und Benzol-Paraffin in Paraffin mit dem Schmelzpunkt von 54°C. Die 10 μ starken Schnitte wurden in Ehrlich-Hämatoxylin und Eosin gefärbt, da diese Färbung für alle untersuchten Drüsensysteme in gleicher Weise gut brauchbar ist. Die Schnittebene lag fast immer transversal.
Auf diese Weise wurden Schnittserien von 209 Arbeiterinnen angefertigt.

f) *Ovarien-Präparation*

Die bei den histologischen Arbeiten vom Rumpf getrennten Hinterleiber wurden in einem mit Wachs ausgelegten Blockschälchen festgeklebt, mit physiologischer Kochsalzlösung (0,6%ig) überschichtet, unter dem Citoplast von oben geöffnet und der Zustand verschiedener Organe (Kropf, Magen, Rektalblase, Fettkörper, Giftblase, Nebendrüse) beurteilt. Die Hauptaufmerksamkeit galt dem Zustand der Ovarien. Eine Färbung der Ovarien erübrigte sich. Nach der genannten Methode präparierte ich insgesamt 815 Tiere.

IV. ART UND AUSMASS DER ARBEITSTEILUNG

A. Charakteristik der untersuchten Verhaltensweisen

Der Darlegung der Untersuchungsergebnisse soll eine Charakteristik der Tätigkeiten vorausgehen, die in vorliegender Arbeit Berücksichtigung finden konnten. Ich halte eine Aufzählung und kurze Beschreibung dieser Verrichtungen für notwendig, da zwar Ähnliches für den Ameisenstaat allgemein bereits existiert, speziell für *F. rufa* L. jedoch, soweit mir bekannt ist, noch nicht vorliegt. Zu dieser Charakteristik gehören auch Angaben über die Abhängigkeit der einzelnen Verhaltensweisen vom Alter der Tiere. Bei der Bewertung dieser Angaben muß man jedoch stets zweierlei bedenken:

Erstens bedeutet die Altersangabe nicht, daß bei jedem Individuum zum genannten Zeitpunkt die betreffende Verhaltensweise einsetzt bzw. erlischt. So wird z. B. eine bestimmte Tätigkeit nur von einigen Tieren ausgeführt, andere beschäftigen sich nie mit ihr! Bei den Tieren aber, die sie ausführen, ist sie in dem angegebenen Zeitraum zu beobachten.

Zweitens beschränken sich alle Altersangaben nur auf die Verhältnisse im ersten Lebenssommer, d. h. auf die Zeit vom Verlassen der Puppenhülle bis zum Beginn der ersten Überwinterung. Die Überwinterung bringt Komplikationen mit sich, die der nächste Abschnitt behandelt.

Das Alter wurde stets auf den Tag des Ausschlüpfens aus dem Puppenkokon bezogen.

Die frisch geschlüpfte Imago ist unter ihren älteren Geschwistern leicht zu erkennen. Das kräftige, dunkle Rotbraun des Thoraxrückens, das der Art den Namen gegeben hat, fehlt. Statt dessen zeigt sich ein helles, gelbliches Braun, von dem der grauschwarze Thoraxfleck gut absticht. Die Abdominalringe des Gasters sind noch weit ineinander geschoben und manchmal noch von der dünnen weißen Puppenhaut überzogen, die oft auch noch den Extremitäten anhaftet. Ältere Arbeiterinnen sind bei der Entfernung dieser Puppenreste behilflich, außerdem belecken und füttern sie ihre Neulinge mit besonderer Ausdauer. Überhaupt behandeln sie die jungen Gefährtinnen noch ganz wie die Puppen, sie halten sie sauber und tragen sie in die Nestkammer, in der die günstigsten Feuchtigkeits- und Temperaturverhältnisse herrschen. Der bevorzugte Aufenthaltsort der Jungtiere ist das Lager der Puppen, das sich fast stets in der wärmsten Kammer des Nestes befindet. Verirren sie sich in andere Kammern oder Teile des Nestes, so werden sie von Alttieren zum Puppenlager zurückgetragen oder -gezerrt. Hier sitzen sie träge und untätig und lassen sich versorgen. Allerdings sind sie bereits in der Lage, sich selbst zu lecken und zu putzen. Der Gemeinschaft dienende Verhaltensweisen besitzen sie noch nicht. Sie wissen sich nicht zu verteidigen oder gar den Feind (die Pinzettenspitze) anzugreifen; sie bleiben bei Belästigungen entweder fast bewegungslos an Ort und Stelle sitzen, oder sie ergreifen die Flucht. Der Drang nach Betätigung erwacht etwa mit dem 4. und 5. Lebenstag. Er macht sich zunächst fast ausnahmslos dadurch bemerkbar, daß die Ameise nicht nur sich selbst putzt, sondern alles, was in ihrer Nachbarschaft ihre Aufmerksamkeit erregt. So beginnt sie also zeitig mit dem Belecken von Nestgenossen und Puppen. Auch Königinnen werden mit Hilfe der Zunge geputzt. Durch gesteigerte Beweglichkeit nimmt nun ihr Aktionsradius sehr rasch zu, und schon vom 6. Lebenstag an sind die jungen Arbeiterinnen beim Belecken von Eiern und Larven zu beobachten.

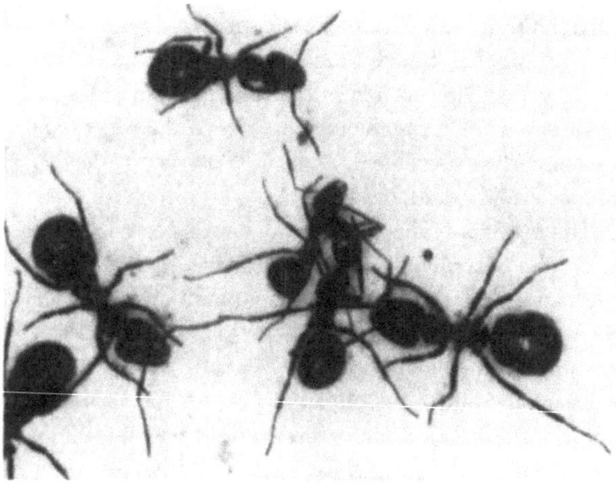

Abb. 10. Arbeiterinnen beim gegenseitigen Säubern

Bereits an dieser Stelle trennen sich jedoch die Wege der einzelnen Individuen. Einige bleiben noch tage-, ja wochenlang ohne eigentliche Beschäftigung im Nest träge sitzen, andere widmen sich nun der Pflege von Eiern und Larven, wieder andere nehmen sich besonders der Puppenbetreuung an, noch andere wechseln unstet zwischen den einzelnen Verrichtungen hin und her, bei keiner lange aushaltend. Es ist daher nicht möglich, die Tätigkeiten in einer dem altersmäßigen Auftreten entsprechenden Reihenfolge zu erörtern.
Zu den Erscheinungen des gegenseitigen Betreuens der Arbeiterinnen gehört z. B. das Belecken von Nestgenossen. Das Reinlichkeitsbedürfnis ist bei den Ameisen stark ausgeprägt. Ich konnte kaum einmal einen Blick in das Kunstnest tun, ohne dabei einige der Insassen zu entdecken, die sich selbst oder eine Gefährtin putzten. Die Reinigung geschieht mit Hilfe der Mundwerkzeuge, vor allem der 2. Maxillen. (Mit Hilfe des Putzapparates, der sich in Form eines kräftigen, gekämmten Dornes an den Vordertibien befindet, werden lediglich die eigenen Fühler gesäubert.) Sehr wahrscheinlich ist das Belecken mit einer Einspeichelung verbunden, denn nach der Prozedur haben das Mundfeld und die Innenflächen

der Mandibeln einen glänzenden Feuchtigkeitsbelag. Beim Putzen ist die hohe Beweglichkeit der Ameisen zu bewundern. Die ,,Taille" ermöglicht es den Tieren, ihren Hinterleib unter ihren Thorax zwischen den Beinen hindurch nach vorn zu strecken, so daß auch der größte Teil des eigenen Gasters sauber gehalten werden kann. Zur Reinigung des vorderen Gasterteiles, des Thorax, des Kopfes, der oberen Beinglieder u. a. ist die Ameise jedoch völlig auf fremde Hilfe angewiesen. Die beleckte Arbeiterin hält ganz still, die leckende arbeitet fleißig mit ihrer Zunge, wobei ihre Fühlerspitzen und die Palpen der beiden Maxillen die Bewegungen steuern (Abb. 10). Festhaftende Fremdkörper, z. B. Schellackflecke auf dem Thorax oder Nummernschildchen auf dem Abdomen, versuchen sie mit Hilfe der Mandibeln zu entfernen.

Das Sauberhalten des Körpers ist für jedes Individuum gleichermaßen von unmittelbarer Bedeutung. Das Lecken und Belecktwerden läßt sich deshalb sowohl bei den jüngsten Nestinsassen als auch bei denen aller anderen Altersstufen beobachten.

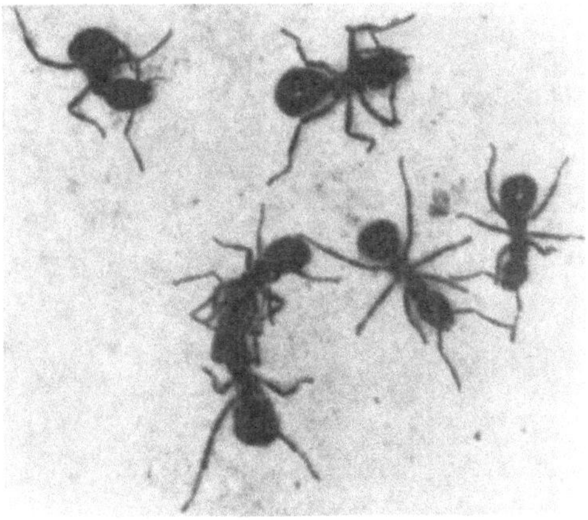

Abb. 11. Arbeiterinnen beim Futteraustausch, andere beim Putzen

Gleiches gilt auch für den Futteraustausch. Nicht alle Tiere haben Gelegenheit, Nahrung unmittelbar aufzunehmen. Sie müssen sich von anderen füttern lassen. Ein solcher Futteraustausch wird beiderseits durch Fühlerschläge und Vorderbeintriller auf den Kopf des Partners eingeleitet. Die Bettelnde streicht außerdem mit ihren Palpen der 1. Maxillen über die Zunge der anderen, wie ich immer wieder bei Fütterungen in den verbindenden Glasröhren des Beobachtungsnestes feststellen konnte. Nach diesem Reiz erscheint bei dem Futter anbietenden Partner ein Flüssigkeitstropfen am Mundfeld, der sich auf der Zunge ausbreitet und oft auch zwischen den weit gespreizten Mandibeln ausspannt. Es handelt sich um Nahrungsstoffe, die aus dem als Nahrungsspeicher dienenden und vom Mitteldarm durch einen Verschlußmechanismus getrennten Kropf hervorgewürgt worden sind. Die fütternde Arbeiterin hält nun ganz still, die andere saugt unter lebhafter Bewegung der Zunge den Tropfen in ihren Kropf, wobei ihre Fühler und Vorderbeine ganz langsam auf und ab wippen (Abb. 11). Die so gefütterte kann wenige Augenblicke später von dem eben erhaltenen Nahrungstropfen einer dritten abgeben; Füttern und Gefüttertwerden ist also unmittelbar hintereinander am gleichen Tier zu beobachten.

Der Anlaß zur Fütterung geht je nachdem sowohl vom Nahrungsspender als auch vom Empfänger aus: Hungrige Tiere betteln, solche mit prall gefülltem Kropf

(Heimkehrer vom Zuckerwasser- bzw. Blattlausbesuch) bieten Futter an. Es kommt vor, daß letztere an Gefährtinnen geraten, die gar nicht zur Nahrungsaufnahme bereit sind. Diese wenden sich entweder sofort ab, oder aber sie erwidern zunächst die Fühlerschläge, lassen dann aber den Spender mit dem zwischen den Mandibeln ausgespannten Nahrungstropfen stehen. Dieser muß nun warten, bis ein anderes Tier ihm den Tropfen abnimmt oder muß ihn selbst wieder zurücksaugen.

Auch der gegenseitige Futteraustausch findet in jeder Altersklasse statt. Das erste Futterspenden konnte bei Tier Nr. B/A schon am 3. Lebenstag beobachtet werden. B/y fütterte erstmalig am 6., B/N am 7., A/gt am 7. und 8., B/U am 8., A/pf am 9. und B/3 am 10. Lebenstag. B/x wurde am 7. und A/u am 10. Tag beim Füttern einer Königin gesehen.

Abb. 12. Transport einer Arbeiterin

Eine eigenartige Erscheinung ist der Transport von Nestgenossen. Der Transporteur packt mit seinen Mandibeln die Kiefer des Transportanden und zerrt ihn von der Stelle. Letzterer zeigt zunächst Widerstand, indem er sich entgegenstemmt, dann krümmt er sich plötzlich ein, so daß die Hinterleibspitze den Kopf berührt. Die Extremitäten werden fest an den Körper angepreßt. Der Transporteur hat dies so entstandene kugelige Paket noch immer an den Kiefern gefaßt und kann es nun vor sich hertragend abtransportieren (Abb. 12). Auf diese Weise werden die jungen Arbeiterinnen innerhalb des Nestes zur günstigsten Kammer gebracht. Läßt man etwas Licht in die Kammer fallen, so werden sie bald gepackt und weggetragen. Transporteure sind in diesem Falle meist Innendiensttiere, vor allem Puppenpfleger. Einen Tag alte Tiere, die ich in den Auslauf des Formikars gab, wurden von den Außendienstameisen ins Nest getragen. Sie nahmen dabei bereits die typische Haltung ein. Auch ältere Innendiensttiere werden so in die Nestkammer zurückgetragen, wenn sie sich vorzeitig aus dem Nest entfernen oder sich auch nur dem Nestausgang nähern. Der Transport von Nestgenossen ließ sich ferner beobachten, wenn nach einem experimentell

notwendigen Eingriff in das Nest B alle Insassen panikartig in den Auslauf geflüchtet waren. Nach Beruhigung fanden sich einige Außenarbeiter, die ihre Gefährten und die Königinnen ins Nest zurücktrugen (Abb. 12 u. 13).
Im Freien kann man häufig zwischen zwei Nestern einer Kolonie einen solchen Transport verfolgen. Ich fing 20 solcher Pärchen und stellte im Labor mit Hilfe des später näher zu beschreibenden Ovarientestes (Kap. V Bb) fest, daß die Transporteure ausnahmslos Außendiensttiere, die Transportanden dagegen Innendiensttiere waren.
Daß die beiden Verhaltensweisen des Tragens und Getragenwerdens im gleichen Tier fast gleichzeitig bereitliegen, soll folgendes Beispiel zeigen: Nr. A/8 hatte sich 1955 bis zu ihrem 126. Lebenstag, dem Tag der Einwinterung, an keiner

Abb. 13. Transport einer Königin

sozialen Tätigkeit beteiligt. Auch nach der Überwinterung blieb sie im Innendienst, beschäftigte sich jedoch ausgiebig mit der Aufarbeitung toter Insekten. Am 27. 2. war ein Eingriff in das Nest nötig. Mit vielen anderen wurde sie der Kammer entnommen und in den Auslauf gesetzt. Nach kurzer Zeit konnte man 6—10 Tiere beim Transport von Gefährtinnen ins Nest beobachten. Auch Nr. 8, die zuvor noch nie im Auslauf war, packte eine Arbeiterin und trug sie suchend umher. Sie fand aber den Zugang zum Nest nicht, und nach 25 Minuten legte sie ihre lebende Last wieder ab. Bereits drei Minuten später erfaßte sie ein Transporteur und trug sie sicher ins Nest.
Nicht jedes Tier ist geneigt, sich transportieren zu lassen. Dann krümmt es sich nicht ein, und es kommt nur zu einem kürzeren oder längeren Hinundherzerren.
Je nach den Umständen, unter denen ein Transport notwendig wird, ob er sich nur innerhalb des Nestes oder in der Außenwelt abspielt, können sich Tiere verschiedenen Alters an ihm beteiligen.
Die gleichen Pflegeleistungen, die die Ameisen den anderen Arbeiterinnen zukommen lassen, treten auch gegenüber den Königinnen in Erscheinung. Zur K ö n i g i n n e n p f l e g e sollen hier vor allem das Belecken und das Füttern zählen.

Es wurde bereits erwähnt, daß das Betreuen der Königinnen mit zu den ersten Betätigungen einer jungen Arbeiterin gehören kann. Doch ist es nicht auf das Jugendalter beschränkt. Aus Tabelle 1 ist die altersmäßige Verteilung der Pflegedienste an Königinnen von 33 registrierten Arbeiterinnen aus Nest A und B ersichtlich. Hier, wie auch in allen folgenden Tabellen dieses Abschnittes, sind alle die Tiere berücksichtigt, die mindestens 2 Monate lang, meist jedoch mehr als 75 Tage, unter Kontrolle standen und die nicht nur einmal bei der betreffenden Verrichtung protokolliert wurden. Die Tabelle 1 läßt kein altersmäßiges Bedingtsein der Königinnenpflege erkennen.

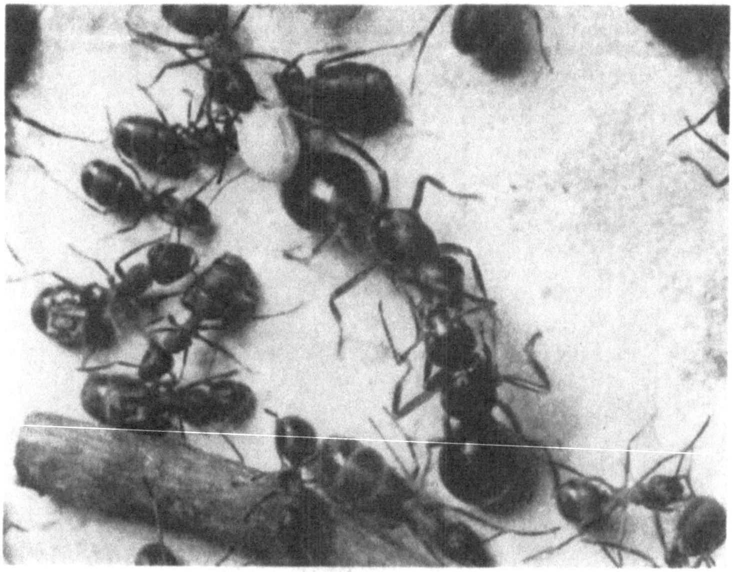

Abb. 14. Gegenseitiges Belecken der Königinnen

Ein längeres Verharren bei der Betreuung der Weibchen konnte in keinem Falle festgestellt werden. Das Bestehen eines „Hofstaates" ist demnach kaum wahrscheinlich.

Zum Dienst an der Königin gehört auch die Hilfeleistung bei der Eiablage. Zu diesem Zweck stemmt das Weibchen ihren Körper durch Strecken der Beine weit vom Boden ab. Ihre Hinterleibspitze wird von einer Arbeiterin mit den Fühlern betastet. Das austretende Ei wird von dieser gepackt und von der Austrittsöffnung abgenommen, beleckt und zum Eilager geschafft. Ich war nur sechsmal Augenzeuge einer Eiablage, der Vorgang war jedoch immer der gleiche. Die helfenden Tiere trugen leider keine Markierung, so daß sich das Alter nicht feststellen ließ.

So ganz unselbständig, wie oft angenommen wird, sind die Königinnen von *F. rufa* L. nicht. Sie putzen sich selbst oder belecken sich gegenseitig (Abb. 14). Futteraustausch von Königin zu Königin ist keine Seltenheit. Bei Mangel an

Arbeiterinnen und bei Gefahr kann man sie sogar beim Transport von Eiern und Puppen beobachten!

Die Ei- und die Larvenpflege sollen zusammen behandelt werden.

Die Brut wird durch ständiges Belecken sauber gehalten. Ich habe nie ein Brutpaket im Nest liegen sehen, an dem nicht mindestens ein oder zwei Brutpfleger mit der Reinigung beschäftigt waren. Die Pfleger bekommen dabei wiederum von Feuchtigkeit glänzende Innenflächen ihrer Mandibeln. Bei FOREL (1948) findet sich die Bemerkung, daß nach P. HUBER die Eier nach der Ablage wachsen, indem der Speichel der Arbeiterinnen osmotisch in die Eier eindringt. In meinen Kunstnestern wurden nur die älteren, größeren Larven gesondert; junge Larven

Abb. 15. Arbeiterinnen bei der Ei-, Larven- und Puppenpflege

befanden sich zwischen den Eiern, und bei Kontrollbeobachtung ließ sich oft nicht feststellen, ob Eier oder Larven beleckt wurden. — Gleiches gilt auch für den Transport (Abb. 15). Ein solcher Transport wird den Pflegern erleichtert, indem die Brutstadien zu Paketen aneinanderhaften. Die Eier kleben aneinander, die Larven besitzen hakenförmige Borsten, mit denen sie zusammenhaken.

Für die Larven muß noch eine dritte Pflegeleistung besprochen werden: ihre Ernährung. Ich konnte beobachten, daß dies in dem gleichen Nest auf zweierlei Weise geschieht. Entweder würgten die Brutpfleger einen Nahrungstropfen hervor, spannten ihn zwischen den Kiefern aus und hielten ihn so der Larve vor die Mundöffnung, die sich terminal an dem ventralwärts eingekrümmten Vorderende befindet. Oder aber sie setzten die Larven auf einen Klumpen durchgekauten, vom Chitin weitgehend befreiten Insektenfleisches. Ich konnte mich genau überzeugen, daß solche mit Larven besetzten Fleischbrocken von einigen Arbeiterinnen

Tabelle 1.

Tier Nr.	1 -5	6 -10	11 -15	16 -20	21 -25	26 -30	31 -35	36 -40	41 -45	46 -50	51 -55	56 -60
A/ü	K	.	K	.	.	.	.	.	.	.	.	.
A/A	.	.	.	.	.	.	.	.	.	.	K	.
A/C	.	K	.	K	.	.	.	.	K	K	.	.
A/H	.	.	.	.	.	.	.	.	.	.	.	K
A/K	.	.	.	.	.	.	K	.	.	.	K	.
A/M	.	.	.	.	.	.	.	.	.	.	.	.
A/N	.	.	.	.	.	K	K	.	.	K	.	.
A/P	K	.	.	.	K	K	.	.	.	K	.	.
A/R	.	.	.	.	.	.	.	.	.	K	K	.
A/W	.	K	.	.	.	K	.	.	.	.	.	.
A/fr	K	.	K	.	.	K	.	.	.	.	.	.
A/gd	.	K	K	.	K	.	.	K	.	.	.	.
A/gm	.	.	.	.	.	.	.	.	.	K	.	.
A/gp	.	.	.	.	K	.	.	.	K	.	.	K
A/kk	.	.	.	.	.	K	K	.	.	.	.	.
A/kr	.	.	.	.	K	.	K	.	.	.	.	.
A/pf	K	.	K	K	K	.	.	.	.	.	.	.
A/sv	.	.	.	K	K	.	.	.	.	.	.	.
A/vp	K	.	.	.	.	.	.	.	.	K	.	.
A/we	.	.	.	.	K	.	.	.	.	K	.	.
A/(4)	.	.	.	.	.	.	.	K	.	.	.	.
A/(7)	.	.	.	.	.	.	.	.	K	.	K	.
A/g(8)	.	.	.	.	.	.	.	.	.	.	K	K
B/a	.	K	.	.	K	K	.	K	K	.	K	.
B/g	.	.	.	.	.	K	K	.	.	.	.	.
B/r	.	.	.	.	.	K	K	K	K	.	K	.
B/s	.	.	K	K	.	.	.	.	.	.	.	.
B/x	.	K	.	.	.	K	.	K	.	.	.	K
B/D	.	.	K	.	.	.	.	.	.	.	.	K
B/G	.	.	.	.	.	K	.	K	.	.	K	.
B/M	.	.	.	.	.	.	.	.	.	.	.	.
B/6	.	.	.	.	.	.	.	K	.	.	K	.
B/7	.	.	.	.	.	.	K	.	K	.	.	.
Königinnenpflege:	5	5	6	4	8	10	7	7	6	7	9	5
Anzahl aller Tiere:	33	33	33	33	33	33	33	33	33	33	33	33

K = Füttern, Belecken oder Tragen von Königinnen

mit großer Ausdauer beleckt und eingespeichelt wurden, so daß das Fleisch sichtbar durchnäßt war. Hungrige Larven lösen durch ein Hindundherbewegen ihres Vorderendes bei ihren Betreuern das Futterspenden aus.

Die Brutpflegezeiten von 25 Tieren wurden in Tabelle 2 zusammengestellt. Wir sehen, daß der Brutpflegetrieb bereits nach dem 5. Lebenstag einsetzt, mit dem 50. Lebenstag merklich nachläßt und nach dem 60. nur noch vereinzelt

Königinnenpflege

61 -65	66 -70	71 -75	76 -80	81 -85	86 -90	91 -95	96 -100	101 -105	106 -110	111 -115	116 -120	121 -126	125 -130	Alter (Tage)
.	.	.												
.	.	K												
.	.	.	.	K	.	.	K	.	.	.	.	.	.	
.	.	.	.	K	.	.	.	.	.					
K	.	.	.	.	.	.	.	.	.	.	.	.	.	
.	K	.	K	.	.	.	.	.	.	.	.	.		
.	K	K	.	.	.	.	.	K	.	.	.	.		
.	.	K												
.	.	.	.	.	.	.	.	.	.	.	.	.	.	
.	.	.												
.	.	.												
.	.	.	.	.	.	.	.	.						
.	.	.	.	K	.	.	.							
.	K	.	K	.	.	.		.						
.	.													
.	.	.												
.	.	.												
.	.	K												
.	.	.												
.	.	.												
.	K	.	.	.	.	.	.	.						
.	.	.	.	.	.	.	K	.	.	.				
.	.	.	.	.	.	.								
.	.	K	.											
.	.	.	.											
.	.	.	.											
.	.	.	.											
.	.	.	.											
.	.	.	.											
.	.	.	.											
.	.	.	K											
.	.	.	.	.										
.	.	.												
1	4	5	3	3	0	0	2	1	0	0	0	0	0	
33	33	33	21	13	12	12	11	10	7	6	5	5	3	

auftritt. Es sei jedoch nochmals betont, daß die Beschränkung der Brutpflege auf die Jugendzeit nur im 1. Sommer unter normalen Verhältnissen vorliegt.

Da nach meinem Wissen über die Entwicklungsdauer aller Brutstadien von *F. rufa* L. noch keine Angaben veröffentlicht sind, möchte ich an dieser Stelle meine Befunde über die Ei- und Larvenentwicklung mitteilen, auch wenn sie nicht das Ergebnis systematischer Untersuchung, sondern lediglich Gelegenheitsbeobachtungen darstellen. Die Eientwicklung dauerte in meinen Nestern 13 Tage. So entschlüpften aus den am 27. 1. 1956 (= 8 Tage nach der Auswinterung) abgelegten Eiern am 9. 2. 1956 die ersten Larven. Die Ermittlung der Larvenentwicklungszeit war schwieriger, da viele Larven auf halber Entwicklung verschwanden (verzehrt wurden?) und sich von den vorhandenen der Tag des Ausbrechens aus den Eiern nicht sicher feststellen ließ. Am 15. 2. 1956 wurde ein zweikammeriges Nest mit 7 Königinnen und etwa 100 Arbeiterinnen besetzt.

Abb. 16. Arbeiterinnen bei der Puppenpflege

Am 16. 2. waren bereits Eier vorhanden. Am 8. März befand sich der erste Puppenkokon im Nest. Die Entwicklung bis zum Einspinnen beanspruchte also 21 Tage. Rechnen wir die Eizeit von 13 Tagen ab, so bleiben für die Larvenentwicklung 8 Tage (Temperatur 21–24°C).

Die Tabelle 3 zeigt, daß die Wartung der Puppen im Gegensatz zur Ei- und Larvenpflege nicht auf die ersten beiden Lebensmonate beschränkt bleibt. Meist setzte erst das Verschwinden der Puppen im Herbst dieser Beschäftigung ein Ende.

Die Puppenpfleger haben vor allem zweierlei zu tun: Sie sorgen durch Belecken für die Sauberkeit der Kokons und durch öfteres Umlagern für einen geeigneten Aufenthaltsort ihrer Schützlinge (Abb. 16). Neben dem Reinigen und dem Transport von Puppen wurden in der Tabelle 3 noch die Hilfeleistungen an schlüpfenden Jungtieren berücksichtigt. Die Helfer zernagen und zerreißen dabei das Gespinst des Kokons mit ihren Mandibeln und befreien den Neuling von den Resten der weichen Puppenhaut. Sich selbst überlassene Puppen ohne Pflegetiere kommen in der Regel nicht zum Schlüpfen. Ein Schrumpfen und eine Schwärzung des Inhaltes zeigen dann an, daß die fertige Imago im Inneren abgestorben ist.

Im Kunstnest konnte ich ab und zu auch kokonfreie Puppen finden. Daß in einem *Formica*-Nest neben Kokons auch nackte Puppen vorkommen können, darauf wiesen bereits FOREL (1864) und ESCHERICH (1913) hin. Diese nackten Puppen lagen stets gesondert neben den Kokons und wurden besonders häufig beleckt.

Tabelle 2: Ei- und Larvenpflege

Tier Nr.	1 -5	6 -10	11 -15	16 -20	21 -25	26 -30	31 -35	36 -40	41 -45	46 -50	51 -55	56 -60	61 -65	66 -70	71 -75	76 -80	81 -85	86 -90	91 -95	96 -100	101 -105	106 -110	111 -115	116 -120	121 -125	126 -130	Alter (Tage)
A/A	.	.	.	/	O/	O/	/	.	.	.	.	.	.	.	.												
A/B	.	.	O	O	O/	/	/	.	.	.	.	.	.	.	.												
A/C	.	O	.	/	O	/	.	.	.	.	.	.	.	.	.												
A/G	.	O	O	O	/	O	.	.	O	O	.	.	/	O	/	.	.	.	.	.	.	.	.	.	.	.	
A/K	.	O	O	O	O/	O	.	O	O	O	O	.	.	.	.	.	/	.	.	.	.	.	.	.	.	.	
A/L	.	.	O	O/	O/	O/	/	.	.	.	.	.	.	.	.												
A/M	.	O	O	.	/	.	O	O	O	O	O	O	.	.	/	.	.	.	.	.	.	.	.	.	.		
A/N	.	O	.	.	O/	O/	.	O	O	.	.	.	.	.	.	.	.	.	.	.	.	.	.	.	.		
A/fr	.	.	.	O/	O	.	.	.	.	.	.	.	.	.	.												
A/gp	.	.	.	.	O	O	.	.	O	O	.	.	.	O	.	.	.	.	.	.	.						
A/ha	.	.	.	/	/	/	/	.	.	.	.	.	.	.	.												
A/hk	.	O	.	O/	O	O	.	.	.	.	.	.	.	.	.												
A/pf	.	.	.	O/	O/	/	.	.	.	.	.	.	.	.	.												
A/ro	.	O	O	O/	O	O	.	.	.	.	.	.	.	.	.												
A/vp	.	.	O	O	O	.	.	.	.	.	.	.	.	.	.												
A/7	.	.	O	/	.	/	.	.	.	.	.	.	.	.	.												
A/(3)	.	O	O/	.	O	.	.	.	.	.	.	.	.	.	/	.	.	.	.	.	.	.	.				
A/(5)	.	.	O	.	O	O	O	O	.	.	.	.	.	.	.	.	.	.	.								
A/(9)	.	.	.	O	.	.	O	.	O	O	O	O	O	.	.	.	.	.	.	.	.						
B/p	.	O/	.	O	O	O	O	O	O	/	/	/	.	.	.												
B/s	.	O	.	.	O	O/	O	.	O/	O	/	/	.	.	.												
B/M	/	O	O	.	O	O	O	O	/	.	.	.	.	.	.												
B/R	.	/	/	/	.	.	.	.	.	.	.	.	.	.	.												
B/1	.	/	.	.	O	O	O	O	O/	.	.	.	.	.	.												
B/6	.	.	.	O	.	O	O	.	/	/	/	.	.	.	.	.	.										
Brutpflege:	1	13	11	18	20	20	12	7	11	8	6	4	2	2	3	0	1	0	0	0	0	0	0	0	0	0	
Anzahl aller Tiere:	25	25	25	25	25	25	25	25	25	25	25	25	25	25	25	9	9	8	8	7	7	5	5	4	4	2	

O = Belecken und Transport von Eiern / = Füttern, Belecken und Transport von Larven . = Keine Ei- oder Larvenpflege

Tabelle 3: Puppenpflege

Tier Nr.	1 -5	6 -10	11 -15	16 -20	21 -25	26 -30	31 -35	36 -40	41 -45	46 -50	51 -55	56 -60	61 -65	66 -70	71 -75	76 -80	81 -85	86 -90	91 -95	96 -100	101 -105	106 -110	111 -115	116 -120	121 -125	126 -130	Alter (Tage)
A/K	.	P	.	.	.	.	.	.	.	.	.	.	.	.	.	.	.	.	.	P	.	P	P	.	.	.	
A/Z	.	.	.	P	P	.	.	P	.	.	.	.	.	.	.												
A/gm	.	.	.	.	.	.	.	P	P	P	P	P	.	.	.	.	.	.	.	.							
A/6	.	P	.	.	.	.	.	.	.	.	.	.															
A/(3)	.	P	.	.	.	.	P	P	P	.	P	P	.	.	.	.	.	.	.	.	.	.	.				
A/(4)	.	.	.	.	.	.	.	.	.	.	P	P	P	.	.	.	.	.	.	.	.						
A/(7)	.	.	P	.	.	.	.	P	P	.	.	.	P	.	.	.	.	.	.	.	.	.	.				
A/(8)	.	P	P	.	.	.	.	.	.	.	.	.	.	.													
A/g(8)	.	.	.	.	.	.	.	P	.	P	.	P	.	.	.	.	.	.	.								
B/g	P	.	.	.	P	P	.	.	.	.	.	P	.	.	.	.											
B/p	.	.	.	.	.	.	.	.	.	.	.	P	.	P	P	.											
B/r	.	P	P	P	.	.	.	.	P	P	P	P	P	.	P	P											
B/s	P	P	.	.	.	.	P	P	.	P	P	P	P	P	P	P											
B/A	.	P	P	P	P	P	.	.	P	.	.																
B/B	P	.	P	P	.	.	P	P	.	.	.																
B/D	.	.	.	.	.	P	P	.	.	.	.	P	.	.	.	.											
B/M	.	.	.	.	.	P	.	.	P	P	P	P	P	P	P	P											
B/3	.	P	P	P	P	P	P	P	.	.																	
B/6	.	P	.	.	.	.	.	.	.	.	.	.	.	P	.	.	P										
Puppenpflege:	3	9	6	5	4	5	5	8	6	5	6	10	5	4	4	3	1	0	0	1	0	1	1	0	0	0	
Anzahl aller Tiere:	19	19	19	19	19	19	19	19	19	19	18	16	15	15	14	13	7	6	6	5	4	3	3	1	1	1	

P = Belecken oder Tragen von Puppen

Die Zeit vom Einspinnen der Larve bis zum Schlüpfen der Imago betrug unter den Bedingungen des Nestes A 14–15 Tage. So wurden von 10 am 11. 5. 1956 gesponnenen und mit gelben Schellackpunkten markierten Kokons 7 am 25. 5. und 3 am 26. 5. verlassen. Dem gleichen Nest A gab ich am 12. 5. 1956 etwa 150 Kokons zu, die einem Freilandnest entstammten und durch ihre weiße Färbung und durch das Fehlen des Kotfleckes verrieten, daß sie erst frisch gefertigt waren und noch die Vorpuppe enthielten. Am 28. 5., also am 16. Tag nach der Zugabe, waren bis auf 5 alle Jungtiere geschlüpft.

Als nächste Tätigkeit innerhalb des Nestes sei die Verarbeitung von Insektenfleisch genannt. Die von den Jägern des Außendienstes eingetragenen Insekten werden durch einige Tiere „aufgearbeitet". Die Beute ist meist bereits so stark beschädigt, daß stets einige Öffnungen klaffen, durch die die Körpersäfte von den Ameisen eingesaugt werden können. Größere Beute wird mit Hilfe der Mandibeln in kleinere Stücke zerlegt. In der Regel wird das Fleisch des Beuteinsektes eingespeichelt und (wahrscheinlich) auf diese Weise extraintestinal verdaut. Die entstandene Nährlösung wird eingesogen, im Kropf gesammelt und an die Nestgenossen weiterverfüttert.

Das Alter der Tiere, die sich durch die Verwertung des Insektenfleisches nützlich machen (Tab. 4), ist nicht streng an diese Verrichtung gebunden, wenn auch in den von mir protokollierten Fällen tote Beute von Tieren zwischen 45 und 60 Tagen Alter besonders häufig bearbeitet wurde. Einige Tiere saugten schon nach 6 Imagotagen an den Beuteinsekten!

Das gleiche ist über das Alter der Arbeiterinnen zu sagen, die sich mit toten Ameisen beschäftigen. Die Körper gestorbener Ameisen wurden befühlt, beleckt und umhergeschleppt, schließlich — wenn auch nicht immer — zernagt und ausgefressen. Wie aus der Tabelle 4 ersichtlich ist, fanden sich Tiere jeden Alters an den toten Ameisen ein.

Die bisher besprochenen Tätigkeiten sind zum Innendienst zu rechnen; die sie ausführenden Tiere verlassen das Nest nicht. Den Übergang zum Außendienst im ersten Lebenssommer konnte ich nur bei 12 der markierten Arbeiterinnen verfolgen; er fand bei diesen zwischen dem 45. und 70. Lebenstag statt (Tab. 5). Das entspricht ungefähr der Zeit, in der bei anderen Nestgenossen der Trieb zur Ei- und Larvenpflege nachläßt.

Der Wechsel zum Außendienst ist meist mit einer individuell verschieden lang anhaltenden Übergangszeit verbunden, während der die Arbeiterinnen sich vorwiegend im Röhrensystem oder in brut- und königinfreien Nestkammern aufhielten. Ab und zu näherten sie sich dem Nestausgang, und die ersten Ausflüge in den Auslauf waren nur von kurzer Dauer. Meist wurden sie durch Außendiensttiere, die mit Beute oder (von mir in den Auslauf gegebenen) Puppen erregt in das Nest zurückkehrten, zu ihren ersten Ausflügen angeregt.

Nicht nur in dieser Übergangsperiode, auch als Außendiensttiere halten sich die Ameisen häufig lange in der Röhre des Beobachtungsnestes auf. Jeder an ihnen vorbeieilenden Gefährtin strecken sie prüfend ihre Fühler entgegen, was in Anlehnung an die Verhältnisse bei anderen Hymenopteren-Staaten an einen

Tabelle 4: An toter Beute und toten Arbeiterinnen

Tier Nr.	1 -5	6 -10	11 -15	16 -20	21 -25	26 -30	31 -35	36 -40	41 -45	46 -50	51 -55	56 -60	61 -65	66 -70	71 -75	76 -80	81 -85	86 -90	91 -95	96 -100	101 -105	106 -110	111 -115	116 -120	121 -125	126 -130	Alter (Tage)
A/C	.	.	/	.	.	.	/	.	.	.	.	.	.	.	.												
A/D	.	.	/	.	.	.	=	.	.	/	/	.	.	.	.	.	.	.	.	.	.	.					
A/E	.	.	.	.	.	.	=	.	.	=/	=	.	.	.	.	.	/	/	.	.	.	.	.	.			
A/F	.	=	.	.	.	.	.	.	.	.	.	.	.	.	.	.	.	.	/	.	.	.	.	.	.	.	
A/G	.	.	.	.	.	.	.	.	.	=/	/	=	.	.	.	.	.	.	.	.	.	/	.	.	.	.	
A/N	.	/	.	.	.	.	.	.	.	.	/	.	.	.	/	=	.	.	.	.	/	.	.	.	.	.	
A/R	.	.	.	.	.	.	.	.	.	=	/	.	/	.	.	.	.	.	.	.	.	.	.	.	.	.	
A/W	.	.	=	.	/	.	.	.	.	.	.	/	.	.	.												
A/gb	.	/	.	.	.	.	.	.	.	.	.	.	.	.	.	/	.	.	.	.	.	.	.	.	.		
A/gc	.	.	.	.	.	.	.	.	=	.	/	/	.	.	=	=/	.	.	.	.	.	.	.	.	.		
A/ge	.	.	.	.	.	=	.	.	.	.	/	.	.	.	.	.	.	.	.	.	.	.	.	.	.		
A/gm	.	.	.	.	.	.	.	.	.	=	/	.	.	.	.	.	.	.	.	.							
A/gn	.	.	.	.	.	.	.	.	=	=/	.	.	.	.	/	.	.	.	.								
A/gp	.	.	.	.	/	.	.	.	.	.	.	=	.	.	.	.	.	.	.	.							
A/hk	.	.	/	.	.	.	.	.	.	.	.	/	.	.	.												
A/sv	.	/	.	.	/	.	/	.	.	.	.	.	.	.	.												
A/(3)	.	/	.	.	/	/	.	.	.	.	/	.	/	.	/	.	.	.	.	.	.	.	.				
A/(4)	.	.	.	.	.	.	.	.	.	/	/	.	.	.	.	.	.	.	.	.	.						
A/(7)	.	.	.	.	.	.	.	.	.	=/	/	.	.	.	.	.	.	.	.	.	.	.	.				
A/g(4)	.	.	.	.	/	.	.	.	/	.	/	.	.	.	.	.	.	.	.	.	.	.	.	.	.	.	
A/g(8)	.	.	.	.	/	.	.	.	/	.	/	.	==	/	.	.	.	.	.								
B/d	=	.	.	.	.	/	.	.	.	.	.																
B/g	.	.	.	.	.	.	.	.	.	.	=	=	.	.	.	.											
B/s	.	/	.	.	.	.	/	.	.	.	.	/	.	.	.	.											
B/B	.	.	/	/	.	.	.	.	.	.	.																
B/D	.	.	.	.	=	.	.	/	/	.	.	.	.	.	.	.											
B/G	.	.	.	.	=	.	.	/	.	.	.	/	.	.	.	.											
B/6	.	.	.	.	.	.	.	.	.	.	.	/	.	.	.	.	.										
An totem Objekt:	1	6	5	1	8	3	5	2	5	8	14	9	3	1	4	3	1	1	1	0	1	1	0	0	0	0	
Anzahl aller Tiere:	28	28	28	28	28	28	28	28	28	28	28	26	26	26	26	22	18	17	17	15	13	12	11	9	8	4	

/ = An toter Beute im Nest =/ = An toter Arbeiterin im Nest

Wachdienst erinnert. Tatsächlich wird jeder nicht zum Nest gehörige Eindringling zwangsläufig von diesen „Posten" zuerst entdeckt und angegriffen. Es ist einfach ihr Aufenthaltsort, der sie mit dem Fremdling zuerst in Berührung bringt. Die Wächter sind aber keine eigens für diesen Dienst spezialisierten Tiere, wie wir es z. B. von den auch morphologisch dieser Funktion angepaßten „Türschließern" bei *Colobopsis*-Arten kennen. Es handelt sich vielmehr um Außendiensttiere, die am Nestausgang ruhend verharren, oder um Tiere der Übergangsperiode, die am Ausgang — von den neuen, noch unbekannten Sinneseindrücken beeinflußt — zögern.

GOETSCH hat 1930 bereits Ähnliches von den südamerikanischen *Messor*-Arten berichtet. Er schreibt, daß arbeitslose Tiere an Stellen starken Reizes zur Ruhe kommen. Die Tiere haben sich müde gelaufen, und es bedarf nur eines unbestimmten Reizes, daß sie still sitzen bleiben. Der Reiz kann ein Geruchs- oder Lichtwechsel sein, eine dunkle Stelle inner- oder außerhalb des Nestes u. a. Da solcher Reiz-

Tabelle 5: Übergang zum Außendienst

Tier Nr.	1 -5	6 -10	11 -15	16 -20	21 -25	26 -30	31 -35	36 -40	41 -45	46 -50	51 -55	56 -60	61 -65	66 -70	71 -75	76 -80	81 -85	86 -90	91 -95	96 -100	101 -105	106 -110	111 -115	116 -120	121 -125	126 -130	Alter (Tage)
A/ga	.	.	.	.	.	.	.	.	.	+	–	–	–	–	–	–	–	–	–	–	–	–	–	–	–	–	
A/gd	.	.	.	.	.	.	.	.	.	–	.	.	.	.	.	–	+	+	–	–	–						
A/gK	.	.	.	.	.	.	.	.	.	.	+	–	+	+	+	–	–	–	–	–	+	+	–	.	.	–	
A/Vp	.	.	.	.	.	.	.	.	.	.	–	–	.	.	.												
A/(1)	.	.	.	.	.	.	.	.	.	–	–	–	+	.	–	.	.										
A/(4)	.	.	.	.	.	.	.	.	.	.	–	–	.	.	.	+	.	.	–	.	–						
A/(5)	.	.	.	.	.	.	.	.	.	.	.	.	.	.	–	–	–	.	–								
A/(8)	.	.	.	.	.	.	.	+	+	–	–	–	–														
A/(9)	.	.	.	.	.	.	.	.	.	.	–	–	+	–	–	–	–	–	–	–	–						
A/g(4)	.	.	.	.	.	.	.	.	.	.	+	+	–	–	+	–	–	–	–	–	–						
B/g	.	.	.	.	.	.	.	+	.	.	+	–	–	–	–	–											
B/7	.	.	.	.	.	.	.	.	.	.	–	–	–	–	–												
Auslauf:	0	0	0	0	0	0	0	0	0	3	7	9	5	5	6	7	5	4	7	5	5	1	2	1	1	2	
Anzahl aller Tiere:	12	12	12	12	12	12	12	12	12	12	12	12	12	11	11	9	8	7	7	6	6	2	2	2	2	2	

. = Innendienst + = Am Nestausgang – = Im Auslauf

wechsel vor allem am Nestausgang gegeben ist, kommt es zur Wächterstellung, die nun tatsächlich sekundär zweckmäßig werden kann. Auch EHRHARDT (1931) bezeichnet die Wächter von *Myrmica laevinodis* NYL. als „Werktiere, die sich ausruhen".

Der Aufenthalt am Nestausgang ist noch in anderer Hinsicht zweckmäßig. Die sich hier untätig aufhaltenden Außendiensttiere und solche der Übergangszeit

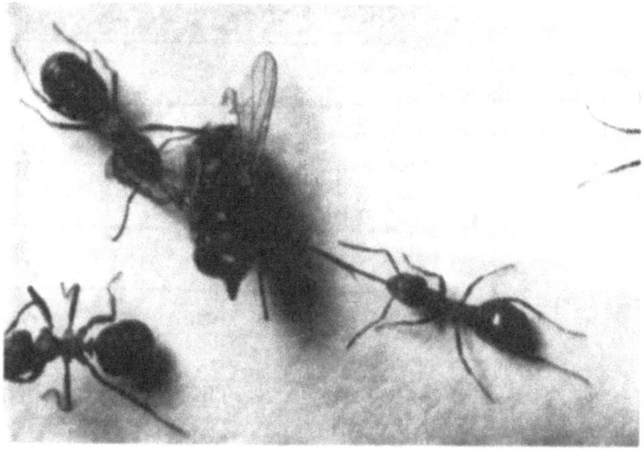

Abb. 17. Arbeiterinnen im Kampf mit einer Fliege

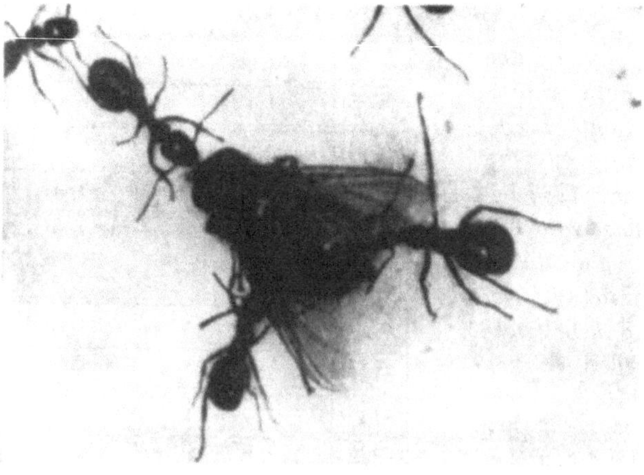

Abb. 18. Arbeiterinnen im Kampf mit einer Fliege

kommen hier mit allen Heimkehrern in Berührung. Bieten diese aus ihrem Kropf reichlich Nahrung an, schleppen sie Beuteinsekten oder (im Experiment) Puppen ein, so werden die Müßiggänger zum Aufbruch mobilisiert.

Im Anschluß an die Besprechung des Wachdienstes sei auf die Entwicklung des Abwehr- und Kampfverhaltens eingegangen. In Zusammenhang mit einem Versuch, der Beziehungen zwischen Betätigung und Organentwicklung aufzeigen sollte, wurde auch das Verhalten einem Feind oder einer Beute gegenüber von je 10 Tieren im Alter von 1, 3, 6, 11, 17, (21), 27, 37, 47, 57 und 76 Tagen geprüft. Dabei wurden die 10 Prüflinge dem Nest entnommen und in eine Schale mit Gipsboden von 23,5 cm Durchmesser getan, in der sie sich zunächst beruhigten. Jetzt hielt ich eine Pinzettenspitze nacheinander vor jede einzelne Ameise,

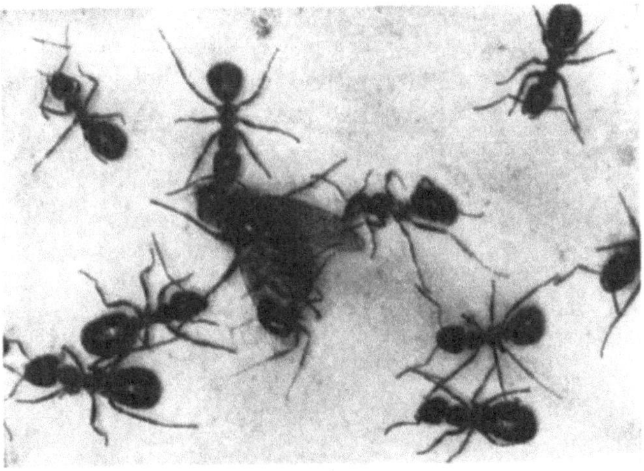

Abb. 19. Arbeiterinnen im Kampf mit einer Fliege

Abb. 20. Arbeiterinnen im Kampf mit einer Fliege

welche die Pinzette entweder angriff und sich in ihr verbiß oder Verteidigungsstellung annahm. Dabei richtet die Ameise ihren Vorderkörper hoch, spreizt die Mandibeln, streckt die Fühler vor und biegt die Hinterleibspitze unter dem Thorax weg nach vorn. In dieser Stellung spritzt sie bei stärkerer Belästigung dem Angreifer einen Giftstrahl entgegen. Als dritte Reaktions-

möglichkeit trat bei den Testen die Flucht des Prüflings auf. – Ganz frisch geschlüpfte Arbeiterinnen flohen oder blieben bewegungslos sitzen. Schon nach einem Tag beherrschten einige von ihnen die Verteidigungsstellung, waren jedoch noch nicht in der Lage, Gift zu verspritzen. Erste Anzeichen eines Angriffsverhaltens setzten sich erst vom 11. Lebenstag an durch, jedoch konnte ich einen ausdauernden Angriff erst nach dem 27. Tag feststellen. – Die Prüfung wurde im Viertelstunden-Abstand zweimal wiederholt.
Zur Abnahme des Jagdtestes kamen je 2 Prüflinge in eine Schale von 9,5 cm Durchmesser. Nach einer Beruhigungszeit von 2 Minuten wurde ein lebender Mehlwurm zugegeben und die Reaktion bewertet.

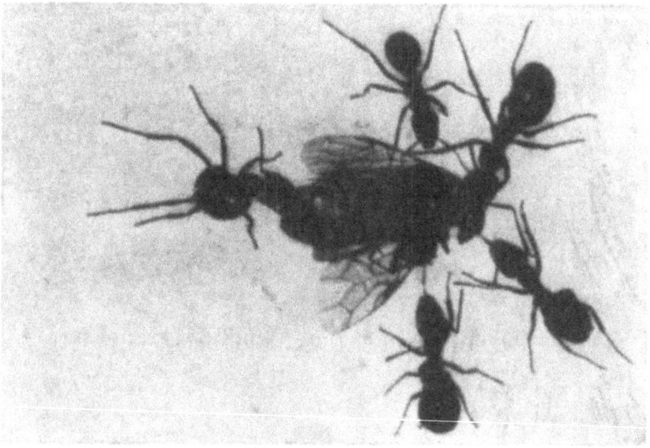

Abb. 21. Arbeiterinnen im Kampf mit einer Blattwespe

Erst bei Tieren im Alter von 27 Tagen kam es zu einem echten Kampf. Die 4 Kämpfer waren die gleichen Individuen, die beim Abwehrtest auch erstmalig zum direkten Angriff übergingen. Es zeigte sich weiter, daß in der Ausbildung des Jagd- und Abwehrinstinktes große individuelle Unterschiede vorliegen, so daß selbst im Alter von 76 Tagen noch viele Tiere nicht auf die Beute reagierten und vor der Pinzette flohen.
Die Abbildungen 17–20 zeigen eine Gruppe von Ameisen im Kampf mit einer Fliege, Abb. 21 mit einer Blattwespe. Während einige der Jäger das Opfer an den Beinen und Flügeln festhalten, an der Flucht hindern und wehrlos machen, verbeißen sich andere am Körper, krümmen sich ein und bringen ihr Gift in die Bißwunden.
Diese Tatsache wurde bereits von STÄGER (1923) beschrieben. Bei der Besprechung des Verhaltens der *Myrmicine Cremastogaster scutellaris* OLIVIER im Kampf mit einer *Syrphus*-Larve heißt es: „Während des Schlachtens hatten die ganze Zeit 2 bis 3 Arbeiterinnen die Larve am hinteren und vorderen Körperende wie mit Beißzangen, vermittels ihrer Mandibeln, festgehalten und nichts anderes getan, während einige andere Genossen da und dort Löcher in den Balg

des Opfers fraßen und den hervorquellenden Inhalt aufleckten. Diese Art der Arbeitsteilung kann man auch bei anderen Ameisenarten, z. B. *F. rufa* und *F. pratensis* sehen. Die Halter oder Fixateure liegen die ganze Zeit nur diesem einen Geschäft ob."

Ich kann diese Mitteilung STÄGERs voll bestätigen, nur mit der Einschränkung, daß die Fixateure und die eigentlichen Angreifer nicht grundsätzlich verschiedene Individuen sind. Es sind alles Jäger, und nur der Zufall entscheidet jeweils beim Kampfablauf, welchen Posten das Individuum zu übernehmen hat. Gelingt es der Beute einmal, ihre Peiniger abzuschütteln, so können kurz danach die Ameisen ihr Opfer mit vertauschten Rollen erneut anfallen. Es kommt auch vor, daß die einzelnen Jäger während des Kampfes die Beute verlassen und durch neue Kämpfer ersetzt werden. Der Wechsel der Individuen ist unter natürlichen Bedingungen die Regel, wie aus dem Jagdprotokoll im Abschnitt E hervorgeht.

Neben dem Verbeißen und Fixieren ist als dritte Verhaltensweise beim Beuteerwerb noch das Giftspritzen aus der Verteidigungsstellung heraus zu erwähnen. Kleine und schwache Beute wird im Einzelkampf erjagt. Fixateure treten nur beim Kampf mit einem großen, starken Opfer auf und dort nur solange, wie dieses noch Anstrengungen zur Abwehr macht.

Am Abtransport der Beute beteiligen sich nicht selten zwei, drei oder mehr Ameisen gleichzeitig. Im Freien wie im Kunstnest hatte ich Gelegenheit zu beobachten, daß leichte Beute (geviertelte Mehlwürmer) durch Einzeltiere schneller zum Ziele befördert wurde als durch eine ganze Schar in allen Richtungen zerrende Arbeiterinnen. Es passiert beim gemeinsamen Transport nicht selten, daß die eine Trägerin ein Hindernis rechts, eine andere links umgehen will, so daß der Transport völlig gehemmt wird. Oder aber das Zerren der einen Ameise an der Beute wirkt auf eine andere wie eine Bewegung der Beute selbst, sie stemmt sich also der Zugwirkung entgegen und verlangsamt so den Transport.

Beim Transport schwerer Beute müssen jedoch andere Gesichtspunkte berücksichtigt werden. Jetzt wirkt sich die Summierung der Kräfte mehrerer Ameisen bereits vorteilhaft aus [s. z. B. die Experimente von CHAUVIN (1950) über die Transportgeschwindigkeit verschieden schwerer Beute durch eine oder mehrere *F.-rufa*-L-Arbeiterinnen].

Besitzt die Beute schließlich ein solches Gewicht, daß sie von einer einzelnen Arbeiterin gar nicht mehr von der Stelle bewegt werden kann, dann wird der Transport überhaupt erst durch die gemeinsamen Anstrengungen zahlreicher Tiere möglich!

Beim Blattlausbesuch zeigt eine flüchtige Beobachtung an einem lausbesetzten Zweig, wie die an den Läusen sitzenden, prall gefüllten Melker die neu Hinzukommenden füttern und diese dann meist weitergehen, so daß der Gedanke an eine Arbeitsteilung zwischen Melk- und Transportameisen auftaucht. So schreibt ADLERZ (1913), daß die kleineren Arbeiterinnen melken und die größeren den Transport des Honigtaues übernehmen. Dazu kommt noch ein Bericht von EIDMANN (1927, 1929) über den Aphidenbesuch von *Lasius niger* L. Danach werden die Blattläuse von besonderen Arbeitern, den Blattlauswächtern,

bewacht und beschützt. Diese Wächter bleiben, wie Markierungsversuche ergaben, den ganzen Tag über bei ihren Schützlingen und kehren jeden Tag wieder an den gleichen Platz zurück. Von diesen Wächtern berichtet der Autor nun weiter (1929): „Der Wächter, der auch an sonnigen Tagen seine Herde nicht verläßt, nimmt, soweit ich beobachten konnte, niemals selbst Blattlaushonig auf, außer zu seiner eigenen Ernährung.“
Systematisch an einer mit der Zierlaus *Symydobius oblongus* V. HEYD besetzten Birke durchgeführte Beobachtungen (s. Abschnitt C!) ergaben, daß eine solche Arbeitsteilung zwischen Melkern, Fouragiern und Wächtern bei der kleinen Rasse der Roten Waldameise nicht vorliegt.
Neulinge an einer Lausherde, die eben noch gefüttert wurden, bleiben bei den Läusen, beginnen diese bald selbst zu betrillern und den Honigtau aufzusaugen. Schließlich geben auch sie den neu Hinzukommenden von ihrem Kropfinhalt ab. Manchmal setzen sie sich auch abseits von einer Lausherde nieder, oft länger als eine Stunde. Solche Tiere kann man aber nicht als Wächter bezeichnen, denn sie reagieren nicht anders auf verdächtige Erscheinungen als die, die sich gerade an den Läusen zu schaffen machen. (Als Beispiel für den Ablauf eines Lausbesuches ist in der Dissertation auf Seite 56 ein ausführliches Protokoll veröffentlicht.)
Beim Errichten der Nestkuppel wirken mit Sicherheit wenigstens 2 Verhaltensweisen zusammen: das Heranschaffen von grobem Baumaterial, wie Ästchen, Kiefernnadeln, Harzklumpen u. a., und das Ausfüllen der Lücken dieses groben Gerüstes mit Erdkrumen, Sand, Nagespänen u. a. Material, das meist beim Bau der unterirdischen Gänge anfällt. Sehr wahrscheinlich ist noch eine dritte Verrichtung: das Verkitten des Materials. Das Hügelnest ist nicht einfach ein Haufen locker aufeinandergelegter Ästchen, es ist ein festeres Bauwerk, und besonders seine Oberfläche ist von einer dichten Kruste aus feinem, aber miteinander verbundenem Baumaterial bedeckt. Beim Zerstören dieser Decke erhält man deshalb größere, zusammenhängende Schollen. Ich konnte jedoch trotz mehrtägiger Beobachtung nicht erkennen, wie das Material zusammengekittet wird. Immer sah ich nur, wie Arbeiterinnen aus der Nestumgebung die groben Baustoffe allein oder mit vereinten Kräften herantrugen oder -zerrten und sie — scheinbar gänzlich wahllos — an irgendeiner Stelle der Kuppel ablegten, wie ferner andere Arbeiterinnen an den Nestöffnungen erschienen mit einem Klümpchen Sand oder mit Nagespänen (von dem Stubben, der den Nestmittelpunkt bildet), zwischen ihren Mandibeln und ihre Last schließlich irgendwo — scheinbar wiederum völlig wahllos — zwischen den Ästchen der Kuppel ablegten. Daß das Ablegen von Grob- und Feinmaterial jedoch nicht nur spontan erfolgt, zeigt das Endresultat aller Tätigkeiten, die gleichmäßig gewölbte, in ihrer Form den mikroklimatischen Verhältnissen angepaßte Kuppel. Folglich muß die Ablage der Baustoffe doch von irgendwelchen Reizen gesteuert werden, die wir im Augenblick noch nicht kennen.
Das Verkitten wird vielleicht gleichzeitig mit der Ablage der Erdkrumen besorgt, die bei dieser Gelegenheit mit einem Drüsensekret befeuchtet werden. Daß das

Sekret einer der Kopfdrüsen den Baukitt bildet, wäre durchaus denkbar, da z. B. beim Bau der Kartonnester von *Dendrolasius fuliginosus* LATR. ebenfalls ein Drüsensekret, und zwar vermutlich die Ausscheidung der Mandibulardrüsen, zur Anwendung kommt (BISCHOFF, 1927). Zu erwägen ist allerdings auch, daß der Ameisenkot als Kitt dienen könnte.

Das Reinigen des Nestes von Unrat sowie das Herausschaffen von Erdkrumen wird durch Außendiensttiere besorgt. Mit Hilfe des Ovarientestes (s. Kap. V B) konnte ich dies einwandfrei an 40 Arbeiterinnen nachweisen, die ich vor einem Freilandnest wegfing, als sie an dessen Oberfläche mit Bausand oder Puppenhüllen erschienen. Im Labor ließ sich zwar feststellen, daß Innenarbeiter tote Ameisen, verlassene Kokons u. a. im Nest umherschleppten; der Transport in den Auslauf wurde jedoch nur von solchen Tieren vorgenommen, die uns bereits als Auslauftiere bekannt waren.

Die Aufzählung und Charakteristik der im *minor*-Volk zu beobachtenden Tätigkeiten darf nicht abgeschlossen werden, ohne daß zuvor auf das ausgiebige Nichtstun eines großen Volksteiles hingewiesen wird. Normalerweise hält sich etwa ein Drittel bis die Hälfte aller Nestinsassen beschäftigungslos im (Kunst-) Nest auf. Entweder sitzen solche Tiere träge und oft stundenlang an ein und derselben Stelle im Nest, oder sie laufen umher, tasten alles ab, was ihnen vor die Fühler kommt, aber packen nirgends mit zu. Ein solches Nichtstun kommt bei Ameisen jeden Alters vor, bei manchen Individuen nur als kurze Ruhepause, bei anderen dagegen als „sehr stark vorherrschendes Merkmal". Letztere weisen dann manchmal einen gedehnten Gaster auf, was auf einen gefüllten Kropf oder einen stark ausgebildeten Fettkörper schließen läßt. So fungiert wenigstens ein Teil der träg umhersitzenden Tiere als lebender Reservebehälter im sozialen Nahrungshaushalt des Volkes.

So ist nun die Frage zu untersuchen, in welcher Weise die Durchführung der eben besprochenen Arbeiten im Staate von *F. rufa rufo-pratensis minor* GÖSSW. auf die einzelnen Nestbewohner verteilt ist.

B. Arbeitsteilung und individuelle Verhaltensunterschiede bei Innendiensttieren

Als Innendiensttiere bezeichne ich alle die Arbeiterinnen, die das Nest nicht verlassen und somit ausschließlich Innenarbeiten verrichten.

Die individuellen Verhaltensunterschiede dieser Tiere und die daraus resultierende Arbeitsteilung wurden mit Hilfe der Methode der direkten Beobachtung von individuell gezeichneten Tieren bekannten Alters untersucht. Alle im folgenden ausgewerteten Beobachtungsprotokolle gehören zu Tieren des Nestes A (s. Kapitel III).

Die Beobachtung begann am 14. 6. 1955 und endete am 13. 6. 1956. Es konnten jedoch nicht alle Arbeiterinnen bis zum Versuchsende beobachtet werden. Einige wurden für Untersuchungszwecke vorher entnommen, andere starben. Wieder andere waren nicht mehr auffindbar, und es muß offenbleiben, ob sie gestorben und von ihren Gefährtinnen zernagt worden sind oder ob sie nur ihr Schildchen verloren haben.

Um ein Bild von dem Ausmaß der individuellen Verhaltensunterschiede zu erhalten, ist es nötig, einzeln Protokoll für Protokoll zu betrachten. Es sollen jedoch im folgenden Gruppen von Protokollen gleichaltriger Tiere zusammengestellt und innerhalb dieser Gruppen gleichartige oder ähnliche Protokolle gemeinsam besprochen werden.

Oft tritt der Fall ein, daß eine bestimmte Arbeiterin ihr Verhalten ändert, eine bisher bevorzugte Arbeit nicht mehr verrichtet und sich dafür eine andere Beschäftigungsart sucht oder den Innendienst ganz aufgibt und das Nest verläßt. Eine solche Änderung kann innere, anatomisch-physiologische Ursachen haben oder auch durch äußere Umstände, wie z. B. Mangel oder Überfluß an Brut, verursacht werden. Deshalb lassen sich im Lebenslauf einer Arbeiterin oft aufeinanderfolgende Etappen erkennen. Die Altersgrenzen der Etappen fallen bei gleichaltrigen Gefährtinnen zusammen, wenn sie durch äußere Ursachen erzwungen worden sind; sie können auseinanderfallen, wenn sie innere Ursachen haben.

Im Beobachtungsnest befanden sich während des ganzen Sommers 1955 und ab Frühjahr 1956 Eier, Larven und Puppen, so daß in der angegebenen Zeit in dieser Hinsicht stets gleiche Bedingungen herrschten. Aber auch im Labor unterliegt das Geschehen im Ameisenvolk dem Jahresrhythmus. Im Laufe des ersten Drittels des September 1955 ging der Brutbestand des Volkes merklich zurück; die Königinnen hatten die Eiablage eingestellt. Am 14. 9. 1955 war das Volk ohne Larven und Eier. Die Mehrzahl der Tiere wurde träge, saß untätig umher und entwickelte einen starken Fettkörper, so daß der Gaster sich sichtbar dehnte und die Segment ringe sich auseinanderschoben. Das Bestreben der Nestinsassen, zur Traube zusammenzukriechen, wurde von Tag zu Tag deutlicher. Ab 21. 10. 1955 stand das Nest nicht mehr unter der Heizlampe; die Temperatur sank auf 12—16° C ab. Am 22. 10. stellte ich das Nest in einem kühlen Bodenraum auf, wo das Volk bis zum 19. 1. 1956 bei einer mittleren Temperatur von +4° C und einem Minimum von —2° C überwinterte. Die Insassen überdauerten die Zeit in dichter Traube innerhalb einer Kammer. Am 19. 1. wurde das Formikar an seinen alten Platz im Laboratorium zurückgestellt und die Temperatur in den Kammern durch schrittweises Verstellen des Kontaktthermometers allmählich erhöht.

8 Tage nach der Auswinterung legten die Königinnen die ersten Eier ab, und nach weiteren 13 Tagen, am 9. 2. 1956, konnte man die ersten Larven sehen. Der Bestand des Volkes an Eiern und Maden nahm rasch zu, so daß bereits in den ersten Februartagen jeder zur Brutpflege bereite Arbeiter auch entsprechende Betätigungsmöglichkeit fand. Anders verhielt es sich mit der Puppenpflege. Die ersten Larven starben nämlich vor der Verpuppung ab. Obwohl stets reichlich Junglarven vorhanden waren, sah ich nie größere, verpuppungsreife. Erst am 12. 3. 1956 verfügte das Volk über 6 Puppen, bis 29. 3. erhielt es insgesamt 16, bis 26. 4. 27 und bis 11. 5. 43 Puppen. Am 12. 5. wurden 150 einem Freilandnest entnommene Kokons in den Auslauf gelegt und von den Arbeiterinnen ein-

getragen. Von nun an gab es immer reichlich Kokons im Nest. Am 29. 3. schlüpften nun Jungtiere, und entsprechend dem Puppennachschub wurde das Volk um frische, junge Arbeitstiere reicher.
In folgender Zusammenstellung ist nochmals eine Übersicht über die genannten Daten gegeben, da diese für die Beurteilung der Beobachtungsprotokolle von Bedeutung sind:

Zeit	Im Volke vorhanden
bis 14. 9. 1955	Eier, Larven, Puppen, Jungtiere
14. 9. bis 22. 10.	keine Brut
22. 10. 1955 bis 19. 1. 1956	(Winterruhe) keine Brut
19. 1. bis 27. 1.	keine Brut
27. 1. „ 9. 2.	Eier
9. 2. „ 12. 3.	Eier, Larven
12. 3. „ 29. 3.	Eier, Larven, Puppen
ab 29. 3.	Eier, Larven, Puppen, Jungtiere

Die geschilderten, durch die Winterruhe bedingten Veränderungen im Brut- und Jungtierbestand des Ameisenstaates treten im Prinzip in gleicher Weise und Reihenfolge auch in einem Freilandvolk auf und unterscheiden sich von denen im Laboratorium lediglich durch zeitliche Abweichungen. Auch im Freien überwintert das Volk ohne Brut, wodurch der kontinuierliche Nachschub an jungen Arbeiterinnen in den letzten Wochen vor und in den ersten Wochen nach der Winterstarre unterbrochen wird. Die Nestbewohner nehmen ihre Tätigkeit oft schon Mitte März wieder auf, die ersten Jungarbeiterinnen erscheinen jedoch erst gegen Ende Mai, nachdem vorher nur Geschlechtstiere aufgezogen worden sind. Es ist klar, daß in dieser Zeit die Brutpflege von älteren Tieren aus dem Vorjahr übernommen werden muß.
Damit ist der Rahmen gekennzeichnet, in den sich die einzelnen Arbeitsetappen der Arbeiterinnen einordnen. Um nun Unterschiede in der Wahl der Betätigungsart erfassen zu können, ist ein Vergleich der einzelnen Arbeitsprotokolle erforderlich. Ein solcher Vergleich setzt wiederum eine einheitliche Bewertung des Verhaltens aller Individuen voraus.
Die Beurteilung eines Protokolls ging deshalb einheitlich nach folgendem Schema vor sich: Der gesamte Lebenslauf des Tieres wurde zunächst in Arbeitsetappen zerlegt, wobei einmal die besprochenen Änderungen im Brutbestand, zum anderen aber auch alle auffälligen dauerhaften Veränderungen im Verhalten des Tieres zu berücksichtigen waren. Innerhalb einer Etappe wurde nun ausgezählt, wie oft eine bestimmte Tätigkeit beobachtet werden konnte und wie oft die Beobachtungseintragungen das Symbol für diese Tätigkeit nicht enthielten. Nun wurde das Verhältnis beider Zahlen durch den Bruch

$$M = \frac{\text{Tätigkeit ausgeübt}}{\text{Tätigkeit nicht ausgeübt}}$$

errechnet. Der Wert des Bruches M diente als Maßzahl für das Ausmaß der Spezialisation:

$M < 0{,}5$ – die Arbeiterin übt die Tätigkeit nur **gelegentlich** aus.
$M \geqq 0{,}5$ – die Arbeiterin **bevorzugt schwach** die Tätigkeit.
$M \geqq 1$ – die Arbeiterin **bevorzugt** die Tätigkeit, die somit **vorherrschend** wird.
$M \geqq 2$ – die Arbeiterin hat sich auf die Tätigkeit **spezialisiert,** die somit **stark vorherrschend** wird.
$M \geqq 4$ – die Arbeiterin ist auf die Tätigkeit **sehr streng spezialisiert,** die somit **sehr stark vorherrschend** wird.

Um die vergleichende Betrachtung der Protokolle zu vereinfachen, werden die wichtigsten Verrichtungen durch Symbole wieder gegeben.

EL = Pflege von Eiern und Larven
P = Pflege von Puppenkokons
K = Pflege von Königinnen
A = Pflege von Arbeiterinnen
Be = Verwertung von Beute im Nest
oT = Umherlaufen ohne Tätigkeit oder Ruhe
Rö = Aufenthalt im Röhrensystem und am Nestausgang
Au = Außendienst

Diese Tätigkeitsgruppen wurden bereits im vorigen Kapitel charakterisiert. Es muß hier nur ergänzend hinzugefügt werden, daß es nicht möglich ist, die Eipflege von der Larvenpflege zu trennen. Wie auf Seite 29 erwähnt, liegen Junglarven und Eier meist unmittelbar in einem Paket zusammen und werden von einer Arbeiterin gleichermaßen beleckt. Ferner war in keinem Falle festzustellen, daß eine Markierte sich entweder nur um Eier oder nur um Larven kümmert; es findet vielmehr ein ständiger Wechsel in der Pflege dieser beiden Brutstadien statt.
Eine weitere Ergänzung ist zum Beschäftigungsmerkmal „oT" notwendig. Das „Nichtstun" darf nicht nur als negatives Merkmal, als Fehlen von bestimmten Beschäftigungsarten aufgefaßt werden. Das „Ohne-Tätigkeit-Sein" stellt dann, wenn es inmitten einer Vielfalt von Betätigungsmöglichkeiten auftritt und nicht durch Mangel an geeigneter Arbeitsgelegenheit erzwungen wird, eine ganz bestimmte Verhaltensweise dar und ist somit als spezifisches, charakteristisches verhaltensbiologisches Merkmal den anderen Verhaltensweisen gleichberechtigt zur Seite zu stellen. So kann das Merkmal „oT" ebenfalls je nach der Häufigkeit seines Auftretens vorherrschend bis sehr stark vorherrschend oder nur etwas hervortretend oder gelegentlich auftretend sein.
Das „oT" darf nicht mit Unstetigkeit verwechselt werden. Unstete Tier können sehr beschäftigt sein, sie bleiben nur einer Tätigkeitsart nicht lange treu und wechseln ständig von einer zur anderen.

Außer der vergleichenden Auswertung der täglichen Beobachtungskontrolle mit Hilfe der beschriebenen Methodik wurden noch Arbeitswechsel und -stetigkeit durch ein spezielles Verfahren kontrolliert. Vom 25. 1. bis zum 8. 6. 1956 wurde meist im 7-Tage-Abstand eine zweistündige Beobachtung eingelegt und dabei von jeder Markierten alle 5 Minuten die Beschäftigungsart protokolliert. Ich erhielt so jedesmal von jedem Tier 24 Tätigkeitsangaben, die nun untereinander in Beziehung gesetzt, ein Maß für die Stetigkeit des Tieres darstellen. Sie lassen sich aber ferner auch mit den Angaben anderer Beobachtungstage vergleichen und vermitteln somit ein Bild von Veränderungen in der Vorliebe für bestimmte Arbeiten. Zur besseren Übersichtlichkeit wurde jede 2-Stunden-Beobachtung eines Tieres in Form eines Kreises graphisch dargestellt, wobei die protokollierten Tätigkeiten anteilmäßig als Sektoren erscheinen. Eine einmalige Beobachtung einer Tätigkeit entspricht einem Kreissektor von $^1/_{24}$ der Gesamtfläche. Fehlen von einem Tier Beobachtungswerte, so fehlt dem Diagramm ein entsprechend großer Sektor. Die Kreisdiagramme einiger Arbeiterinnen sind am Schluß dieser Arbeit wiedergegeben.
Nach der Besprechung der methodischen Grundlagen kann nun mit der vergleichenden Betrachtung der Individuen begonnen werden. Die vorliegende Besprechung der Protokolle ist sehr vereinfacht und gekürzt; als Beispiel wurden nur solche Arbeiterinnen besonders angeführt, von denen im Anhang eine Kreisdiagrammfolge vorhanden ist. Eine ausführlichere Darstellung findet sich in der Dissertation.

Serie I (Tafel 1 und 2):

Die ersten Jungtiere, die ich im Jahre 1955 erhielt, schlüpften am 14. 6. Ich habe auch bei Nestuntersuchungen im Freien nicht eher Jungtiere bemerkt, und so sind unsere am 14. 6. gezeichneten Arbeiterinnen als Vertreter für die zuerst in einem Jahre auftretenden jungen Imagines überhaupt anzusehen. An diesem Tage konnten 45 Individuen gezeichnet und dem Nest A zugesetzt werden. Sie hatten bis zu ihrem 92. Lebenstag alle Brutstadien zur Verfügung. Am Tage der Einwinterung waren sie 130 Tage alt, und mit 219 Tagen nahmen sie die Arbeit im neuen Jahr auf. Bis zu diesem Zeitpunkt ließen sich allerdings nicht alle Tiere verfolgen.
8 Arbeiterinnen dieser Gruppe konnten nicht länger als 30 Tage beobachtet werden, später waren sie nicht mehr aufzufinden. Eine von ihnen wurde bereits mit 17 Tagen im Auslauf gesehen und dort am 24. Tag tot aufgefunden. Die anderen zeigten stark vorherrschend oT, oder sie hatten sich auf EL spezialisiert.
Die übrigen Arbeiter werden gruppenweise besprochen:

1: Tiere, die nur bis zur Einwinterung beobachtet werden konnten.

11: EL-Tiere.
Hier ist nur ein Tier zu nennen; dies hatte sich vom 8. Lebenstag an sehr stark auf EL spezialisiert.

12: oT-Tiere.
Bei 5 Arbeiterinnen war oT vorherrschend, bei 3 stark und bei 2 sehr stark vor-

herrschend. Von diesen 10 Tieren wurden 8 nicht ein einziges Mal bei EL gesehen. Andere Verrichtungen traten nur gelegentlich auf. 4 dieser Tiere besaßen vor der Einwinterung einen gedehnten Gaster.

13: Unstete Tiere.
3 Tiere wechselten zwischen mehreren Verrichtungen.

14: Au-Tiere.
9 Arbeiterinnen gingen bereits im ersten Lebenssommer zum Au über. Der Übergang vollzog sich plötzlich oder erstreckte sich über mehrere Wochen. Er begann in 7 Fällen zwischen dem 43. und 52. Lebenstag, in einem Fall am 72. und einmal auch am 95. Tag. Zuvor waren 4 sehr stark spezialisiert auf oT, die anderen hatten sich mit EL, P, K, A oder Be beschäftigt.

2: Tiere, die auch im zweiten Jahr beobachtet werden konnten:

21: EL-Tiere.

211: EL nur im ersten Jahr.
2 Tiere, eines davon ist Nr. N, widmeten sich nur im ersten Lebenssommer der EL, stellten sich aber bereits zu einer Zeit auf oT um, zu der noch kein Brutmangel herrschte. Nach dem Winter zeigten sie sich im Au. Nr. N war noch bis zum 12. 3. auf oT spezialisiert, bevorzugte Rö und verweilte öfters an Be. Mit 273 Tagen begann der Au, bei dem Nr. N noch bis zum 9. 5. fast täglich am Zuckerwasser zu beobachten war.

212: EL in beiden Jahren.
Nr. M spezialisierte sich mit 7 Tagen auf EL und bevorzugte diese Tätigkeit auch nach der Überwinterung wieder; am 11. 3. ging sie zum Au über.

213: EL nur im zweiten Jahr.
2 Tiere zeigten sich im ersten Jahr unstet bzw. oT und begannen erst im zweiten EL zu bevorzugen bzw. sich darauf zu spezialisieren. Nr. H begann am 307. Lebenstag mit sehr starker Spezialisierung auf Au, Nr. gp blieb bis zum 350. Tag der EL treu. Später war gp nicht mehr aufzufinden. Sie ist das von mir am längsten beobachtete Tier, das nicht zum Au übergewechselt hat.

22: oT-Tiere.
1 Arbeiterin zeigte sich in beiden Jahren stark auf oT spezialisiert. Bei einer anderen war oT stets vorherrschend bis stark vorherrschend, es kam aber gelegentlich zur EL und vom 50. bis zum 57. Tag setzte sich eine sehr starke Spezialisierung für K durch.

23: Be-Tiere.
Bei Nr. 8 herrschte im ersten Jahr oT sehr stark vor. Im zweiten Jahr bevorzugte sie Be; am 28. 4. begann dann die Umstellung auf Au, zunächst durch Bevorzugung von Rö.

24: Unstete Tiere.
Hierher gehören 3 Tiere, die in beiden Jahren häufig zwischen El, P, Be, K, A, oT und Rö wechselten. Nr. G ging schließlich zum Au über.

25: Au-Tiere.
Viele der Tiere, die im 2. Jahr in den Au gingen, wurden bereits unter den vorangehenden Punkten erwähnt. Bei Nr. F und ge herrschte im ersten Jahr oT stark vor, beide entwickelten im Herbst einen starken abdominalen Fettkörper, für beide war die Zeit nach dem Winter eine Übergangsperiode zum Au, und beide zählten schließlich ab 1. 3. zu den ständigen Auslaufbesuchern.

Zusammenfassend ist über diese erste Altersgruppe zu sagen: Die Tiere verlassen entweder bereits im ersten Jahr (nach etwa 50 Tagen) oder erst im zweiten Jahr den Innendienst. In einem einzigen Fall wurde dieser bis zum Beobachtungsende von einem fast 1 Jahr alten Tier überhaupt nicht aufgegeben!

Die EL kann entweder überhaupt nie oder nur im ersten Jahr, nur im zweiten oder in beiden Jahren ausgeführt werden. Im ersten Jahr wurde der Pflegedienst an Eiern und Larven im Alter von etwa 50 Tagen aufgegeben, obwohl kein Mangel an diesen Brutstadien eintrat. Bei der EL kann es zu sehr starker Spezialisation kommen.
Untätige und unstete Tiere gibt es in beiden Jahren, sie gehen stets früher oder später zum Au über. Der Übergang zum Au kann kurz sein oder sich über viele Tage erstrecken, wobei besonders der Aufenthalt im Röhrensystem (Nestausgang) vorgezogen wird.
P, Be, K und A traten meist nur gelegentlich auf. P und Be wurden in je einem Fall schwach bevorzugt, zur Bevorzugung kam es je einmal für K, A und Be.

Serie II (Tafel 3 und 4):

Eine zweite Altersgruppe, bestehend aus 32 Individuen, wurde am 6. 8. 1955 dem Volke zugesetzt. Ihr Schlupftag ist der 4. 8. Ihnen stand im ersten Jahr bereits im Alter von 40 Tagen keine Brut mehr zur Verfügung. Mit 79 Tagen begann die Überwinterung, mit 168 Tagen war sie beendet. Als die ersten Eier wieder im Nest erschienen, waren die Mitglieder dieser Gruppe 176 Tage alt.
Die Besprechung der Protokolle erfolgt wieder gruppenweise:

1: Tiere, die nur bis zur Einwinterung beobachtet werden konnten.

11: EL-Tiere.
1 Arbeiterin bevorzugte EL, nach Brutmangel wurde oT stark vorherrschend.

12: oT-Tiere.
Bei 3 Individuen überwog oT. Sie starben während der Überwinterung. Andere Betätigungsarten traten kaum auf.

13: Au-Tiere.
1 Arbeiterin wechselte nach zunächst schwacher Bevorzugung von EL im Alter von 60 Tagen zum Au über. Mit 68 Tagen wurde sie tot im Auslauf gefunden.

2: Tiere, die auch im zweiten Jahr beobachtet werden konnten:

21: EL-Tiere.

211: EL nur im ersten Jahr.
Dieser Fall war nicht festzustellen.

212: EL in beiden Jahren.
In dieser Gruppe sind 14 Individuen anzuführen. Im ersten Jahr trat EL vorherrschend bis sehr stark vorherrschend auf, bis der Brutbestand zurückging. Sobald es im zweiten Jahr wieder Gelegenheit zur EL gab, wurde diese Tätigkeit erneut aufgenommen. In der Zwischenzeit herrschte oT stark bis sehr stark vor, gelegentlich traten Be, K und A auf. Bei 8 Tieren ließ sich im Laufe des 2. Jahres eine Abkehr von EL beobachten, unter diesen befanden sich die Nr. 3 und we. Nr. L war zur Zeit der Auswertung des Protokolles im Alter von 314 Tagen noch immer sehr stark spezialisiert auf EL. Die restlichen Tiere, darunter Nr. C, wurden im 2. Jahr von mir getötet.

213: EL nur im zweiten Jahr.
Zu dieser Gruppe gehören 6 Arbeiterinnen, die im ersten Jahr entweder nie oder nur gelegentlich mit EL beschäftigt waren, sondern die vielmehr vorherrschend bis stark vorherrschend oT zeigten. Soweit sie nicht getötet wurden, wechselten sie im April und Mai von der EL zum Au, wie z. B. Nr. sv.

22: P-Tiere.
Nr. kr zeigte sich bis Ende April des zweiten Jahres vorherrschend oT. Gelegentlich konnten El, K und Be protokolliert werden. Mit 270 Tagen wurde P vorherrschend und hielt bis zur Auswertung des Protokolles an.

23: unstete Tiere.
Als unstet mußten 5 Tiere, unter ihnen Nr. fk und Nr. V bezeichnet werden.

24: Au-Tiere.
Im vorstehenden wurden schon viele Au-Tiere besprochen. Eine weitere Arbeiterin nahm sofort nach der Auswinterung den Au auf, nachdem sie im Vorjahr sehr streng auf oT spezialisiert war.

Zusammenfassend ist über die gesamte Altersgruppe zu sagen: Nur 1 Tier von 32 gab den Innendienst schon im ersten Jahr auf. Von den Arbeiterinnen, die im 2. Jahr noch vorhanden waren, nahmen bis zum Beobachtungsschluß am 13. 6. 1956 16 den Au auf, 5 waren noch bei der Innenarbeit, 6 weitere wurden vorher abgetötet.
Alle Tiere, die sich im ersten Jahr mit EL beschäftigten, mußten diese Tätigkeit bereits mit 40 Tagen wegen Brutmangels aufgeben. Sie begannen bei neuer Brut im zweiten Jahr alle wieder mit EL! Aber auch einige solcher Individuen, die im ersten Lebenssommer keine Brutpfleger waren, widmeten sich im 2. Jahr der EL. Wieder andere kümmerten sich nie um die Eier und Larven.
P, K und A wurden sehr selten bevorzugt. Be trat nur gelegentlich auf. Alle unsteten Arbeiterinnen veränderten sich im Verlaufe des zweiten Jahres zu Au-Tieren.

Serie III (Tafel 5):

Am 8. 8. 1956 schlüpften 8 Arbeiterinnen, die im Nest A nur bis zum 36. Tag Gelegenheit zur Brutpflege hatten. Mit 164 Tagen begann für sie die Arbeitsperiode des zweiten Jahres.

1: EL-Tiere.
Hierzu gehören 5 Tiere. Eines übernahm EL bereits mit 10 Tagen, die anderen begannen erst im zweiten Jahr mit der Brutpflege. Im Laufe des Mai ließen sie alle wieder von der EL ab, um den Innendienst ganz aufzugeben oder eine andere Beschäftigung im Nestinneren auszuführen. Nr. 9 wechselte z. B. im Anschluß an die EL zur P. Ein entgegengesetzter Wechsel fand bei Nr. z statt. Bei ihr überwog im ersten Jahr P. Im zweiten war sie bis zum Erscheinen der Eier oT, dies blieb auch weiterhin so, nur setzte sich eine schwache Bevorzugung von EL und gelegentlich Be durch. Ab 5. 5. war Rö vorherrschend.

2: oT-Tiere.
Hierzu gehören die restlichen 3 Angehörigen der Serie III.

Zusammenfassend ist zu sagen, daß von den 8 Tieren nur 1 im ersten Jahr noch mit EL begann, 4 erst im zweiten und 3 gar nicht die Brut pflegten. P trat einmal vor und zweimal nach EL auf.

Serie IV (Tafel 5):

Eine letzte Altersgruppe, bestehend aus 8 Tieren, wurde am 7. 9. 1955 gezeichnet und dem Beobachtungsnest zugesetzt. Bereits nach 7 Tagen war das

Volk ohne Brut. Am 19. 1. 1956 waren die betreffenden Ameisen 134 Tage alt, am 13. 6. 1956, dem Ende der Beobachtung, 280 Tage.
Alle 8 beteiligten sich im ersten Jahr an keiner Arbeit, nur das Belecken und Füttern von Gefährten war vereinzelt zu beobachten.

1: EL-Tiere.
Bei 5 Tieren, darunter Nr. 1 und 5, trat EL im zweiten Jahr bevorzugt bis stark vorherrschend auf. Nr. 5 widmete sich jedoch auch gelegentlich der K und Be, so daß sie schon einen Übergang zur Gruppe der Unsteten darstellt.

2: unstete Tiere.
Nr. (6) beteiligte sich 1956 an allen Arbeiten des Innendienstes, außer oT trat jedoch keine vorherrschend auf. Am 1. 6. löste sich ihr Markierungsschildchen. Bei zwei weiteren unsteten Tieren konnte der Übergang zum Au beobachtet werden, sie lagen jedoch 3 bzw. 7 Tage danach tot im Auslauf.

Diese letzte Altersgruppe zeigt, daß die im September geschlüpften Tiere bis zur Winterstarre oT bleiben, sich aber nach dem „Erwachen“ im Frühjahr sofort an den sozialen Arbeiten beteiligen. Alle, die EL bevorzugten, zeigten diese Vorliebe bis zum Beobachtungsschluß. Nur bei 2 Tieren wurde der Übergang zum Au festgestellt. Es waren unstete Arbeiter, die das Nest im März verließen und wenige Tage später tot im Auslauf lagen.
Damit ist die Einzelbesprechung der Beobachtungsprotokolle beendet. Die große Vielfalt von Möglichkeiten der Arbeitsverteilung und Tätigkeitenfolge, die wir in unserem *minor*-Völkchen verwirklicht fanden, läßt sich ganz allgemein in folgende Sätze zusammenfassen:

1. Die einzelnen gleichaltrigen Individuen haben eine unterschiedliche Neigung zur Verrichtung der einzelnen Beschäftigungsarten, d. h.:
   a) Die bevorzugte Tätigkeit ist von Tier zu Tier verschieden. Das hat eine Verteilung der Gesamtarbeit auf „Berufsgruppen“ zur Folge. Es kommt vor, daß eine bestimmte Beschäftigung von einem Tier fast ausschließlich, von einem anderen nie ausgeübt wird.
   b) Der Grad der Vorliebe für eine bestimmte Verrichtung ist von Tier zu Tier verschieden, er bestimmt das Ausmaß der Spezialisation auf diese Verrichtung. In dem Maße, wie die Vorliebe für eine Betätigungsart wächst, steigert sich die Spezialisation auf diese und verringert sich das Auftreten anderer. So ist Spezialisation gleichbedeutend mit Stetigkeit, Nicht-Spezialisation mit Unstetigkeit. Neben den verschiedenartigen arbeitsteten Spezialisten gibt es unstete Nicht-Spezialisten; zwischen allen bestehen nur graduelle Unterschiede.
2. Der Wechsel vom Innendienst zum Außendienst ist nicht an einen einheitlichen, durch Alter oder Jahreszeit bedingten Zeitpunkt geknüpft, sondern von Tier zu Tier verschieden.
   Die in der ersten Hälfte der Brutperiode geschlüpften Arbeiterinnen können entweder noch im gleichen Jahr oder erst zu Beginn des zweiten das Nest verlassen oder selbst im Alter von 1 Jahr sich noch nicht vom Innendienst

abgekehrt haben. Die in der zweiten Hälfte der Brutperiode geschlüpften Arbeiterinnen verlassen das Nest im gleichen Jahr nur ausnahmsweise.

3. Von den Innenarbeiten überwiegen die Ei- und Larvenpflege sowie die Beschäftigungslosigkeit. Sie wurden im ganzen am häufigsten protokolliert; für sie gab es die meisten Spezialisten. Die übrigen Beschäftigungsarten treten selten auf, sie werden nur von wenigen Arbeiterinnen bevorzugt und häufig von unsteten Tieren ausgeführt. Die Puppenpflege nimmt bedeutend weniger Arbeitskräfte in Anspruch als die der anderen Brutstadien, da das ständige Einspeicheln überflüssig wird und die Notwendigkeit zur Umlagerung der Kokons — wenigstens in meinem Versuchsnest — selten bestand.

C. Arbeitsteilung und individuelle Verhaltensunterschiede bei Außendiensttieren

Hatte ich durch die Gips-Glas-Nester die Möglichkeit, die Arbeiten der Innendiensttiere gut zu verfolgen, so konnte ich andererseits den Außendiensttieren wenig Gelegenheit zu naturgemäßer Betätigung geben. Die Schalen mit Gipsboden stellten nicht nur räumlich einen recht dürftigen Ersatz für die Außenwelt dar, in ihnen fehlten auch all die mannigfaltigen Reize, die ein Freilandtier treffen und sicherlich in seinem Verhalten beeinflussen. In den Auslauf gestellte Blumentöpfe mit jungen Eichen oder Kiefern, die mit Lachniden besetzt waren, sollten den Ameisen die Möglichkeit zum Blattlausbesuch geben. Doch die Läuse wanderten meist schon nach wenigen Tagen ab; ihnen behagte entweder der Aufenthalt im Labor nicht oder aber sie reagierten auf ein einsetzendes Kränkeln der Pflanze. So mußte ich den Honigtau durch Zuckerwassertropfen ersetzen. Auch das Verfüttern von Nahrungsinsekten konnte nicht normale Verhältnisse wieder geben. Wenn den Ameisen auch so oft wie möglich lebende Insekten vorgesetzt wurden, so ist doch das Verhältnis von Jäger zu Beute in dem kleinen Auslauf anders als im Freiland. Schließlich sei gesagt, daß dem Volk nur ein ganz beschränktes Maß an Baugelegenheit gegeben werden konnte. Das Eintragen von Baumaterial in die Nestkammern machte sich schnell dadurch störend bemerkbar, daß die Tiere sich Nischen und Höhlen bauten und so die Beobachtung erschwerten.

Diese methodischen Mängel ließen sich im Labor nicht umgehen. Freilandbeobachtungen mußten einen Einblick in das Verhalten der Außendiensttiere geben. Bei diesen Freilandbeobachtungen konnte ich zunächst auf die Arbeiten von OEKLAND (1931) und KIIL (1934) zurückgreifen. Beide untersuchten mit der gleichen Methode die Arbeitsstetigkeit von Außendiensttieren. Sie lauerten an Ameisenstraßen, an Nestern, an Bäumen und Zweigen eine bestimmte Tätigkeit ausübende Arbeiterinnen auf und markierten diese mit einer bestimmten Farbe. Nachdem so eine größere Anzahl von Tieren mit gleicher Tätigkeit durch die gleiche Farbe kenntlich gemacht worden war, protokollierten sie während der nächsten Tage und Wochen, wie viele Tiere davon bei der gleichen Beschäftigung und wie viele bei einer anderen angetroffen wurden. Dabei fiel auf, daß die Ameisen bei ihren Wegen immer wieder die gleiche Straße benutzten, und nur selten war eine Markierte auf einer anderen Straße anzutreffen als dort, wo sie gezeichnet worden war. So hält wahrscheinlich jede Ameise mindestens für längere Zeit eine bestimmte Route ein.

Im Gegenatz zu dieser Routenbeständigkeit scheint ein Wechsel der Tätigkeit häufig vorzukommen. So mußte KIIL feststellen, daß Tiere, die beim Eintragen von Beuteinsekten markiert worden waren, später nicht nur bei dieser Tätigkeit, sondern auch beim Transport von Baumaterialien, beim Transport lebender Gefährtinnen oder beim Blattlausbesuch anzutreffen waren. Arbeiter, die beim Baumaterialtransport gezeichnet wurden, schleppten später auch Beute nestwärts, oder sie besuchten Blattläuse.

KIIL faßt das Ergebnis mit den Worten zusammen: „... die einzelne Ameise ist an keine spezielle Arbeit gebunden, ja selbst die Blattlausbesuche, die man als beständigste Tätigkeit beobachtet hat, werden nicht selten mit anderen Beschäftigungen vertauscht". Das folgende Schema zeigt, daß zwischen allen vier beobachteten Tätigkeiten Wechsel stattfinden.

Blattlausbesuch	⟷	Baumaterial-Transport
↕	⤡ ⤢	↕
Ameisen-Transport	⟷	Insekten-Transport

Meine hierzu angestellten Kontrollversuche zeigten gute Übereinstimmung mit dem von KIIL und OEKLAND Berichteten: Ich wählte ein Nest, daß etwa im Mittelpunkt der kleinen, von Douglasien-, Kiefern- und Buchenstangenholz umgebenen Kulturfläche lag. Von diesem Nest gingen zwei Ameisenstraßen ab: Straße A nach NW und Straße B nachS. Am 20. 7. 1955 wurden auf der Straße A 300 Tiere, die damit beschäftigt waren, Baumaterial nestwärts zu tragen, mit gelbem Schellack markiert. Am nächsten Tage erhielten 1000 Tiere, die auf Straße B beim Beutetransport angetroffen wurden, einen grünen Punkt auf den Thoraxrücken. An beiden Straßen wurden nun 37 Tage lang Kontrollbeobachtungen durchgeführt. Das Ergebnis ist in Tabelle 6 und 7 zusammengestellt.

Diesen Tabellen ist vor allem zweierlei zu entnehmen. Erstens bestätigte es sich, daß die gezeichneten Tiere während der 5wöchigen Beobachtungszeit das Nest immer in der gleichen Richtung auf der gleichen Straße verließen. Von insgesamt 665 protokollierten Tieren waren nur 3 der Straße, auf der sie gezeichnet worden waren, untreu geworden. Zweitens ist ersichtlich, daß tatsächlich ein Wechsel zwischen den Tätigkeiten stattfindet. Von 87 nestwärts ziehenden gelben Ameisen — also ehemaligen Materialträgern — transportierten im ganzen nur noch 9 Material, 3 schleppten Beute, 33 verrieten durch ihren aufgetriebenen Gaster, daß sie vom Blattlausbesuch kamen, schließlich gingen 42 „leer" zum Nest. Desgleichen trugen nur 17 der heimwärts laufenden grünen ehemaligen Beuteträger noch Insekten ein, 4 wurden beim Materialtransport, 207 mit gefülltem Kropf und 34 „leer" beobachtet.

Es mag vielleicht verwundern, daß sogar verhältnismäßig sehr selten Tiere wieder bei der ursprünglichen Beschäftigung angetroffen wurden. Eine Erklärung dafür

Tabelle 6

Straßen- und Arbeitsstetigkeit von 300 am 20. 7. 1955 auf Straße A gelb gezeichneten Materialträgern

Datum 1955	Beobachtungstag	Zeit	Straße A						Straße B
			vom Nest	zum Nest					
				Ma	Ga	Be	leer	ges.	
21. 7.	1.	$10^{00}-11^{00}$	1	—	—	1	1	3	—
22. 7.	2.	$7^{45}-8^{45}$	12	4	4	2	14	36	—
23. 7.	3.	$8^{00}-10^{00}$	22	2	—	—	12	36	—
27. 7.	7.	$9^{00}-10^{00}$	11	3	5	—	7	26	—
28. 7.	8.	$9^{00}-10^{00}$	18	—	8	—	5	31	—
29. 7.	9.	$9^{00}-10^{00}$	8	—	6	—	2	16	—
6. 8.	17.	$9^{00}-10^{00}$	—	—	—	—	—	—	1
8. 8.	19.	$14^{00}-14^{30}$	3	—	2	—	—	5	—
9. 8.	20.	$8^{45}-9^{15}$	4	—	5	—	—	9	1
9. 8.	20.	$14^{00}-14^{30}$	4	—	1	—	1	6	—
17. 8.	28.	$8^{45}-9^{15}$	1	—	2	—	—	3	—
26. 8.	37.	$8^{45}-9^{15}$	—	—	—	—	—	—	—
26. 8.	37.	$14^{00}-14^{30}$	—	—	—	—	—	—	—
Gesamt:			84	9	33	3	42	171	2

(Ma = Baumaterialtransport; Be = Beutetransport; Ga = Blattlausbesuch; ges. = gesamt)

Tabelle 7

Straßen- und Arbeitsstetigkeit von 1000 am 27. 1. 1955 auf Straße B grün gezeichneten Beuteträgern

Datum 1955	Beobachtungstag	Zeit	Straße B						Straße A
			vom Nest	zum Nest					
				Ma	Ga	Be	leer	ges.	
22. 7.	1.	$7^{45}-8^{45}$	55	—	40	1	3	99	—
23. 7.	2.	$8^{00}-10^{00}$	61	2	52	9	8	132	—
27. 7.	6.	$9^{00}-10^{00}$	39	—	20	2	3	64	1
28. 7.	7.	$9^{00}-10^{00}$	31	—	30	—	7	68	—
29. 7.	8.	$9^{00}-10^{00}$	15	1	14	1	8	39	—
6. 8.	16.	$9^{00}-10^{00}$	11	1	13	2	—	27	—
8. 8.	18.	$8^{45}-9^{15}$	4	—	8	—	3	15	—
10. 8.	20.	$8^{45}-9^{15}$	6	—	15	1	1	23	—
10. 8.	20.	$14^{00}-14^{30}$	—	—	—	—	1	1	—
16. 8.	26.	$8^{45}-9^{15}$	5	—	3	—	—	8	—
16. 8.	26.	$14^{00}-14^{30}$	1	—	3	—	—	4	—
22. 9.	32.	$8^{45}-9^{15}$	1	—	8	—	—	9	—
22. 9.	32.	$14^{00}-14^{30}$	—	—	1	1	—	2	—
Gesamt:			229	4	207	17	34	491	1

(Abkürzungen wie in Tabelle 6)

ist darin zu finden, daß bei unserem Versuchsnest der Blattlausbesuch bei weitem den größten Anteil an der Außendienstarbeit hatte. Es wurden dadurch wahrscheinlich vor allem solche Tiere beim Beute- oder Materialtransport gesehen und gezeichnet, die als eigentliche Blattlausmelker nur gerade zufällig und gelegentlich einmal einer anderen Beschäftigung nachgegangen waren. So wird auch verständlich, weshalb so viele markierte Tiere später gerade mit vollem Gaster angetroffen wurden.

Es läßt sich nun annehmen (wie es z. B. KIIL getan hat), daß unter den Außendiensttieren gar keine Arbeitsteilung besteht und daß die Tätigkeit dieser Ameisen nur davon abhängt, auf welche Reize sie bei ihren Exkursionen jeweils stoßen. Wenn in manchen Fällen dennnoch ein gewisser Konservatismus in der Betätigung feststellbar ist, so liegt dies lediglich daran, daß immer das gleiche Gebiet (Straße, Baum) aufgesucht wird, dessen spezifische Eigenarten auch immer wieder Anlaß zur gleichen Betätigung geben.

Dieser Deutung stehen nun aber die Erkenntnise entgegen, die an Innendiensttieren im Kunstnest gewonnen wurden und die ergeben hatten, daß alle Arbeiterinnen individuelle Verhaltensunterschiede zeigen, manche mehr, andere weniger. Büßen etwa die Arbeiterinnen beim Übergang zum Außendienst ihre Individualität ein? Dies ist kaum wahrscheinlich. Einige Versuche sollten Klarheit schaffen. Ich stellte Freilandtieren eine bestimmte Aufgabe und beobachtete, ob sich alle in gleicher Weise verhielten.

Versuch 1: Von einem Ameisennest führte eine Straße bis an einen kleinen Douglasienbestand; dort verteilten und verstreuten sich die Tiere. 30 cm neben der Straße wurde eine Larve von *Diprion pini* L. ausgelegt. Mittels eines Zensurensystems wurde jede Ameise, die nun mit dieser Larve in direkte Berührung kam, nach ihrem Verhalten der Beute gegenüber beurteilt.

Es bedeuteten:

1 = erfolgreicher Kampf und Abtransport der Larve;
2 = längerer Kampf, Giftspritzen, doch dann Imstichlassen der Beute;
3 = kurzes Verbeißen, ohne Giftspritzen;
0 = Zurückschrecken, kein Kampf.

Hier wie in allen folgenden Versuchen wurden nur die Ameisen ins Protokoll aufgenommen, die das Testobjekt (Beute, später Zuckerwasser, Puppen) auch tatsächlich mit den Fühlern berührt und wahrgenommen hatten. Nach Abtransport einer Larve wurde eine neue ausgelegt. Am 16. 6. 1955 testeten wir von 13^{00} bis 14^{00} Uhr bei 14°C (6 cm über dem Erdboden) das Verhalten von 81 Arbeiterinnen. Es zeigte sich, daß diese auf den gleichen Reiz „Afterraupe“ ganz unterschiedlich reagierten. Wir ordneten zu der

Gruppe 1 :	23	Arbeiterinnen
„ 2 :	16	„
„ 3 :	28	„
„ 0 :	14	„

Versuch 2: Am 17. 6. 1955 legten wir neben der gleichen Straße Raupen von Gespinstmotten (*Hyponomeuta spec.*) aus und beurteilten das verschiedene Verhalten der Ameisen nach dem gleichen Schema wie im Versuch 1. Von 8^{15} bis 8^{45} Uhr konnten bei 14° C 43 Tiere getestet werden. Sie verteilten sich wie folgt:

Gruppe 1: 6 Tiere
„ 2: 21 „
„ 3: 5 „
„ 0: 9 „

Versuch 3: Am gleichen Tage wurde um 9^{00} Uhr bei 16° C an der Straße eines anderen Nestes die Prüfung von 38 Arbeiterinnen unternommen. Testobjekt waren wie im Versuch 2 Raupen von Gespinstmotten. Es kamen zu

Gruppe 1: 11 Tiere
„ 2: 16 „
„ 3: 7 „
„ 0: 4 „

Versuch 4: Dieser Versuch sollte uns zeigen, ob die Freilandameisen auf Zucker wasser unterschiedlich reagieren. Wir stellten ein flaches Schälchen (Uhrglas) in das Jagdgebiet einer Kolonie und zählten solche Tiere, die es annahmen und längere Zeit leckten, sowie solche, die nach kurzer Prüfung ohne Annahme weiterzogen. Eine erste Zählung ergab, daß auf 100 Tiere, die das Zuckerwasser aufleckten, 38 kamen, die die Annahme ablehnten. Eine Wiederholung ergab folgendes Verhältnis:

Aufnahme des Zuckerwassers von 313 Arbeiterinnen
Ablehnen des Zuckerwasser durch 142 Arbeiterinnen

Auch hier ließen sich 38% der Ameisen nicht dazu verleiten, ihren Kropf zu füllen.

Versuch 5: Aus diesem Versuch sollten wir erfahren, ob jede Ameise, die im Freien auf eine *minor*-Puppe stößt, diese ergreift und ins Nest befördert oder ob auch hierbei individuelle Unterschiede auftreten. Es stellte sich bald heraus, daß viele Ameisen, die die Puppe entdeckt und befühlt hatten, diese liegen ließen und leer weiterliefen. Nur wenige waren zum Abtransport bereit. Der Versuch wurde in 3 Variationen durchgeführt; für den augenblicklich behandelten Fragenkomplex sind die Unterschiede belanglos.

Variation 1: An eine ins Jagdgebiet führende Straße des Versuchsnestes wurden einzeln nacheinander Puppenkokons ausgelegt, die aus einem Nest einer fremden Kolonie stammten (21. 6. 1955, Versuchsbeginn 13^{15}, Temperatur 23° C, wolkig).

Variation 2: An eine ins Jagdgebiet führende Straße des Versuchsnestes wurden einzeln nacheinander Puppenkokons ausgelegt, die am Abend vorher dem Versuchsnest entnommen worden waren (23. 6. 1955, Versuchsbeginn 7^{45}, Temperatur 20° C, trüb).

Variation 3: An eine zwei Zweignester verbindende Straße wurden einzeln nacheinander Puppenkokons ausgelegt, die am Abend vorher der Kolonie des

Versuchsnestes entnommen worden waren (22. 6. 1955, Versuchsbeginn 8^{15}, Temperatur 16° C, wolkig).
Wenn man die Ergebnisse der 3 Variationen zusammenfaßt, zeigt sich, daß von 1527 kontrollierten Arbeiterinnen nur 225 die Puppen abtransportierten. Das sind 14,73% (siehe Tab. 8).

Tabelle 8

Der Anteil zum Puppentransport bereiter Arbeiterinnen unter Freilandtieren

	kontrollierte Tiere	davon Puppentransporteure	
		absolut	in %
Variation 1: fremde Puppen, Straße zum Jagdgebiet	989	100	10,11
Variation 2: eigene Puppen, Straße zum Jagdgebiet	304	75	24,67
Variation 3: eigene Puppen, Nestverbindungs-Straße	234	50	21,36
Zusammen:	1527	225	14,73

Alle angeführten Versuche zwingen übereinstimmend zur Ablehnung der auf Seite 55 aufgestellten Annahme, daß die Tätigkeit der Außendiensttiere lediglich von den Reizen, auf die diese während ihrer Ausflüge stoßen, bestimmt wird.
Die spezifischen Ressourcen eines Gebietes geben nur den Rahmen der überhaupt vorhandenen Betätigungsmöglichkeiten; sie bestimmen, was überhaupt getan werden k a n n. Ob das eine oder das andere aber getan wird, das entscheidet in jedem einzelnen Falle die individuell verschiedene Neigung der Ameisen, eine bestimmte Arbeit zu verrichten.
In der Literatur findet man zu diesem Thema wenig Angaben.
WICHMANN teilt 1955 über *Lasius niger niger* L. mit, daß in der Erregungsbereitschaft der einzelnen Individuen sichtlich ein großer Unterschied besteht. Der Autor beschreibt das unterschiedliche Verhalten gegenüber einem Beutetier. — Die Transportbereitschaft für Beuteinsekten bei *Formica rufa* L. untersuchte CHAUVIN (1950). Er fand, daß einige Arbeiterinnen überhaupt nicht zum Abtransport vorgelegter toter Insekten zu bewegen waren, andere transportierten nur leichte Stücke und wieder andere schleppten auch schwerere Lasten. — Beide Arbeiten befinden sich also in Übereinstimmung mit meinen Ergebnissen.
Unsere im Freiland angestellten Versuche geben allerdings keine Antwort auf die Frage, ob die positive oder negative Reaktion eines Tieres lediglich die Folge einer augenblicklichen, nur relativ kurz anhaltenden Stimmung o d e r der Ausdruck einer für lange Zeit fast unveränderlichen Individualität dieses Tieres ist. Im Kunstnest habe ich einerseits Arbeiterinnen kennengelernt, die sich fortwährend eine neue Beschäftigung suchten, u n d anderseits sehr arbeitstreue, die ich Spezia-

listen nannte. Es wäre also durchaus zu erwarten, daß sich die Außendienstameisen aus Gelegenheitsarbeitern und Spezialisten zusammensetzen.
Daß ein Arbeitswechsel stattfindet, geht aus unserem auf Seite 53 geschilderten Versuch zur Erforschung der Arbeitsstetigkeit sowie aus den Experimenten von

Tabelle 9

Der Blattlausbesuch von 8 Arbeiterinnen. Aus der Tabelle ist die Dauer des Besuches (Std) und die Nummer des Zweiges (Zw) ersichtlich

Datum 1955	Beobachtungstag	H		St		S		4		1		7		tg		g	
		Std	Zw	Std	Zw	Std	Zw	Std	Zw	Std	Zw	Std	Zw	Std	Zw	Std	Zw
19. 9.	1.	—	—	2	1	2	1	2	1	2	2	—	—	—	—	—	—
20. 9.	2.	1	0	3	1	2	1	6	1	4	2	—	—	—	—	—	—
21. 9.	3.	8	0	—	—	9	1	6	1	8	2	4	10	—	—	—	—
22. 9.	4.	2	0	4	7	6	7	7	1	1	6	4	9	—	—	—	—
23. 9.	5.	5	0	3	7	—	—	9	1	4	2	2	10	—	—	—	—
24. 9.	6.	1	0	4	7	4	7	7	10	6	2	2	10	6	10	1	10
25. 9.	7.	?	0	?		?	1	?	7	?		?		?		?	
26. 9.	8.	4	0	5	7	7	1	9	1	2	2	—	—	9	2	1	10
27. 9.	9.	3	0	3	7	9	1	7	7	—	—	2	9	8	10	1	2
28. 9.	10.	6	0	—	—	9	1	10	7	—	—	—	—	3	2	3	10
29. 9.	11.	—	—	—	—	4	7	6	7	—	—	—	—	1	2	2	2
30. 9.	12.	—	—	—	—	4	1	8	10	4	5	—	—	—	—	—	—
1. 10.	13.	—	—	—	—	2	1	4	7	2	5	—	—	—	—	—	—
2. 10.	14.	—	—	—	—	—	—	—	—	—	—	—	—	—	—	—	—
3. 10.	15.	—	—	—	—	—	—	—	—	1	1	—	—	—	—	—	—
4. 10.	16.	—	—	—	—	—	—	—	—	—	—	—	—	—	—	—	—

Tabelle 10

Protokoll über den Blattlausbesuch von Ameise Nr. 1 (Erläuterungen im Text)

Datum 1955	7^{30}	8^{30}	9^{30}	10^{30}	11^{30}	12^{30}	13^{30}	14^{30}	15^{30}	16^{30}
19. 9.	—	—	—	—	—	—	—	2 M	2 M	2 M
20. 9.	10 M	10 M	2 M	—	—	2 M	—	—	—	—
21. 9.	2 M	2 M	2 M	2 M	—	2 M	2 M	2 M	2 M	—
22. 9.	6 M	6 A	2 M	2 M	2 M	2 M	2 M	2 M	2 M	—
23. 9.	2 M	—	2 M	—	—	—	2 M	—	W	—
24. 9.	2 M	2 M	2 M	2 M	2 M	2 M	—	—	—	—
26. 9.	—	—	—	—	—	—	2 M	—	2 A	—
30. 9.	—	—	—	5 M	—	—	5 A	—	5 M	5 M
1. 10.	—	—	—	—	5 M	—	—	—	—	—
3. 10.	—	—	—	—	—	—	—	—	—	W

OEKLAND und KIIL hervor. Es muß daraus zwangsläufig auf das Vorhandensein arbeitsunsteter Außenarbeiter geschlossen werden.
Der Nachweis von Spezialisten im Freiland bedurfte einer besonderen Methode. Er konnte nur mit Hilfe einer längeren Beobachtung individuell gezeichneter

Tiere erbracht werden. Dies erweist sich im Freiland als ein recht schwieriges Unternehmen, da es normalerweise praktisch unmöglich ist, unter den Hunderttausenden von Ameisen eine bestimmte, gezeichnete wieder ausfindig zu machen. Die Aufgabe wurde gelöst, indem wir uns auf die Prüfung von Blattlausbesuchern

Tabelle 11

Protokoll über den Blattlausbesuch von Ameise Nr. 4 (Erläuterungen im Text)

Datum 1955	7^{30}	8^{30}	9^{30}	10^{30}	11^{30}	12^{30}	13^{30}	14^{30}	15^{30}	16^{30}
19. 9.	—	—	—	—	—	—	—	1 M	—	1 M
20. 9.	—	—	10 M	1 M	1 M	—	W	1 M	1 A	—
21. 9.	1 M	1 M	1 M	1 M	1 M	—	1 M	—	—	—
22. 9.	10 M	10 M	10 M	10 M	—	—	—	1 M	1 A	1 A
23. 9.	1 M	1 M	1 M	1 M	1 M	1 A	1 A	1 A	1 A	—
24. 9.	1 M	1 A	1 A	10 A	1 M	1 M	1 M	—	—	—
26. 9.	—	1 A	1 M	1 M	1 M	1 M	1 M	1 M	1 M	1 M
27. 9.	1 M	1 M	—	—	1 A	1 A	1 A	1 M	—	7 M
28. 9.	7 M	7 M	7 M	7 A	7 M	7 M	7 M	7 M	7 A	7 A
29. 9.	2 M	2 M	7 M	7 M	7 M	—	—	7 M	—	—
30. 9.	—	7 A	7 M	7 M	7 M	—	W	7 M	7 M	7 M
31. 9.	7 M	7 M	7 M	—	7 M	—	—	—	—	—

Tabelle 12

Protokoll über den Blattlausbesuch von Ameise Nr. 8 (Erläuterungen im Text)

Datum 1955	7^{30}	8^{30}	9^{30}	10^{30}	11^{30}	12^{30}	13^{30}	14^{30}	15^{30}	16^{30}
19. 9.	—	—	—	—	—	—	—	1 M	1 M	—
20. 9.	—	—	—	—	—	—	—	1 M	1 M	—
21. 9.	1 M	1 M	1 M	1 M	1 M	1 M	1 M	1 M	1 M	—
22. 9.	—	—	—	1 M	1 M	1 M	10 M	7 M	—	5 A
24. 9.	—	—	7 M	1 M	1 M	1 M	—	—	—	—
26. 9.	1 M	1 M	1 M	1 M	1 M	1 A	1 A	—	—	—
27. 9.	1 M	1 M	1 A	1 M	1 M	1 M	1 M	—	1 A	1 A
28. 9.	1 W	1 M	1A	1 M	1 M	1 M	—	1 M	1 A	1 A
29. 9.	1 A	W	10 A	7 M	—	—	—	—	—	—
30. 9.	—	1 M	1 A	1 A	1 A	—	—	—	—	—
1. 10.	—	—	—	1 M	1 M	—	—	—	—	—

beschränkten und als Ort zur Markierung und Kontrolle direkt die Lauskolonien wählten. Ein Vorversuch, bei dem ich einige Lausbesucherinnen mit Schellack kennzeichnete, zeigte, daß einige der Markierten einige Tage lang zum Zeichnungsort zurückkehrten, so daß die Voraussetzung zu einer längeren Überwachung der Melkerinnen gegeben war.

Etwa 40 m entfernt von einem Nest der kleineren Kolonie stand eine ungefähr 2 m hohe Birke (*Betula verrucosa* EHRH.), die auffallend mit Zierläusen der Art

Symydobius oblongus v. HEYD besetzt war. Alle Zweige dieser Birke waren gut zu übersehen, so daß sich der Baum für unseren Versuch ausgezeichnet eignete. Leider war der Versuch jahreszeitlich sehr spät angesetzt worden, und Eiablage und Tod der Lachniden bereiteten unserer Beobachtung schon nach 14 Tagen ein Ende. Am 19. 9. 1955 kennzeichnete ich die einzelnen Hauptzweige des Bäumchens durch eine verschiedene Anzahl von Farbringen und markierte von 12^{00} bis 14^{00} Uhr insgesamt 43 Arbeiterinnen, die sich bei den Läusen aufhielten, mittels aufgeklebter Nummernschildchen. Die Ameisen mußten dazu in die Hand genommen werden. Nach der Prozedur wurden sie auf einem Blatt des gleichen Zweiges abgesetzt, von dem sie genommen worden waren. Bis zum Abend des gleichen Tages und an jedem der folgenden Tage nahmen wir in der Zeit von 7^{30}—16^{30} Uhr

Tabelle 13

Protokoll über den Blattlausbesuch von Ameise Nr. „Halbmond" (Erläuterungen im Text)

Datum 1955	7^{30}	8^{30}	9^{30}	10^{30}	11^{30}	12^{30}	13^{30}	14^{30}	15^{30}	16^{30}
20. 9.	—	—	—	—	—	—	—	—	—	0 M
21. 9.	—	0 M	0 M	0 M	0 M	0 M	0 M	0 M	0 M	—
22. 9.	—	0 M	—	—	—	—	—	—	—	0 M
23. 9.	0 M	0 M	—	—	—	—	0 A	0 M	0 M	—
24. 8.	0 A	—	—	—	—	—	—	—	—	—
26. 9.	—	0 M	—	—	—	—	—	0 M	0 M	0 M
27. 9.	—	—	—	—	—	—	—	0 M	0 M	0 M
28. 9.	0 M	0 M	0 M	0 M	0 M	—	—	—	—	0 M

stündlich in unser Protokoll auf, welche der von uns gezeichneten Tiere an der Birke waren, auf welchem Ast sie sich befanden (0—10) und ob sie die Läuse melkten (M), ob sie sich abseits der Lausherden aufhielten (A) oder stammauf- oder -abwärts liefen (W).

Das Ergebnis ist: Von den 43 gezeichneten Arbeiterinnen konnten 25 nicht wieder entdeckt werden. Es muß hier die Frage offen bleiben, ob diese 25 Tiere sich einer anderen Betätigung zugewandt oder nur einen anderen Baum aufgesucht haben. Ein Teil von ihnen könnte eventuell auch die Erkennungsmarke verloren haben. Weitere 3 Arbeiterinnen tauchten nur einmal wieder bei den Läusen auf, 2 von ihnen am nächsten Tage, die dritte erst nach 9 Tagen. 5 Tage lang konnten wir 7 Lausbesucherinnen zählen. Die restlichen 8 markierten Tiere fanden sich länger als 8 Tage an der Birke ein, im längsten Falle 14 Tage lang. Dann bereitete der Tod der Läuse der Beobachtung ein Ende. Über die Lausbesuche der genannten 8 Tiere gibt Tabelle 9 nähere Auskunft. Die folgenden Tabellen 10 bis 13 bringen die Originalprotokolle der Ameisen 1, 4, S und „Halbmond" (= H; Tab. 9). Das Wetter war in dieser Zeit fast durchaus heiter, aber schon recht kühl; das Tagesmaximum betrug im Durchschnitt 16,3° C. Am 26. 9. und 27. 9. gab es Regen.

Die einzelnen Arbeiterinnen konnten also verschieden oft und lang bei den Lachnidengruppen beobachtet werden. Leider ist die Beobachtungszeit von 14 Tagen zu kurz, um klar entscheiden zu können, ob es sich bei den Orts- und Arbeitstreuen um gut ausgeprägte Spezialisten handelt. Dennoch ist die Arbeitsstetigkeit einiger Tiere durch den Versuch ganz offensichtlich geworden.

Noch eindrucksvoller war ein Markierungsversuch an der gleichen Birke im Frühjahr 1956. Am 11. 5. 1956 wurden 25 Honigtausammler mit gelben Schellackfarbtupfen während des Melkens individuell gezeichnet. In den folgenden Tagen waren 16 wieder an der Birke zu beobachten. Bis zum 24. 5. — nach 13 Tagen — zählten noch 7 davon zu den regelmäßigen Besuchern. Am 29. 5. waren es noch 3. Nr. 1245 fand sich noch 43 Tage nach der Zeichnung fast täglich auf dem gleichen Ästchen ein und besucht zur Zeit der Niederschrift dieser Beobachtung, am 23. 6. 1956, unverändert die gleiche Lausherde, an der sie bis zu diesem Zeitpunkt an 29 von 36 Kontrolltagen Honigtau aufgenommen hatte.

Das Schicksal der Ameisen, die aus der Beobachtung ausschieden, muß wiederum ungewiß bleiben. Es sind die gleichen 3 Möglichkeiten in Betracht zu ziehen, die bereits im vorstehenden erörtert wurden.

Während der ganzen Beobachtungszeit regnete es an 13 Tagen. Die mittlere 12^{00}-Uhr-Temperatur betrug 20° C.

In der Literatur finden sich zu diesem Problem für *Formica rufa* L. keine Hinweise. Nur für einige andere Arten liegen Angaben vor, die allerdings gut mit unserem Ergebnis übereinstimmen. Durch Markierung mit Farbtupfen stellte EIDMANN (1927, 1929) fest, daß sich im Frühjahr bei einer bestimmten Blattlaus immer der gleiche *Lasius- niger-* L.-Wächter aufhält (s. S. 41). Die längste Beobachtung dieser Art erstreckte sich über 8 Tage. Auch HERZIG (1937) teilt mit, daß bei *Lasius niger* L. und *L. bruneus* LATR. die einzelne Ameise im allgemeinen „während größerer Zeitspannen" immer dieselbe Blattlauskolonie besucht, wie der Autor ebenfalls durch Farbmarkierung feststellen konnte.

Zusammenfassend ist über die Freilandversuche zu sagen, daß auch im Außendienst eine Arbeitsteilung herrscht, die durch die individuellen Verhaltensunterschiede bedingt ist. Neben Individuen, die mit einem breiten Reaktionsvermögen als Mittelgruppe je nach Situation und Augenblicksstimmung die Art der Betätigung wechseln, gibt es Arbeiterinnen, die mit auffallender Beharrlichkeit ein und derselben Beschäftigung nachgehen.

Wie bereits erwähnt, eignen sich Untersuchungen unter Laborbedingungen nicht sehr gut zum Studium des Außendienstes. Dennoch können sie die durch Beobachtungen in der Natur gewonnene Auffassung bestätigen und bekräftigen.

So hat schon LUBBOCK (1886) in seinem Buch „Ants, Bees and Wasps" ein Laborexperiment beschrieben, aus dem zu ersehen ist, daß auch bei *Polyergus rufescens* LATR. und bei *Serviformica fusca* L. Spezialisten für das Nahrungseintragen vorhanden sind. LUBBOCK hielt im Formikar ein 200 Individuen starkes Volk von *S. fusca* L. während des Winters. In eine Auslaufarena gab er etwas Honig als Futter. Vom 20. 11. 1875 bis zum 24. 2. 1876 notierte er stündlich, welche Tiere mit Honigeintragen beschäftigt waren. Jedes neu am Honig erscheinende Tier bekam eine charakteristische Farbmarkierung. Es waren aber in der ganzen Zeit nur 9 verschiedene Tiere! Eines davon blieb seiner Arbeit 67 Tage

lang treu. Gleiches beobachtete er auch am 400 Individuen starken Volk von *Polyergus rufescens* LATR. Es waren stets nur drei gleiche Tiere, die am Honig erschienen.
Ich selbst konnte im Laufe der allgemeinen Beobachtung 23 gezeichnete *minor*-Arbeiterinnen mehrere Wochen lang beim Außendienst beobachten. Die Tiere fanden in der relativ kleinen Auslaufschale zu jeder Zeit Zuckerwasser vor, und täglich wurde mindestens einmal zur Beobachtungszeit ein Beuteinsekt gereicht. Eine umfassende Auswertung der Protokolle erscheint wenig sinnvoll, da die Tiere sich meist beschäftigungslos im Auslauf aufhielten und die protokollierten Tätigkeiten nicht zahlreich genug sind, um die individuellen Unterschiede exakt herausstellen zu können. Dennoch enthalten die Aufzeichnungen deutlich Hinweise auf die spezielle Eigenart der Tiere. Viele zeigten einen mehrfachen Wechsel zwischen Zuckerwasserholen, Insektenjagd und -transport und anderen Verrichtungen. Andere ließen deutlich eine Vorzugsbetätigung erkennen. (Beispiele und Protokollauszüge hierzu sind in der Dissertation veröffentlicht.)

D. Regulationen der Arbeitsverteilung

Bereits im Kapitel II wurde gezeigt, daß in allen untersuchten Hymenopterenstaaten die Arbeitsverteilung nicht nach einem starren Schema verläuft, sondern sich dem jeweiligen sozialen Bedürfnis anpaßt. Sogar im Staate von *Apis mellifica* L., in dem die Arbeitsverteilung nach einem viel strafferen Prinzip durchgeführt ist, als es für einen Ameisenstaat festgestellt werden konnte, herrscht ein weitgehendes Regulationsvermögen, wie die besprochenen Untersuchungen von RÖSCH (1930) und LINDAUER (1952) zeigten.
Es ist also von vornherein zu erwarten, daß auch im *minor*-Staat soziale Bedürfnisse die Arbeitsverteilung beeinflussen. Solche Anpassungen an spezielle Gegebenheiten sind bereits im Kapitel IV B bei der Besprechung der Arbeitsteilung im Innendienst erwähnt worden. Es wurde gezeigt, daß im Jahre 1956 die vorjährigen Innendiensttiere nach und nach in dem Maße Außenarbeiten aufnahmen, wie im Volke Jungtiere erschienen, von denen sie im Innendienst abgelöst werden konnten. Oder ein anderes Beispiel: Als das Volk im Frühjahr 1956 über einen größeren Puppenbestand verfügte, mußten einige Tiere sich mit dessen Wartung befassen. Es zeigten sich neben einigen Ungezeichneten auch Nr. kr und fr dazu bereit, nachdem sie vorher ohne bestimmte Tätigkeit bzw. unstet gewesen waren.
Ganz allgemein bestimmt das Verhältnis von einer bestimmten Arbeitsgelegenheit zur Stärke der Vorliebe für diese Beschäftigungsart die Verteilung. Je größer erstere ist, um so mehr finden unstete Tiere und solche mit geringer Vorliebe für diese Gelegenheit, sich mit ihr zu beschäftigen. Je geringer anderseits eine bestimmte Beschäftigungsmöglichkeit ist, desto mehr Tiere werden frei, die sich nun entsprechend ihrer individuellen Eigenart einer anderen Arbeit zuwenden oder ohne Beschäftigung bleiben.

Solchen zwangsweise untätig gewordenen Individuen und den unsteten Arbeitern kommt bei einer Verteilung von Arbeitskräften in einer neuen Situation große Bedeutung zu. Sie bilden das Reservoir für einen plötzlichen Bedarf an Arbeitskräften.

Eine bestehende Arbeitsverteilung ist nicht allein das Resultat äußerer, im sozialen Bedürfnis liegender Ursachen, sie ist auch nicht ausschließlich die Folge der individuellen Charakterunterschiede der Arbeiterinnen; sie ist das Ergebnis des Zusammenwirkens beider Faktoren.

Eine Regulation der Arbeitsverteilung findet auch innerhalb des Außendienstes statt. Im Kapitel IV C wurde bereits gezeigt, daß es auch im Außendienst eine bis zur Spezialisation reichende individuelle Bevorzugung einzelner Tätigkeiten gibt, daß andererseits aber Wechsel zwischen den Tätigkeiten nicht selten sind. Das Wechselspiel von Neigung und Arbeitsangebot bildet auch hier die Grundlage der Regulation. Ein praktisches Beispiel für die Umstellung auf eine sich plötzlich in größerem Umfange anbietende Beschäftigungsmöglichkeit findet sich bei BRUNS (1954). Der Autor untersuchte die Einwirkung der Roten Waldameise auf die Kleine Fichtenblattwespe (*Lygaeonematus abietum* Htg.) und schreibt darüber u. a.:

„1952 wurden im Forstamt Cloppenburg, das seit Jahren alljährlich von der Kleinen Fichtenblattwespe in besonders starkem Grade befallen ist, die ersten, noch sehr kleinen Fichtenblattwespenlarven etwa um den 10. Mai gefunden, jedoch waren es zunächst nur sehr wenige. Bis zum 21. 5. konnte ein Eintragen von Blattwespenlarven durch die Anfang April 1952 dort künstlich angesiedelte Kleine (bzw. Mittlere) Rote Waldameise noch nicht festgestellt werden. Die Möglichkeit, daß Fichtenblattwespenlarven während dieser Zeit gelegentlich erbeutet und dies nur übersehen wurde, soll jedoch nicht ausgeschlossen werden. Wurden Blattwespenlarven in die Nähe eines Ameisennestes gelegt, so verhielten sich die Ameisen individuell verschieden. Zunächst liefen einige Ameisen an der Larve vorbei, ohne sich um sie zu kümmern, bis sie dann aber bald von einer Ameise angegriffen und nach mehr oder weniger langem Kampf ins Nest abgeschleppt wurde.

Erstmals am 22. Mai 1952 konnte ich dann jedoch gleich an mehreren Nestern feststellen, daß die Ameisen die Fichtenblattwespenlarven von den Fichten herunterholten. Noch bis in den späten Mai hinein war allgemein festzustellen, daß die Ameisen die Kiefern der gemischten Fichten-Kiefernbestände im allgemeinen etwa 2—3mal so häufig wie die Fichten besuchten. Auch Birken wurden fleißig bestiegen. Jedoch bevorzugten die Ameisen im Juni im allgemeinen die Fichten, die sie bis in die äußersten Kronenspitzen, dem Hauptfraßbereich der an den jungen Maitrieben fressenden Fichtenblattwespenlarven, hinein fleißig besuchten. (Kontrolle durch Steigeisenbesteigung der Fichten.) Mit zunehmender Größe der Larven, deren Fraßzeit etwa 3 Wochen beträgt, wurden diese von den Ameisen immer fleißiger eingetragen. Die Ameisen hatten sich allmählich derart auf Fichtenblattwespen spezialisiert, daß diese über

90% der eingeschleppten Beutetiere ausmachten“ (Sperrungen von mir, D. O.).

Selbst zwischen den beiden Arbeitsbereichen innerhalb und außerhalb des Nestes besteht ein plastischer Übergang. Nicht nur, daß ältere Innendiensttiere sich außerhalb des Nestes Arbeit suchen, wenn im Volk genügend jüngere herangezogen worden sind, es können sogar bei eintretendem Mangel an Innenarbeitern Außendiensttiere wieder Arbeit im Nest aufnehmen. Ob und wie intensiv diese Umstellung geschieht, ist wiederum in der individuellen Eigenart eines jeden Tieres begründet.

Die Umstellung vom Außendienst auf den Innendienst konnte ich durch folgendes Experiment beweisen:

Am 25. 5. 1955 wurden 160 eine Kiefer mit gedehntem Gaster stammabwärts laufende Blattlausbesucherinnen abgelesen und in eine runde Auslaufschale gegeben, die mit einem einkammerigen Gipsnest in Verbindung stand. In der Kammer befand sich eine Königin, zwei etwa erbsengroße Eipakete, einige Larven und 12 Königinnenpuppen.

Die Blattlausbesucherinnen sollten nun zeigen, ob einige von ihnen in dieser extremen Zwangslage wieder zur Aufnahme von Innenarbeiten bereit waren.

Die Protokollierung von Aufenthalt und Tätigkeit erfolgte bis 9. 6. 1955 zweimal täglich. Das Ergebnis soll summarisch besprochen werden:

1	Tiere, die wegen Verlust des Schildchens nicht kontrolliert werden konnten:		51
2	Tiere, die dem Außendienst treu blieben:		42
21	davon große: 14		
22	„ mittelgroße: 23		
23	„ kleine: 5		
3	Tiere, die Innen- und Außenarbeiten verrichteten:		36
31	davon große: 9		
32	„ mittelgroße: 23		
33	„ kleine: 4		
34	Tiere, die Eier und Larven pflegten:	9	
35	Tiere, die Puppen pflegten:	25	
4	Tiere, die vorwiegend im Nestinnern blieben:		31
41	davon große: 2		
42	„ mittelgroße: 25		
43	„ kleine: 4		
44	Tiere, die Eier und Larven pflegten:	13	
45	Tiere, die Puppen pflegten:	19	
5	Unter den insgesamt 22 Tieren, die sich mit der Ei- und Larvenpflege abgaben, trat diese Beschäftigung bei 7 vorherrschend auf.		
6	Unter den insgesamt 44 Tieren, die sich mit der Puppenpflege abgaben, trat diese Beschäftigung bei 9 vorherrschend auf.		

Durch das Experiment wurde eine ganz extreme Lage geschaffen, die unter natürlichen Bedingungen wohl kaum eintritt. Selbst bei der Bildung eines natürlichen

Ablegers holen sich die Kundschafter und Begründer aus dem Stammnest neben Königinnen auch junge Arbeiterinnen, die sie als Kugelpaket in das neue Zweignest transportieren (s. S. 26 und Abb. 12). Wenn sich nun in unserem Experiment eine Schar Blattlausbesucher in Innen- und Außendienstarbeiter gliedern konnte und einige Tiere sich der Brutpflege widmeten, so beweist dies nur die große Plastizität der Arbeitsverteilung.
Ein methodisch in gleicher Weise durchgeführter Wiederholungsversuch vom 28. 7. bis zum 25. 8. 1955 zeigte in allen wesentlichen Punkten ein gleiches Resultat. Das Völkchen bestand aus 200 Blattlausbesuchern, von denen 69 gezeichnet waren, 8 Königinnen, Eiern und Larven; es besaß keine Puppen. 15 der 96 Gezeichneten konnten bei der Ei- und Larvenpflege beobachtet werden, bei 3 von ihnen war diese Beschäftigungsart vorherrschend.
Nachfolgend ist das vereinfachte Protokoll von einem Außenarbeiter und einem Eipfleger wiedergegeben. (Au = Auslauf; Rö = im Röhrensystem; K = in der Nestkammer; Ei = Eipflege; fü = füttert; ä = träge):

1955	Nr. 8	Nr. 9	1955	Nr. 8	Nr. 9
30. 7.		Rö, ä	10. 8.	Au	K, Ei
1. 8.	Au		11. 8.	Au	K
2. 8.	Au	K, Ei	12. 8.	Au	K, Ei, Rö
3. 8.	Au	K	13. 8.	Au	K
4. 8.	Rö	Rö	15. 8.	K	K, Ei, Au
5. 8.	Au	K, Ei, Au	16. 8.	Rö	K, Ei, Au
6. 8.	K	K, Ei, Au	17. 8.	Au	K, Ei
8. 8.	K, fü	K	18. 8.	K	K, Ei
9. 8.	Au	K, Ei	20. 8.	Au	

Zwischen diesen beiden Extremen gab es alle Übergänge.
In beiden Versuchen war zu beobachten, daß auch die auf Brutpflege umgestellten ehemaligen Blattlausbesucher ab und zu für kurze Zeit die Nestkammer verließen (siehe obiges Protokoll), wodurch sie sich von echten Innenarbeitern unterschieden. Ihr Verhalten ist also nicht ganz identisch mit dem der echten Innenarbeiter.

E. Zur Gruppenbildung

Zum Problemkreis der Arbeitsteilung im *minor*-Staat gehört auch die Frage nach kleineren Gemeinschaftseinheiten, nach Individuengruppen innerhalb eines Gesamtvolkes, deren Mitglieder untereinander besonders stark zusammenhalten und oft oder immer zusammenarbeiten. Ein solches gruppenweises Zusammenhalten wird natürlich bei den Tätigkeiten gegenseitiger sozialer Betreuung, also beim Füttern und Putzen, am deutlichsten in Erscheinung treten.
Den ersten experimentellen Hinweis auf das Vorhandensein solcher Gruppen brachte GOETSCH (1940). Bei der Entwicklung und Erprobung von Bekämpfungsmethoden gegen lästige Ameisenarten fiel ihm auf, daß die vergiftetes

Futter eintragenden Arbeiterinnen immer nur einen Teil des Volkes zum Absterben bringen konnten. GOETSCH schloß daraus, daß die Sammler ihr gifthaltiges Futter nur an einen bestimmten Kreis von Individuen weitergeben, und bekräftigte diese Ansicht durch Fütterungsversuche mit gefärbtem Futter. Als Versuchstiere nahm er die gelben *Lasius flavus* FABR. Als Farbstoff diente Trypanblau, ein wasserlöslicher Vitalfarbstoff, der mit dem Futterhonig aufgenommen, den Kropf der Arbeiterinnen so kräftig färbte, daß er durch das Abdomen der hellen Tiere äußerlich sichtbar dunkel hindurchschimmerte. Ferner ließ GOETSCH durch einzelne Arbeiterinnen in verschiedenen Ameisenvölkchen stärkehaltiges Futter verteilen; das Ausmaß der Verteilung wurde nach Abtöten der Tiere mit der Jod-Stärke-Reaktion festgestellt. „Interessant wurden die Versuche über Gruppenbildung besonders dann, als wir die verschiedensten Methoden der Kennzeichnung kombinierten, d. h. in Nester Tiere einlaufen ließen, die zum Teil gefärbte, zum Teil vergiftete Nahrung aufgenommen hatten und an die Nestgenossen verfütterten ... In allen diesen Versuchen blieben sämtliche blauen Trypantiere am Leben; sie hatten also kein Gift aufgenommen. Und alle Tiere, die starben, also vergiftet wurden, waren ungefärbt. Sie waren also niemals mit Trypanblau-Honig gefüttert worden. — Die Gruppen, die sich um die Fütterer gebildet hatten, waren demnach zusammengeblieben; es hatten sich keine Tiere der einen mit denen einer anderen Gruppe vermischt; trotzdem ... die Fütterung oftmals unterbrochen wird und die Tiere dabei durcheinander laufen ...“ — Die Fütterungsversuche wurden durchgeführt an *Lasius flavus* FABR., *Lasius niger* L., *Myrmica rubida* LATR., *Acromyrmex lundi* GUER. und *Iridomyrmex humilis* MAYR., nicht an *Formica*-Arten!

Auf diesen experimentellen Ergebnissen aufbauend, entwickelte GOETSCH eine Anschauung über die Gruppenbildung, die 1953 folgende Form angenommen hat:

In weit höherem Maße als man bisher annahm, wird eine bestimmte Arbeit immer nur von denselben Nestgenossen verrichtet, die in einer bestimmten Gruppe zusammenbleiben. Das Band, das die Gruppe zusammenhält, ist ein spezifischer Geruch, „die Tiere, welche auch nur etwas anderen Geruch aufweisen, werden auch innerhalb des Nestes weniger gern zu einer bestimmten Gruppe zugelassen“. Und so kommt GOETSCH zu der Auffassung, „daß innerhalb des Gesamtstaates, in welchem die Tiere durch die Uniform des Art- und Nestgeruches zusammengehalten werden, sich einzelne Individuen zueinander finden, die ihrerseits wieder durch einen Gruppengeruch vereinigt sind, einen Gruppengeruch, der sich aus dem anhaftenden Duft sowie vielleicht aus dem Individualduft zusammensetzt“. Das Zusammenhalten in Gruppen äußert sich nicht nur beim Futteraustausch, sondern auch bei anderen Tätigkeiten, wie z. B. bei Nahrungsbeschaffung und Brutpflege.

Inwieweit hat das eben Dargelegte nun für das *minor*-Volk Bedeutung? Auf Seite 60 ist geschildert, daß die Lachniden eines Baumes immer von denselben Arbeiterinnen besucht wurden, daß die einzelnen Arbeiterinnen sogar immer wieder zu einer ganz bestimmten Lausansammlung zurückkehrten. Lauskolonie 1 wurde z. B. immer von s, e, v und anderen besucht. Man könnte sagen, s, e, v usw. bildeten eine internere Arbeitsgruppe. Ihre Mitglieder waren aber vereinzelt auch in anderen Lauskolonien anzutreffen, wo die dort anwesenden Arbeiterinnen sie durchaus duldeten. Ein Futteraustausch fand nicht nur mit Tieren der eigenen „Stamm-Herde" statt, sondern auch mit solchen, die auf anderen Zweigen oder auf dem Stamm beim Hin- oder Rückweg getroffen wurden.

Nicht eine durch Geruchsuniform bedingte Zusammengehörigkeit einer gewissen Anzahl von Ameisen bringt diese immer wieder in der gleichen Lauskolonie zusammen, sondern es sind die bekannten und vertrauten Eigentümlichkeiten des Weges und der engsten Umgebung der Läuse selbst, die die Besucher immer wieder an den gleichen Ort führen, der ihnen ausreichend Nahrung bietet.

Über die Brutpflege läßt sich Gleiches sagen: Es ist der gemeinsame Trieb der brutpflegenden Tiere, sich mit der Betreuung eines Brutstadiums zu beschäftigen, der die Tiere am gleichen Ort, am gleichen Objekt vereint.

Wenn mehrere Tiere gemeinsam ein großes Beutestück oder Bauholz zum Nest schleppen, so wird die Arbeitsgruppe lediglich durch den jedem beteiligten Tiere gleichermaßen innewohnenden Trieb, die Beute nestwärts zu ziehen, zusammengehalten. Die eine Beteiligte kümmert sich nicht im geringsten darum, wer ihr hilft.

Mit Hilfe der Markierung der beteiligten Arbeiterinnen konnte ein tieferer Einblick in das Verhalten der Tiere bei Beutejagd und -transport gewonnen werden. Ein entsprechender Versuch wurde vom 23. bis 26. 9. 1955 vor einem Freilandnest durchgeführt. (Das ausführliche Protokoll dazu ist in der Dissertationsschrift S. 108 veröffentlicht.) 1 m neben einer Ameisenstraße, 14 m vom Nest entfernt, wurde am 29. 9. eine Raupe von *Pieris brassica* L. ausgelegt. Kampf, Zerlegung und Abtransport dauerten 3½ Stunden. Durch die Markierung von 30 kämpfenden Arbeiterinnen konnte festgestellt werden, daß keine während der ganzen Zeit an der Beute blieb, daß vielmehr einige nach kurzer Zeit wieder völlig verschwanden, andere die Raupe nur für kürzere oder längere Zeit verließen, einige tauchten erst nach mehr als einer Stunde wieder am Kampfplatz auf. Jedoch ließ sich nichts beobachten, was auf eine nähere Beziehung der Beteiligten untereinander, auf das Bestehen einer besonderen Arbeitsgemeinschaft, hinweisen könnte. Am nächsten Tage wurde zu einer anderen Tageszeit am Kampfplatz des Vortages eine *Tenebrio*-Larve ausgelegt. Die 3½stündige Beobachtung zeigte das gleiche wie am Vortage. Es ist jedoch interessant, daß sich unter den etwa 100 Ameisen, die während der Beobachtung am Kampfplatz erschienen, 4 Gezeichnete vom Vortage befanden. Zwei von ihnen waren schon im Jagdgebiet, bevor die ausgelegte Beute entdeckt worden war. Beim Transport der unzerlegten Larve wechselten die Arbeiterinnen noch häufiger als beim Kampf. Meist verloren sie die Beute, indem sie diese einen Augenblick losließen, während die anderen Transporteure jedoch mit der Last weiterzogen. Nicht selten passierte es, daß sich die, die auf diese Weise den Anschluß beim Transport verloren hatten, noch bis zu 10 Minuten an der Stelle des Verlustes hastig in kleinen Kreisen laufend aufhielten. Am 3. Tag ergab eine kurze Stichprobe von 10 Minuten, daß in unmittelbarer Nähe des vortägigen Kampfplatzes 5 der am ersten Tage gezeichneten Tiere anzutreffen waren. Die Ortstreue führte somit einige der gemeinsamen Kämpfer wieder zusammen. Am 4. Tag war infolge eines anhaltenden Regens keine Ameise im Beobachtungsgebiet.

Das Bestehen von Fütterungsgemeinschaften hat GOETSCH für die von ihm untersuchten Spezies experimentell bewiesen. Daß dies kein für alle Ameisenarten gültiges Prinzip zu sein braucht, deutete schon GRÜGER an (unveröffentlichte Arbeit, nach GOETSCH 1953). Eine Gruppe von *Camponotus punktatulus* (ohne Autorenangabe), die nur Zucker erhalten hatte, fütterte sofort nach dem Zusetzen eine andere, die lediglich Fleisch bekommen hatte, und umgekehrt. Die verschiedene Nahrung sollte eine Geruchsänderung bewirken, wie dies an *Messor*-Ameisen nachgewiesen werden konnte.

Mit Hilfe der Tätigkeitsprotokolle gezeichneter Arbeiterinnen im Beobachtungsformikar konnte ich die Frage der Fütterungsgruppen im *minor*-Volk nicht klären. Die Zahl der protokollierten Futterwechsel zwischen markierten Tieren war im Vergleich zur Menge der numerierten Tiere zu klein, als daß ein gesichertes Ergebnis hätte gewonnen werden können. Bei meinen über 1½ Jahre fast täglich durchgeführten Formikarbeobachtungen konnte ich jedoch keinerlei Hinweise für das Vorhandensein von Fütterungsgruppen finden. Im Gegenteil! Wenn ich den verschiedensten Völkern entweder junge, fremde, im Zuchtnest geschlüpfte oder aber zur Verstärkung des Volkes ältere Arbeiterinnen von einem Freilandnest zusetzte, so wurden die Tiere fast ausnahmslos sofort beleckt, gefüttert und vom Auslauf, in den die Neulinge gesetzt worden waren, in die Nestkammer getragen. Auch hier fanden gleich Fütterungen statt. Diese Beobachtung konnte ich mehrere Male machen. Hier als Beispiel die Auswertung eines solchen Protokolles: Zur Klärung von Ernährungsfragen wurde am 26. 5. 1955 ein Völkchen aus 6 Königinnen und ungefähr 300 Arbeiterinnen gemischten Alters gegründet. Von den Königinnen blieben 4 am Leben. Das Völkchen zog eigene Brut groß. Der Versuch wurde am 15. 9. 1955 abgebrochen. Das noch aus 4 Königinnen und etwa 80 Arbeiterinnen bestehende Völkchen wurde mit dem Hauptvolk im Nest A vereinigt. Um beobachten zu können, ob die Arbeiterinnen des ersteren in dem schon seit 14 Monaten bestehenden Volk A eine sich isolierende Gruppe bilden, waren sie sämtlich durch einen gelben Schellackpunkt auf dem Thorax kenntlich. Hier eine Wiedergabe des Protokolles vom Verhalten der Tiere bei und unmittelbar nach der Vereinigung am 15. 9.:

8^{05} 25 Neulinge werden in den Auslauf des Nestes A gegeben. Einige sammeln sich zu einer kleinen Traube, andere laufen erregt in immer größer werdenden Kreisen im Auslauf umher und stoßen dabei auf 4 im Auslauf befindliche, einheimische Arbeiterinnen. Zunächst Mandibelspreizen oder erregtes Fühlerschlagen.

8^{10} Die Tiere haben sich beruhigt. Immer, wenn Neulinge mit Einheimischen zusammentreffen, findet nach lebhaftem Befühlen ein gegenseitiges Belecken statt.

8¹³ Die erste Gelbe wird ins Nest getragen, 1 Minute später von einem anderen Transporteur eine zweite. Jetzt erscheinen mehrere Arbeiterinnen im Auslauf.

8¹⁸ Die Zahl der Arbeiterinnen im Auslauf hat zugenommen. Häufiges gegenseitiges Belecken, einmal auch eine Fütterung. Es werden laufend Gelbe ins Nest getragen.

8²⁵ Die Gelben erwecken im Nest Aufmerksamkeit. Überall sieht man, daß sie von den Nestinsassen befühlt, beleckt und gefüttert werden. — Etwa 30 weitere Gelbe in den Auslauf gegeben.

9⁰⁰ Abermals 20 Tiere in den Auslauf gegeben.

10⁰⁰ Eine Königin in den Auslauf gegeben. Die Einheimischen begegnen ihr feindlich, sie wird an den Fühlern ins Nest gezerrt, wo sich sofort eine große Anzahl von Arbeiterinnen auf sie stürzt, sie festhält und beißt.

11⁰⁰ Der Rest der Gelben und eine weitere Königin zugesetzt. Alle Tiere werden eingetragen, wenn auch nicht mit solchem Eifer wie die ersten. Auch die Königin wird ganz normal als Kugel eingetragen, aber im Nest wie die erste gezerrt und gebissen.

11³⁵ Eine 3. gelbe Königin wird direkt in die fast unbevölkerte Kammer IV gesetzt. Sie wird von den wenigen Insassen etwa 5 Minuten lang betrillert und beleckt, bis plötzlich eine Arbeiterin die Königin am Bein faßt und zerrt. Von jetzt ab stürzen sich mehr und mehr Arbeiterinnen auf die neue Königin.

16⁰⁰ Die Gelben sitzen überall im Nest verteilt.

Am 16. 9. 1955 sind die 3 Königinnen tot. Die Gelben befinden sich in allen Teilen des Nestes und im Auslauf bei fast allen Arbeiten. Einige sitzen träge umher. Im Laufe des Tages wurden 26 Fütterungen gezählt, davon 14 zwischen den Einheimischen, 3 zwischen den Gelben und 9 zwischen Einheimischen und Gelben. — Auch weiterhin wurden Fütterungen zwischen den beiden Parteien beobachtet.

Nach den Arbeiten von GOETSCH über die Rolle des Geruches bei der Gruppenbildung wäre zu erwarten gewesen, daß die beiden Ameisenparteien infolge ihres Geruchsunterschiedes, der von ihnen sehr wohl empfunden wurde, sich voneinander distanziert, keine Arbeit zusammen verrichtet und sich nicht gegenseitig gefüttert hätten. Aber nichts von all dem war zu beobachten.

Im folgenden seien die Ergebnisse einiger systematisch durchgeführter Versuche zum Thema Fütterungsgruppen betrachtet:

Durch Aufenthalt unter verschiedenen Bedingungen sollten künstliche Gruppen geschaffen werden, die dann vereinigt zeigen sollten, ob sie den Futteraustausch auf ihre eigene Gruppe beschränken. Dazu kamen in 10 Versuchsschalen mit Gipsboden je 40 Arbeiterinnen. 5 Schalen waren mit älteren Tieren aus beiden Freilandkolonien, die restlichen 5 mit frisch geschlüpften Arbeiterinnen besetzt. Die Schalen wurden an verschiedenen Stellen im Labor oder im Freien aufbewahrt, die Tiere mit Zucker oder Fleisch oder beidem gefüttert. 2 Gruppen erhielten noch zusätzlich einen Geruchstoff in Form von Pinen-Öl, einem ätherischen Öl. Die Verteilung erfolgte nach folgendem Schema:

Schalen-Nr.	Alter	Ort	Nahrung	Bemerkung
1	Jungtiere	Labor	normal	—
2	Jungtiere	Labor	normal	—
3	Jungtiere	Labor	normal	Pinen-Öl
4	Jungtiere	Labor	nur Fleisch	—
5	Jungtiere	Labor	nur Zucker	—
6	Alttiere	Labor	normal	Kolonie 1
7	Alttiere	Labor	normal	Kolonie 1
8	Alttiere	Labor	normal	Kolonie 1, Pinen-Öl
9	Alttiere	Labor	normal	Kolonie 2
10	Alttiere	Freistand	normal	Kolonie 1

Tabelle 14

Futteraustausch zwischen Geruchsgruppen. Fütterungen während der ersten 45 Minuten nach der Vereinigung der Gruppen. Jede Gruppe bestand aus 15 Tieren

Gruppen-Nr. (füttern →)	1a	1b	2a	2b	4	5a	5b	6	7	8	9a	9b	10
1a	1	.	.	.	.	.	.	2	.	.	.	.	1
1b	1	.	1	1	.	.	.	.	.	.	1	.	.
2a	.	.	.	.	.	.	1	.	.	.	2	2	1
2b	.	1	.	.	.	.	.	.	1	2	.	.	1
4	.	.	.	.	3	.	.	2	3	5	1	3	6
5a	.	1	.	.	1	.	.	1	.	3	.	.	.
5b	.	1	.	.	.	.	.	3	1	.	.	.	.
6	2	4	4	4	5	1	1	2	4	3	4	1	3
7	.	.	.	4	1	1	.	2	.	3	1	.	2
8	6	.	3	4	8	7	2	3	1	6	1	1	3
9a	.	1	1	2	.	1	.	.	1	3	.	.	2
9b	.	.	1	1	1	3	1	2	3	8	1	.	4
10	.	2	4	6	4	2	1	7	1	9	4	1	1

werden gefüttert

Der Versuch wurde am 25. 7. 1955 angesetzt, und am 16. 8. 1955, also nach 22 Tagen, wurde die Vereinigung der Versuchstiere vorgenommen. In Schale 3 waren alle Tiere tot, von allen anderen Gruppen konnten 15 oder 2 × 15 Tiere (1a, 1b; 2a, 2b; 5a, 5b und 9a, 9b) zum Versuch benutzt werden. Jede Gruppe bekam mit Schellack ein bestimmtes Farbtupfenmuster und war 40 Stunden vor der Vereinigung ohne Futter. 4 Stunden zuvor erhielten 3 Tiere jeder Gruppe gesondert Futter, bis ihre Gaster sichtlich gedehnt waren. Zur Vereinigung gab

ich alle Tiere zusammen in eine Schale (27,5 cm Durchmesser). Die vollen Tiere begannen die hungrigen zu füttern, diese gaben ihrerseits das Futter weiter, so daß bald überall Fütterungen zu sehen waren. 3 Personen beobachteten gleichzeitig 45 Minuten lang, wie oft jede Gruppe ihre eigenen Mitglieder oder die einer anderen Gruppe fütterte. Das Ergebnis zeigt Tabelle 14.
Diese Tabelle beantwortet die Frage, ob das Futter nur innerhalb der eigenen Gruppe weitergegeben wird, mit einem klaren „NEIN". Im Versuch waren Tiere zusammengekommen, von denen sich die meisten zum ersten Male begegneten und die vorher unter unterschiedlichen Bedingungen lebten; trotzdem beschränkten sie sich bei der Fütterung nicht auf die Mitglieder ihrer eigenen Geruchsgruppe, ja diese wurden sogar nicht einmal bevorzugt. Die Arbeiterinnen aus Schale 2, 5 und 7 wählten überhaupt nie einen Fütterungspartner aus gleicher, aber 36, 21 bzw. 15mal aus fremder Schale. Im ganzen wurden 15mal Tiere aus gleicher und 213mal aus fremden Gruppen gefüttert.
Derselbe Versuch wurde bereits vom 24. 6. bis 21. 7. 1955 durchgeführt, dabei aber jede der 10 Schalen nur mit 30 Ameisen besetzt. Durch hohe Verluste hatte ich zur Auswertung lediglich noch folgendes Material zur Verfügung:

14 Tiere aus Schale 1
23 Tiere aus Schale 2
15 Tiere aus Schale 5
4 Tiere aus Schale 9

Vor der Vereinigung erhielten 2 Tiere pro Schale isoliert das Futter. Das in nachstehender Tabelle zusammengefaßte Ergebnis steht in voller Übereinstimmung mit Tabelle 14.

Tier der Schale	1	2	5	9	füttern
1	2	0	2	6	
2	1	0	1	2	
5	1	3	2	8	
9	12	8	11	0	
werden gefüttert					

In einem weiteren Versuch wurden die Futterpartner in einem Volk durch direkte Beobachtung ermittelt. Das Versuchsvölkchen bestand aus 80 Arbeiterinnen und 5 Königinnen — jedes Tier war durch ein Nummernschildchen individuell gezeichnet —, befand sich in einem Einkammer-Nest mit Auslauf und hatte zu Versuchsbeginn eigene Eier und Larven. Ab 21. 2. 1956 gab ich das Futter in Form von Zuckerwasser regelmäßig nur von 14^{00} bis 15^{00} Uhr. Die Fouragiere trugen dieses ins Nest. An den folgenden 10 Tagen notierten wir nun in der Zeit von 14^{30} bis 15^{30} Uhr, wer unter der roten Beobachtungsscheibe wen füttert. Dabei zeigte es sich, daß die heimkehrenden Futterholer nicht erst lange einen besonderen Partner zum Futteraustausch suchten, sondern ihren süßen Tropfen gleich dem ersten besten Nestgenossen, dem sie begegneten, anboten. Aus den protokollierten Fütterungen während einer Gesamtbeobachtungszeit von 10 Stunden ergeben sich keinerlei Anzeichen für das Vorhandensein von zwei oder mehr voneinander getrennten Fütterungsgruppen im Volk. Eine graphische Aufzeichnung der Fütterungen ergibt ein einziges kompliziertes Netz, das keinerlei Gesetzmäßigkeiten erkennen läßt, aber – und das allein ist an dieser Stelle wichtig – sämtliche Nestinsassen einschließt und damit zur einheitlichen Futtergemeinschaft zusammenfaßt.

Alle angeführten Beobachtungen und Versuche beweisen, daß im *minor*-Staate weder besondere Fütterungsgruppen noch irgendwelche anderen internen Arbeitsgruppen existieren. In einigen Fällen wird die Existenz solcher Gruppen durch die Ortstreue vorgetäuscht.

V. DIE VERHALTENSPHYSIOLOGISCHEN GRUNDLAGEN DER ARBEITSTEILUNG

A. Allgemeine Ergebnisse der Verhaltensforschung und ihre Anwendung bei einer Verhaltensanalyse an der Kleinen Roten Waldameise

Das Phänomen der Arbeitsteilung im Staate der Roten Waldameise ist Ausdruck und Resultat eines unterschiedlichen Verhaltens der Einzeltiere. Eine Kausalanalyse der Arbeitsverteilung muß folglich bei einer Analyse der Bedingungen des individuellen Verhaltens einsetzen.

Es ist verständlich, daß die Literatur, die sich mit den Grundlagen der Tätigkeiten sozialer Insekten und besonders der Ameisen beschäftigt, sehr umfangreich ist und geschichtlich auch weit zurückreicht. Fordern doch die vielfältigen Erscheinungsformen und Lebensäußerungen der sozialen Insekten geradezu die Frage nach den psychischen Leistungen dieser Tiere heraus. Die Diskussion um die Ameisenpsychologie hatte um die Jahrhundertwende einen Höhepunkt erreicht und erstarrte dann im Laufe der ersten beiden Jahrzehnte unseres Jahrhunderts. Wenn man von den anthropomorphistischen, in wissenschaftlichen Schriften völlig undiskutablen Anschauungen von L. BÜCHER, G.J. ROMANES, W. MARSCHALL u. a absieht, ging der Streit um zwei Grundanschauungen.

Die eine ist die Reflextheorie, deren führender Vertreter BETHE (1902) war. BETHE glaubt durch einige Geruchsexperimente den Beweis erbracht zu haben, daß keine Handlung der Ameisen den Rang einer unmittelbaren Reflexreaktion überschreitet. Bei Anwendung der modernen Begriffsdefinitionen wären demnach den Ameisen nur unbedingte Reflexe zuzuschreiben. Durch angeborene und unveränderliche Chemoreflexe z. B. folge die Arbeiterin der Geruchsspur ohne Empfindung „wie die blecherne Ente dem Magneten ... Belastung löst reflektorisch Gang zum Nest, Mangel an Belastung vom Neste fort, aus." Anschauung und Experimente BETHEs sind schon mehrfach kritisiert worden (vor allem von den anschließend zu nennenden Myrmekologen), und eine nochmalige Kritik ist hier nicht am Platze.

Die zweite Grundrichtung umfaßt die Theorien, die aus den Ameisen weder intelligente Miniaturmenschen noch ausschließlich Reflexmaschinen machen. Zu ihren Anhängern und Verteidigern gehören fast alle Klassiker der Myrmekologie, vor allem FOREL, ESCHERICH, EMERY, WASMANN, WHEELER und

BRUN. Sie alle betrachten die Ameisen als „Wesen, welche zwar in der Hauptsache nach ererbten Instinkten handeln, jedoch deutlich plastische Anpassungen (Modifikationsvermögen) auf Grund von Erfahrungen, welche im individuellen Leben erworben wurden, erkennen lassen“ (ESCHERICH 1917). EMERY (1898) drückt dies sinngemäß so aus: Außer einer Anzahl angeborener, mehr oder minder komplizierter, aber durchaus automatischer Triebe besitzen diese Tiere in größerem oder geringerem Maße die Fähigkeit, auf Grund eigener Erfahrung Kenntnisse zu erwerben, welche sie zur Leitung zweckmäßiger Handlungen benutzen. — Im einzelnen unterscheiden sich die Anschauungen der verschiedenen Autoren nur in kleinen Nuancen. So entspann sich z. B. zwischen WASMANN und EMERY ein heftiger Streit darüber, ob das Lernen und die Anwendung des Gelernten nur als „sinnliches Erfahrungs- und Assoziationsvermögen (WASMANN) oder schon als „Intelligenz“ (EMERY) zu betiteln sei, eine unfruchtbare Polemik, die höchstens weltanschauliche Bedeutung hatte. — Nur scheinbar nimmt die Auffassung BRUNs in diesem Rahmen eine gewisse Sonderstellung ein, indem er in Anlehnung an SEMON von einem ererbten und einem individuell erworbenen Gedächtnis spricht.

Im Rahmen dieser Arbeit ist eine Diskussion über solche terminologischen Einzelheiten nicht möglich und auch nicht am Platze. Aus den Arbeiten der zuletzt genannten Autoren sei als gesicherte Tatsache lediglich entnommen, daß die Ameisen angeborenes Verhalten und auch durch Erfahrung individuell erworbenes Verhalten zeigen. Dafür haben die namhaften Klassiker der Myrmekologie — ausgezeichnete Beobachter und Experimentatoren — eine fast unübersehbare Fülle an Beispielen veröffentlicht. Das Sammeln und Verwerten von Erfahrungen bei den Ameisen wird, wie sich jeder, der sich mit ihnen beschäftigt, leicht überzeugen kann, besonders bei der Orientierung im Gelände auffällig. [Auch andere Insekten, die zu einem Nest oder einer Brutstätte zurückfinden müssen, lernen das Gebiet durch Orientierungsgänge und -flüge kennen, nicht nur die sozialen Honigbienen, sondern auch solitäre Arten, wie z. B. der Bienenwolf *Philanthus triangulum* FABR. (TINBERGEN und KRUYT 1938) oder die Grabwespe *Ammophila campestris* JUR. (BAERENS 1943).]

An dieser Stelle sei auch kein Versuch unternommen, die Frage nach den subjektiven Begleiterscheinungen tierischen Handelns, nach Affekten und Erlebnisinhalten zu klären. Es soll vielmehr lediglich eine mit objektiven, in der Physiologie gebräuchlichen Methoden erreichbare Analyse der Handlungsursachen gegeben werden. Dabei ist zu prüfen, inwieweit die allgemeinen Ergebnisse moderner Verhaltensforschung auf unser Untersuchungsobjekt zutreffen. Es kommt darauf an, einige der speziellen Faktoren zu finden, die die einzelnen Handlungen der Ameisen bedingen und die Verhaltensunterschiede verursachen.

1937 riß LORENZ mit dem Artikel „Über die Bildung des Instinktbegriffes“ die Diskussion über angeborenes Verhalten und seine Beziehungen zur Erfahrung aus ihren erstarrten Bahnen, indem er eine tiefschürfende Kritik aller bestehenden Anschauungen gab und der Forschung eine neue Richtung zeigte. Diese neue Richtung erwies sich als sehr fruchtbar. Immer mehr Tatsachen wurden bekannt,

die die neuen Gedanken bestätigten und erweiterten, so daß diese bereits wenige Jahre später zu einer geschlossenen Lehre gereift waren. 1950 erschien als Synthese des bisher Geleisteten eine „Instinktlehre" von TINBERGEN. (Die Lehre von TINBERGEN unterscheidet sich in einigen Punkten von der LORENZschen Auffassung, worauf hier aber nicht eingegangen werden soll.)
Es kann im folgenden nur in ganz kurzer Form das für diese Untersuchung wichtigste der modernen Verhaltenslehre wiedergegeben werden. Für alle Einzelheiten sei auf die Originalliteratur verwiesen, besonders auf CRAIG (1918), LORENZ (1937), TINBERGEN (1940, 1948, 1950). Eine ganz knappe Zusammenfassung findet sich auch bei KÜHN (1949) und bei HERTER (1953).

Die grundlegenden Ergebnisse der Verhaltensforschung sind folgende:

1. Für das Zustandekommen einer Instinkthandlung müssen normalerweise zwei Voraussetzungen erfüllt sein: Die Umwelt des Tieres muß bestimmte, die Handlung auslösende Reize enthalten. Das Tier selbst muß sich in einem ganz bestimmten Erregungszustand befinden, damit es auf die Reize überhaupt anspricht.
2. Nur ganz bestimmte Reize lösen eine Instinkthandlung aus. Jede Handlung hat ihre spezifischen Auslösereize, ihre Schlüssel- oder Signalreize.
3. Schlüsselreize zeigen meist Komplexcharakter, sie wirken nur in einer bestimmten Lage im Raum, in Beziehung zu einer Bewegungsrichtung oder als relative Größe.
4. Kann eine Handlung durch mehrere Schlüsselreize ausgelöst werden, so ist die auslösende Gesamtwirkung gleich der Summe aller Einzelreize (Reizsummenregel). Die verschiedenen Sinnesreize werden in einem Zentrum zusammengefaßt und zu einer Gesamtwirkung addiert.
5. Hormone, innere Sinnesreize, zentralnervöse Faktoren und auch Außenreize versetzen das Tier in einen bestimmten physiologischen Zustand, in eine Erregung, eine Stimmung, die neben den Schlüsselreizen die zweite Voraussetzung für den Ablauf einer instinktmäßigen Handlung bildet.
6. Fehlen die Schlüsselreize, so steigert sich die Erregung, was sich in einer Schwellenerniedrigung für die auslösenden Reize äußert. Schließlich kann die Handlung auch durch unspezifische Reize ausgelöst werden oder gar im Extremfalle „von selbst losgehen" und als Leerlaufreaktion ablaufen. Anderenfalls kommt es bei nur schwacher Erregung und einem optimalen Angebot an Schlüsselreizen zu einem nur unvollkommenen oder lediglich angedeuteten Ablauf der Handlung (Intentionsbewegung).
7. Das Endglied einer vollständigen Instinkthandlung ist stets eine erblich streng festgelegte Bewegungskoordination, die den eigentlichen biologischen Zweck erfüllt. In einem bestimmten Erregungszustand des Tieres liegt diese Bewegungskoordination bereit, ihr Ablauf wird durch die Schlüsselreize ermöglicht. Diese Endhandlungen vermindern die Erregung, weshalb sie bereits CRAIG (1918) „consumatory actions" genannt hatte. LORENZ bezeichnet nur diese als Endhandlung auftretende Erbkoordination als

Instinkthandlung. Nach ihrem Ablauf ist der Schwellenwert für die Auslösereize wieder gestiegen.

8. Der Ablauf der Endhandlung ist zwar erblich genau festgelegt, er verläuft jedoch nur bei einer Leerlaufreaktion völlig unabhängig von der Umgebung. Normalerweise ist er durch zusätzliche, vom Objekt ausgehende Reize zu diesem Objekt ausgerichtet. Die Bewegungsfolge der Erbkoordination ist mit Taxien „verschränkt", d. h., sie wird durch richtende Reize gesteuert.
9. Die Schwellenwertsenkung und die Leerlaufhandlung bei fehlenden Auslösereizen zeigen, daß der neurophysiologische Erregungszustand als Erregungsdruck oder Trieb nach einem Abreagiertwerden strebt. Das Tier hat den Trieb, die Schlüsselreize für die spannungslösende Endhandlung zu suchen. „So starr und invariant der Endinstinkt, so variabel, so plastisch, so zielstrebig ist das Suchen nach der die Endhandlung adäquat auslösenden Außensituation. Je nach der übergeordneten Stimmung, in der das Tier gerade ist, sei es der Jagd-, Nist-, Paarungstrieb oder was sonst, sucht es auf jede ihm mögliche Weise so lange, bis es etwas findet, das ihm die Signalreize bietet, die das eben diesen Trieb verzehrende Endverhalten adäquat auslösen" (TINBERGEN 1950). Dieses Suchen nannte bereits CRAIG (1918) Appetenzverhalten. Es kann angeborene und erworbene, gerichtete und ungerichtete Verhaltensweisen enthalten; es kann sich in einem bloßen Unruhigwerden äußern oder aber Assoziationen oder gar Verstandesleistungen einschließen. LORENZ rechnet deshalb das Appetenzverhalten nicht mit zur Instinkthandlung.
10. Das Tier strebt im Appetenzverhalten lediglich das Ablaufenlassen der Erbkoordination an, deren biologischer Zweck ist ihm unbekannt. So wird der Trieb nicht durch die Erreichung des zur Arterhaltung notwendigen Erfolges befriedigt, sondern allein durch das Ausführen der Endhandlung.
11. Kann sich eine starke Erregung nicht auf dem üblichen Wege entladen, so kommt es zur Übersprung-Handlung, d. h. zu Bewegungsfolgen, die einem anderen Instinktverhalten angehören. Solche Übersprunghandlungen treten auf, wenn zwei aktivierte Triebe miteinander im Wettstreit liegen oder auch, wenn die Außensituation nicht hinreicht, die Endhandlung auszulösen, so daß die Erregung nicht verbraucht werden kann.
12. Erfahrung kann sich nur im Bereich der Appetenzhandlungen geltend machen. Die Endhandlung wird durch sie nicht abgeändert, sondern höchstens in der Intensität beeinflußt. Die Bewegungskoordination der Endhandlung braucht aber nicht gleich bei der „Geburt" des Tieres fertig vorzuliegen, sondern sie muß oft erst im Laufe der Zeit wie ein Organ reifen. Dieses Reifen hat jedoch mit einem Lernen und Üben nichts zu tun.

Studienobjekte der Verhaltensforschung waren zunächst vor allem die Wirbeltiere, besonders Vögel und Fische. Die bei ihnen entdeckten Gesetzmäßigkeiten haben jedoch auch für die Klasse der Insekten volle Geltung. In den letzten Jahren ist das Verhalten zahlreicher Arten aus den verschiedensten Insekten-

Ordnungen untersucht worden. Immer befanden sich die Ergebnisse in Übereinstimmung mit der Lehre von LORENZ und TINBERGEN.

Eine sehr umfangreiche Literatur liegt über die Stimmungen, Auslösereize und die Bewegungskoordinationen der Heuschrecken vor. Eine zusammenfassende Darstellung gibt JACOBS (1953). HEINZ (1947) untersuchte die Putzhandlungen bei Dipteren und erkannte sie als Erbkoordinationen mit nur schwacher Taxisverschränkung. Der Autor sah die Putzhandlung häufig als Leerlaufreaktion ablaufen. Daß der Komplex der Schlüsselreize der Reizsummenregel unterliegt, stellte für die Lepidopteren TINBERGEN (1942) bei der Instinktanalyse der Balz des Samtfalters *Eumenis semele* L. und MAGNUS (1953) bei der Analyse der Kaisermantel-Balz (*Argynnis paphia* L.) fest. Beide fanden, daß das Balzverhalten ihres Versuchstieres auch sonst alle Merkmale der Instinkthandlung aufweist, wie z. B. eine individuell verschiedene, von verschiedenen Faktoren abhängige Reaktionsbereitschaft, deutliches Appetenzverhalten und eine Reizschwellensenkung im Falle einer längeren Erregungsstauung. Alle diese Merkmale entdeckte auch BAERENDS (1941) beim Studium des Fortpflanzungs- und Brutpflegeverhaltens der Grabwespe *Ammophila campestris* JUR. TINBERGEN (1935) gibt eine Beschreibung des Reaktionsverlaufes bei der Jagd eines Bienenwolfes (*Philanthus triangulum* FABR.). MEYER und ULRICH (1952) schreiben über den Bauinstinkt der Honigbiene: „Die Bereitschaft der Biene, dem mutmaßlichen Reiz zu folgen, ist keineswegs immer vorhanden." LECOMTE (1951) beschäftigte sich mit den Schlüsselreizen für das Angriffsverhalten von Bienenarbeiterinnen und fand, daß der wirksamste Auslösereiz die Bewegung des Objektes ist. Die braune Farbe, Konsistenz und Geruch, wirken nach der Regel des Reizsummensatzes mit.

Diese Beispiele zeigen, daß die Gesetzmäßigkeiten des Instinktablaufes auch für die Insekten allgemeine Gültigkeit besitzen.

Auf diese allgemeinen Ergebnisse stützte ich mich bei der Beurteilung der Ursachen für die individuellen Verhaltensunterschiede der *minor*-Arbeiterinnen. Dabei war jedoch zunächst zu prüfen, ob eine Analyse der Tätigkeiten von *F. rufa* L. im Sinne der modernen Verhaltensforschung durchführbar ist.

Eine Beschreibung sämtlicher Instinkthandlungen der Roten Waldameise mit allen stimmungsbildenden und -beeinflussenden Faktoren, mit allen Schlüsselreizen und Bewegungskoordinationen ist heute noch nicht möglich. Umfassende spezielle Untersuchungen konnten im Rahmen dieser Arbeit nicht durchgeführt werden. Da die Ursache eines unterschiedlichen Verhaltens zweier Tiere in gleicher Situation in einem ungleichen Erregungszustand beider liegen muß, wurden in vorliegender Arbeit fast ausschließlich solche Faktoren untersucht, die eventuell einen Einfluß auf den Erregungszustand ausüben könnten. Über die Schlüsselreize und Bewegungskoordinationen konnten nur gelegentlich Beobachtungen angestellt werden.

Im folgenden soll deshalb nur an einem Beispiel — dem Beispiel des Kampfverhaltens — gezeigt werden, daß die besprochenen Gesetzmäßigkeiten auch für unser Studienobjekt volle Gültigkeit haben.

Bei der Durchführung meiner Versuche hatte ich täglich im Labor und im Freiland Gelegenheit zu der Beobachtung, daß im Auslauf oder auf dem Waldboden umherstreifende Ameisen ein Beutetier nicht aus der Ferne als solches erkennen, solange es bewegungslos bleibt. Die beutesuchenden Arbeiterinnen können unmittelbar an einem ruhig sitzenden Käfer oder einer Schmetterlingspuppe vorbeilaufen, anscheinend ohne diese zu bemerken. Selbst Individuen, die mir als eifrige Insektenjäger bekannt waren, reagierten nicht auf die Beute, die manchmal nur 2–3 mm von ihrem Kopf entfernt lag.

Man darf daraus nicht ohne weiteres schließen, daß die Ameisen sehr schlecht sehen und keinen Ferngeruch besitzen. Die gut entwickelten Facettenaugen stehen einer solchen Annahme entgegen, und gerade für *F. rufa* L. ist sicher, daß sie sich im Gelände fast ausschließlich nach optischen Marken orientiert. Ferner habe ich mich überzeugt, daß einige allerdings stärker riechende Stoffe auch aus der Ferne auf die Ameisen wirken. So gerieten innerhalb weniger Sekunden sämtliche Insassen einer offenen Glasschale in panikartige Aufruhr, als ich mit Benzol, Xylol, Pinen-Öl oder Ameisensäure getränkte und an einem langen Stab befestigte Wattekugeln in 5 cm Abstand vom Schalenboden hielt.

Da die Ameise also in anderem Zusammenhange ein Formwahrnehmungsvermögen zeigt, ist anzunehmen, daß sie die Beute zwar sieht, daß aber die von ihr wahrgenommene Form nicht die Kampfreaktion auszulösen vermag. Gleiches ist vielleicht auch vom Geruch zu sagen, doch muß man hier bedenken, daß der vom Objekt ausgehende Duft eventuell nicht stark genug ist.

Völlig anders wird das Verhältnis von Jäger zu Beute, sobald sich letztere auffällig bewegt. Jetzt stürzt sich der Jäger sofort auf die Beute. Ein laufender Marienkäfer lockt Ameisen noch aus 4–5 cm Entfernung an, eine spannende Raupe von *Bupalus piniarius* L. löste noch aus 9 cm Entfernung das Kampfverhalten einer Arbeiterin aus. Die Ameisen greifen auch leblose Gegenstände wie z. B. kleine Wollkugeln, kurze Holzstäbchen oder Papierröllchen an, wenn diese mittels eines Fadens bewegt werden. Wir erkennen so die Bewegung des Objektes als Schlüsselreiz für die Kampfreaktionen der Roten Waldameise. Je heftiger und lebhafter die Bewegungen, desto stärker die Reaktionen. Hat sich eine Ameise bereits in die Beute verbissen, so daß diese mit heftigen Abwehrbewegungen reagiert, sind gerade diese Bewegungen für andere, sich in der Nähe aufhaltende Jäger das Signal, zum Kampfort zu eilen. Das ist nichts anderes als der von STÄGER (1931) mit Kinopsis bezeichnete „Verständigungsvorgang" beim Beuteerwerb.

An Beuteinsekten, die bei einem Ameisenangriff eine Schutzstellung einnehmen, indem sie Beine und Fühler dicht an den Körper pressen und in dieser Stellung bewegungslos verharren, verlieren die Angreifer meist bald das Interesse und ziehen unverrichteter Dinge weiter. Dieses Schutzverhalten konnte ich regelmäßig beobachten bei den *Coccinelliden Coccinella septempunctata* L., *Exochomus quadripustulatus* L. und bei dem Vierpunkt-Sackkäfer *Clytra quadripunctata* L.

Daß die Jagdreaktion auf Bewegungsreize und nicht auf bestimmte Form- oder Farbreize anspricht, ist für die Ameisen von großer Bedeutung, da sie ja nicht

auf ein bestimmtes Beutetier spezialisiert sind, sondern den Kampf mit den verschiedenst geformten und gefärbten Insekten aufnehmen. (Der Bienenwolf *Philanthus triangulum* FABR., der nur *Apis mellifica* L. jagt, muß durch viel spezifischere Reize als die Rote Waldameise zum Kampf veranlaßt werden.)
Eine gewisse Bedeutung kommt der Formwahrnehmung in diesem Zusammenhang allerdings doch zu, indem nämlich sehr große, bewegte Gegenstände nicht Anlaß zum Jagdverhalten werden, sondern zur Verteidigungsstellung oder zur Flucht der Ameisen führen.
Daß auch bei *Lasius niger niger* L. die kinoptischen Reize beim Beuteerwerb eine große Rolle spielen, teilt WICHMANN (1955) mit. Er schreibt, daß als erster zum Angriff reizender Sinneseindruck ganz leicht die Bewegung der Beute zu erkennen ist.
Doch die Bewegung des Objektes ist nicht der einzige die Kampfreaktion auslösende Schlüsselreiz. Berührt eine Ameise bei ihrem Suchen mit ihren Fühlerspitzen unmittelbar ein ruhendes Insekt, so ist auch dieser Reiz meist Anlaß zum Kampf, nur daß die Reaktionen schwächer als im erstbeschriebenen Fall sind und auch nicht von langer Dauer, falls das Beutetier nicht mit Abwehrreaktionen antwortet. Auf ein Berühren einer Kiefernspannerpuppe folgt meist ein je nach der Stimmung des Jägers verschieden langes Verbeißen, manchmal verbunden mit einem Einkrümmen des Abdomens, dann läßt der Jäger wieder ab. Einen vollendeten „Kampf“ mit der Puppe mit anschließendem Abtransport der Beute ins Nest beobachtete ich meist erst dann, wenn die Mandibeln des Angreifers nicht gleich Halt am glatten Körper der Puppe fanden und diesen dadurch zum Rollen brachten, wenn eine zweite Ameise die gleiche Puppe in eine andere Richtung zerren wollte, oder aber wenn die Puppe verletzt war und ihr Inhalt mit den Fühlern der Ameise in Berührung kommen konnte. In den ersten beiden Fällen trat also zu dem Berührungsreiz der Bewegungsreiz; im letzten Falle war der Berührungsreiz besonders stark.
Die Berührung liefert der Ameise nicht nur Tastreize, sondern auch — da an den Fühlergliedern neben Tasthärchen auch Chemorezeptoren sitzen — chemische Reize. Beide Reize werden gleichzeitig aufgenommen, so daß man von einem topochemischen Sinn spricht.
Aus der allgemeinen Instinktlehre wissen wir, daß der Ablauf einer Instinkthandlung abhängig ist von der Triebstärke und von der Größe des Auslösereizes. Je schwächer der Trieb, desto stärker muß die auslösende Reizsituation sein. Sind an dieser mehrere Schlüsselreize beteiligt, so ist ihre Gesamtwirkung gleich der Summe aller Einzelreize. Diese Reizsummenregel auch für das Jagdverhalten von *F. rufa* L. nachzuweisen, war Aufgabe des folgenden Experimentes.
Als Versuchsobjekt dienten 720 Arbeiterinnen aus dem Freiland. Um möglichst gleichwertiges Ausgangsmaterial zu haben, wurden nur Blattlausbesucher genommen, und zwar solche, die mit noch ungefülltem Kropf baumaufwärts kletterten. Sie wurden in 6 Gruppen zu je 120 Tieren aufgeteilt. Alle Tiere wurden nun immer zu dritt nacheinander in ein kleines Versuchsschälchen mit Gipsboden und 9,5 cm Durchmesser gegeben. Dazu kam nach einer Pause von

3 Minuten ein Beuteinsekt oder ein entsprechendes Modell. Danach wurde das Verhalten der 3 Prüflinge beurteilt und protokolliert. Die Beurteilung erfolgt nach folgendem Schema:

Kein Angriff:	keine Notiz; Flucht oder Verteidigungsstellung (= 0, vgl. S. 55).
Kurzer Angriff:	kurzes Verbeißen, mit oder ohne Krümmen des Hinterleibes, ohne Giftspritzen; anschließend keine neuen Angriffsversuche (= 3, vgl. S. 55).
Kampf:	langes Verbeißen, mit oder ohne Krümmen des Hinterleibes, mit oder ohne Giftspritzen; evtl. mit kurzen Unterbrechungen und Suchbewegungen (= 2 oder 1, vgl. S. 55).

Die Versuchsanordnung wurde für jede der 6 Gruppen variiert. Den Tieren zweier Gruppen (1 und 4) wurden nur frisch getötete *Tenebrio-molitor*-Larven vorgelegt, so daß nur topochemische Auslösereize wirken konnten. Sie reichten für 76 von 240 Tieren aus, ein regelrechtes Kampfverhalten auszulösen, bei den restlichen Tieren erreichten sie den Schwellenwert nicht. Zwei andere Gruppen (2 und 5) bekamen statt Beute ein 3 cm langes und 3 mm starkes, durch einen Faden bewegbares Holzröllchen in das Versuchsgefäß. Die Bewegungsreize setzten das volle Kampfverhalten bei 89 von 240 Tieren in Gang. Die letzten beiden Gruppen wurden mit lebenden Larven getestet, so daß topochemische und Bewegungsreize wirken konnten. 167 von 240 Tieren kämpften mit der Beute. Der Gesamtreiz wirkt also wie die Summe der Einzelreize (76 + 89 = 165). Wenn die verblüffend genaue Übereinstimmung auch nur als zufällig gewertet werden darf, so konnte die Summenregel doch einwandfrei bestätigt werden.
Die genannten Versuche wurden mit Gruppe 1 bis 3 bei 13° bis 15°C und mit Gruppe 4 bis 6 bei 28°C Raumtemperatur durchgeführt. Die einzelnen Ergebnisse sind in Tabelle 15 und 16 wiedergegeben. Ein wesentlicher Einfluß der Temperatur ist nicht festzustellen.
Eine Zusammenfassung vermittelt Tabelle 17. Sie ist gleichzeitig eine Ergänzung der auf Seite 55 geschilderten Versuche, indem sie nochmals die individuellen Verhaltensunterschiede verdeutlicht.
Auf Seite 40 ist gezeigt worden, daß der „Kampf mit der Beute" nicht eine einzige, einheitliche Reaktion oder Reaktionskette ist. Einige Angreifer stellen sich vielmehr vor dem Opfer auf und bedecken es mit Giftsalven, andere fassen die Beute z. B. an einem Bein, Fühler, Flügel und halten sie fest, wieder andere verbeißen sich irgendwo am Körper, und manchmal krümmen sie ihre Hinterleibspitze an die Bißstelle und entleeren die Giftblase. Diese Beobachtungen lassen sich vor jedem Nest der Roten Waldameise anstellen, immer sind es grundsätzlich die gleichen Reaktionen, die während des Kampfes ablaufen. Es sind also erblich festgelegte Bewegungskoordinationen, die bei ihrem Ablauf allerdings durch richtende Reize gesteuert werden. Die verschiedenen Kampfreaktionen verteilen sich nicht auf verschiedene Individuen, sondern stehen jedem Angreifer zur Verfügung.

Welche Bewegungskoordination in einem bestimmten Falle zum Ablauf kommt, das hängt nun wiederum von ganz bestimmten Schlüsselreizen ab. Das Verspritzen von Gift aus der Ferne setzt dann ein, wenn das Objekt größer ist als die durchschnittlichen Beuteinsekten, sehr heftig um sich schlägt oder einen abschreckenden Duft verbreitet. Ich beobachtete es häufig beim Kampf mit Faltern des Kiefernschwärmers (*Hyloicus pinastri* L.), die mit kräftigen Flügel-

Tabelle 15
Das Jagdverhalten von 3 mal 120 Blattlausbesuchern bei verschiedenen Auslösereizen; Temperatur: 13—15° C

Gruppe	Test	kein Angriff	kurzer Angriff	Kampf
1	chem	58	23	39
2	bew	21	49	50
3	leb	15	26	79

Tabelle 16
Das Jagdverhalten von 3 mal 120 Blattlausbesuchern bei verschiedenen Auslösereizen; Temperatur: 28° C

Gruppe	Test	kein Angriff	kurzer Angriff	Kampf
4	chem	55	28	37
5	bew	28	53	39
6	leb	7	25	88

Tabelle 17: Zusammenfassung von Tabelle 15 und 16

Test	kein oder kurzer Angriff	Kampf
chem	164	76
bew	151	89
leb	73	167

Erläuterungen zu den Tabellen 15 bis 17:
chem = topochemische Reize (frisch getötete *Tenebrio-molitor*-L.-Larven)
bew = Bewegungsreize (bewegtes Holzröllchen)
leb = topochemische und Bewegungsreize (lebende *Tenebrio-molitor*-L.-Larven)

schlägen die sich bereits festgebissenen Tiere abzuschütteln versuchten. Abwehrspritzen der Ameisen kann man auch hervorrufen, indem man mit Lactophenol getränkte Watte mittels eines Fadens bewegt. Zum Einsetzen des Fixierverhaltens ist nötig, daß die Mandibeln des Angreifers an einem Körpervorsprung des Opfers festen Halt gefunden haben und daß von der Beute aus eine Zugwirkung ausgeübt wird, entweder durch einen aktiven Fluchtversuch oder dadurch, daß sie von einer zweiten Ameise in eine andere Richtung gezerrt wird. Zum Verbeißen kommt es durch topochemische Reize, wobei die Bewegung des Opfers wiederum von besonderer Bedeutung ist.

Es erhebt sich nun die Frage, wie die eben beschriebenen Bewegungskoordinationen mit ihren Auslösereizen zu dem zuvor besprochenen allgemeinen Jagdverhalten und seinen Schlüsselreizen in Beziehung zu setzen sind. Die Beantwortung führt auf das von BAERENDS (1941) an *Ammophila campestris* JUR. entdeckte Prinzip der Hierarchie der Erregungszentren.

Die Beobachtungstatsachen können durch folgende Vorstellung, die sich nur im allgemeinen Prinzip an das von TINBERGEN (1953) entwickelte Schema anlehnt und von diesem vor allem in bezug auf den Ursprung der Appetenz abweicht, erklärt werden:

Im Zentralnervensystem sind mehrere Erregungszentren hierarchisch übereinander geordnet; von jedem übergeordneten könnte die Erregung auf mehrere untergeordnete „ablaufen" und diese „aufladen", wenn die Verbindung nicht durch einen neurophysiologischen Mechanismus, den Auslösemechanismus, blockiert wäre. Nur der spezifische Schlüsselreiz wirkt auf diesen auslösenden Mechanismus so ein, daß dieser die Blockierung aufhebt. Von den nun erregungsgeladenen Zentren geht ein neues Appetenzverhalten aus mit dem Zweck, Schlüsselreize zu suchen. Die Erregung, der die erforderlichen Reize zur Verfügung stehen, kann nun ihrerseits untergeordnete Zentren aufladen. So geht das die Stufenleiter abwärts. Zuletzt machen die Schlüsselreize der Erregung den Weg frei in ein motorisches Zentrum, d. h. die erblich festgelegte Bewegungskoordination kann nun ablaufen.

In unserem Falle liegen insofern einfache Verhältnisse vor, als nur 2 Zentrenstufen zu berücksichtigen sind. Die Arbeiterin, die mit Jagdstimmung die Nestumgebung nach Beute absucht, besitzt in ihrem Zentralnervensystem ein erregtes Zentrum für das Jagdverhalten. Die Folge der Erregung ist zunächst ein Appetenzverhalten, also ein Suchen nach auslösenden Reizen. Dieses Appetenzverhalten äußert sich in einem suchenden Umherschweifen im Jagdgebiet, an dem außer einfachen und komplizierten Bewegungsautomatismen auch verschiedene Orientierungsweisen und erworbene Assoziationen beteiligt sein können. Treffen nun eine solche Ameise die anfangs besprochenen topochemischen oder kinop tischen Schlüsselreize, dann werden sofort 3 dem allgemeinen Jagdzentrum unter geordnete Zentren erregt, nämlich eines für das „Spritzen aus der Ferne", eines für das Fixierverhalten und eines für das „Verbeißen mit Giftspritzen". Das Aufladen dieser 3 Zentren bedeutet das Erwachen des eigentlichen Kampftriebes; es offenbart sich dem Beobachter durch das Einsetzen des neuen Appetenzverhaltens, einem Hinwenden des Jägers zum Jagdobjekt (Hinlaufen, Befühlen usw.), um von diesem spezifischere Reize zu erwarten. Je nach der Art dieser Reize wird einem der 3 Erregungszentren die Möglichkeit gegeben, sich in der ihm zugehörigen Bewegungskoordination zu entladen. In Abb. 22 ist der ganze Vorgang schematisch dargestellt.

Die Endhandlung wird nicht immer vollständig ausgeführt, nämlich dann nicht, wenn die Erregung zu schwach oder die Schlüsselreize nicht kräftig genug sind. So unterbleibt beim „Spritzen aus der Ferne" manchmal das letzte Glied der Bewegungsfolge, das Giftspritzen. Ebenso bleiben oft bei der Bewegungskoordi-

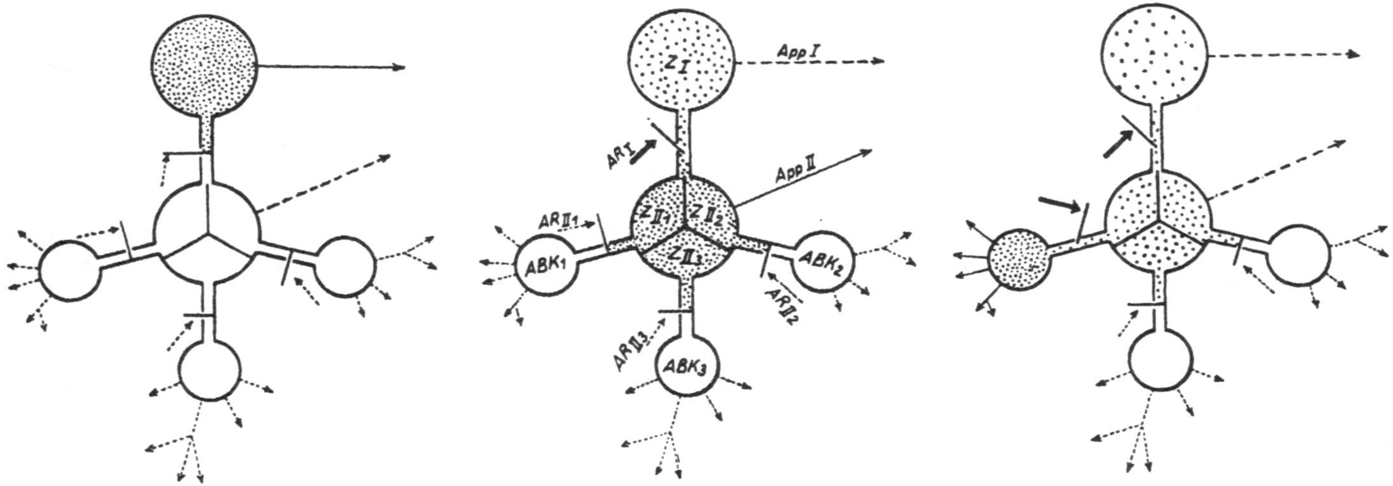

Abb. 22. Schematische Darstellung des Erregungsverlaufes einer Arbeiterin, die von Jagdstimmung getrieben nach Beute sucht (links), eine solche findet (Mitte) und diese schließlich im Fixierverhalten arretiert (rechts)

Z I = Zentrum für Jagdstimmung
Z II 1–3 = Zentren für Kampfstimmung
Z II 1 = Zentrum für „Fixieren"
Z II 2 = Zentrum für „Verbeißen"
Z II 3 = Zentrum für „Fernspritzen"
AR I = Auslösereizkomplex für Kampfstimmung
AR II 1 = Auslösereizkomplex für „Fixieren"
AR II 2 = Auslösereizkomplex für „Verbeißen"
AR II 3 = Auslösereizkomplex für „Fernspritzen"
App I = Appetenzverhalten der Jagdstimmung: Suchen im Jagdgebiet (Bewegungsautomatismen, Orientierungsbewegungen, Assoziationshandlungen)
App II = Appetenzverhalten der Kampfstimmung: Hinwenden zur Beute (Bewegungsautomatismen, Orientierungsbewegungen, Assoziationshandlungen?)
ABK 1 = Angeborene Bewegungskoordination: „Fixieren"
ABK 2 = Angeborene Bewegungskoordination: „Verbeißen"
ABK 3 = Angeborene Bewegungskoordination: „Fernspritzen"

nation „Verbeißen mit Giftspritzen" die beiden letzten Abschnitte aus, das Einkrümmen und das Entleeren der Giftblase. Manchmal findet auch noch das Einkrümmen, d. h. das Hinführen der Hinterleibspitze an die Bißstelle statt, und nur das Giftspritzen wird unterlassen.

Noch ein Weiteres ist hier zu erwähnen. Der Umstand, daß eine Blattlausbesucherin sich gegebenenfalls auch als Jagdameise betätigt oder auf dem Weg zur Lausherde ihre heimkehrenden Genossinnen um Futter anbettelt, läßt uns an die Möglichkeit denken, daß das Erregungszentrum für das Jagdverhalten zusammen mit anderen gleichrangigen Zentren einem übergeordneten Zentrum des Nahrungserwerbes untersteht. Dem Zentrum für das Jagdverhalten wären dann eventuell Zentren zum Transport toter Insekten, zum Melken von Blattläusen, zum Betteln bei Arbeiterinnen oder zum unmittelbaren Kropffüllen (Saugen von Zuckerwasser oder Honigtau) gleichgeordnet. Durch besondere stimmungsbildende Faktoren können sie im Vergleich zueinander einen verschieden starken Erregungsgrad besitzen. — Auf diese noch stark hypothetischen Verhältnisse sollte hier nur kurz hingewiesen sein, da in ihnen eventuell eine Erklärung für den starken Arbeitswechsel besonders bei Außendiensttieren liegt.

Ferner sei erwähnt, daß die Endhandlungen auch im Dienst einer zweiten Stimmung stehen können. Die Bewegungsfolge z. B., die sich beim Beuteerwerb zeigt, kommt auch bei der Abwehr eines Feindes (Menschenhand, Vogelkopf) zum Ablauf.

Am Beispiel des Jagdverhaltens wurde im vorstehenden gezeigt, wie man das Verhalten von *F. rufa* L. mit Hilfe der Instinktlehre von LORENZ und TINBERGEN analysieren kann. Durch eine solche Analyse sind wir auch in der Lage, die Beziehungen zwischen Erlerntem und Angeborenem bei den Ameisen genauer zu charakterisieren, als die Altmeister der Myrmekologie es tun konnten. Erlerntes kann nur im Appetenzverhalten wirksam werden; es hilft, die angeborene Endhandlung — die Instinkthandlung im engeren, LORENZschen Sinne — zu realisieren. Dieses zu wissen ist wichtig, wenn man die Rolle der Erfahrung bei der Arbeitsteilung beurteilen will.

B. Stimmungsbildende und -beeinflussende Faktoren

Die Ursache eines unterschiedlichen Verhaltens — und damit der Arbeitsverteilung — ist in einem verschieden starken Erregungszustand der einzelnen Tätigkeitszentren zu suchen. So konnte z. B. gezeigt werden, daß die Außendiensttiere sich in unterschiedlich starker Jagdstimmung befinden oder daß im Innendienst nur einige Tiere eine Brutpflegestimmung erkennen lassen.

Im folgenden sollen Faktoren ausfindig gemacht werden, auf die diese Stimmungsunterschiede zurückzuführen sind. Dabei ist an Faktoren zu denken, die in Form von Reizen aus der Außenwelt an das Tier herantreten, und weiterhin an Faktoren, die aus dem speziellen anatomisch-physiologischen Zustand des Individuums resultieren. Erstere kann man als exogene, „einstimmende" Faktoren den endogenen gegenüberstellen.

a) Endogene Faktoren

1. Das Alter

Bei der Arbeitsteilung der Honigbiene ist das Alter der bestimmende, dominierende Faktor. Das Verhalten wird in erster Linie durch das Alter bestimmt, und alle Sommerbienen durchlaufen in ihrem kurzen Leben im Prinzip die gleiche Arbeitskette.

GOETSCH und EHRHARDT teilen mit, daß auch bei den Myrmicinen das Alter auf das Verhalten nicht ohne Einfluß bleibt, wenn es auch nicht mehr jene strenge, führende Bedeutung hat. GOETSCH (1930) konnte für die *Messor*-Arten ganz allgemein feststellen, daß im Außendienst die älteren, im Innendienst die jüngeren Arbeiterinnen überwiegen und ganz junge das Nest noch nicht verlassen. EHRHARDT (1931) bemerkte bei den von ihm untersuchten *Myrmica-laevinodis*-NYL.-Arbeiterinnen im Alter — wenn auch in verschieden starkem Maße — eine Zunahme der Außenarbeiten.

In den Betrachtungen des Kapitels IV A u. B wurde das Alter bereits berücksichtigt, so daß an dieser Stelle nur noch eine kurze Zusammenfassung notwendig ist.

Die *minor*-Arbeiterin beteiligt sich schon sehr früh an den sozialen Arbeiten. Am 3. Tag säubert sie bereits Gefährtinnen und Puppenkokons. Mit 4 Tagen ist sie in der Lage zu füttern, Eier, Larven, Puppen und Königinnen zu pflegen, ja sogar an Beutetieren zu saugen. Außenarbeiten werden normalerweise nicht vor dem 50. Lebenstag aufgenommen.

Diese Zahlen geben jedoch lediglich an, ab wann eine Tätigkeit überhaupt ausgeführt werden kann. Ob überhaupt und in welchem Alter sie tatsächlich auftritt, das ist in sehr starkem Maße individuell verschieden.

Häufig ist zu beobachten, daß mit zunehmendem Alter Brutpfleger sich von ihrer Beschäftigung abkehren, um nun untätig zu bleiben oder den Innendienst ganz aufzugeben. Meist konnten sie nach diesem Verhaltenswechsel nur noch wenige Tage beobachtet werden. Es muß allerdings offenbleiben, ob sie dann gestorben und von ihren Gefährtinnen zernagt worden sind, oder ob sie nur das Schildchen verloren haben.

Durch die Beobachtung gezeichneter *minor*-Arbeiterinnen bekannten Alters im Nest A war festzustellen:

1. Von 16 Brutpflegerinnen gingen vom 50. Lebenstag bis zur Überwinterung 3, nach dem Winter bis zum 250. Lebenstag 2 und im Alter von 250 bis 360 Tagen 11 zum Außendienst über.
2. Weitere 10 Arbeiterinnen stellten sich im Laufe ihres Lebens von Brutpflege auf Nichtstun um (ohne später Außenarbeiten aufzunehmen). Dieser Wandel vollzog sich bei einem Tier nach 50 Tagen noch vor der Überwinterung, bei 9 Tieren im Alter von 250 bis 350 Tagen.
3. 11 Brutpfleger hatten nach 280 Tagen ihren gewohnten Dienst noch nicht aufgegeben. Sie alle ließen sich aus versuchstechnischen Gründen (Entnahme für Untersuchungen, Beobachtungsschluß) nicht bis zum natürlichen Ende

verfolgen. Nr. L war bis zum 314. und Nr. gp bis zum 350. Lebenstag bei der Ei- und Larvenpflege zu treffen.

4. Von 22 Arbeiterinnen, die Außenarbeiten aufgenommen hatten und die nicht von mir vorher abgetötet wurden, konnten vom Zeitpunkt des regelmäßigen Erscheinens im Auslauf ab

nicht länger als			10	Tage	10 Tiere,
,,	,,	,,	20	,,	7 weitere,
,,	,,	,,	40	,,	4 weitere,
,,	,,	,,	60	,,	1 weiteres beobachtet werden.

Die Tendenz, im fortschreitenden Alter den Brutpflegedienst aufzugeben und Außenarbeiten aufzunehmen, ist also deutlich zu erkennen. Im Einzelfall steht jedoch immer der individuelle Charakter einer Arbeiterin im Vordergrund. Neben Tieren, die mit 50 Tagen das Nest verlassen, gibt es alle Übergänge zu solchen, die dies erst mit 300 Tagen tun oder gar zu solchen, die noch mit 350 Tagen echte Innendienstarbeiter sind.

Wir dürfen dem Faktor Alter eine nur schwache und sekundäre Einwirkung auf die Stimmungen eines Tieres zuschreiben.

Anhangsweise sei erwähnt, daß das höchste Alter, das von einer *minor*-Arbeiterin in einem meiner Beobachtungsnester erreicht worden ist, 354 Tage beträgt. Über das Alter von *F.-rufa*-L.-Arbeiterinnen liegen in der Literatur keine Angaben vor. Für *Raptiformica sanguinea* LATR. werden 5 und für *Serviformica fusca* L. 8 Jahre angegeben! (STITZ, 1939). Sollte das Leben einer *minor*-Arbeiterin in einem Freilandnest ebenso lang sein, dann müßte nach den Ergebnissen meiner Versuche angenommen werden, daß die Arbeiterin, die im ersten oder im Laufe des zweiten Jahres den Innendienst verläßt, den mehrjährigen Rest ihres Lebens den Außenarbeiten widmet.

2. *Körpergröße*

Die *minor*-Arbeiterinnen variieren sehr stark in bezug auf Körpergröße, und es erschien sinnvoll, der Frage nach Beziehungen zwischen Größe und Arbeitswahl der Individuen nachzugehen. Zur Aufnahme dieser Untersuchung wurde ich auch durch eine Reihe von Hinweisen in der Literatur ermuntert.

Als allgemeiner Hinweis findet sich bei FOREL (1864) die Angabe, daß bei allen Arten die kleineren Arbeiter die Aufgaben im Nestinnern, die Verteidigung und die Nahrungssuche übernehmen, während die großen Tiere meist für ganz bestimmte Verrichtungen spezialisiert sind, die besondere Kraft erfordern (z. B. das Zerkleinern harter Samen oder Insekten).

GOETSCH berichtet, daß bei *Messor*-Arten (1930) und auch bei *Atta*- und *Acromyrmex*-Arten (1953) zwar bei allen Tätigkeiten alle Größen vertreten sind, daß aber eine Abstufung in der Verteilung besteht. Die kleineren Exemplare bleiben länger bei den Arbeiten des Innendienstes, die größeren dagegen durchlaufen die Nestperiode schneller und nehmen bald Außenarbeiten auf. Auf diese Weise überwiegen erstere im Innendienst und letztere im Außendienst. Besonders beschäftigen sich extrem große Tiere außerhalb, extrem kleine Tiere innerhalb des Nestes. Die größeren Arbeiter und die Giganten erweisen sich als äußerst arbeitsunstet, während die kleineren Individuen zum Verharren bei einer Beschäftigungsart neigen.

Das Ergebnis von Beobachtungen an *Camponotus americanus* (ohne Autorenangabe), faßt Miss BUCKINGHAM (1911) wie folgt zusammen:

„When, however, we consider all the evidence on the various activities, we are warranted in the conclusion that in fighting the largest ant predominate; in building the small and middle sized ones; in tending the young the smaller individuals; and in foraging all sized except the largest. From field evidence on *Camponotus pictus* I can corroborate the conclusions ..."

Bei CHEN SHISAN (1937) lesen wir von Beziehungen zwischen Aktivität und Körpergröße bei *Camponotus japonicus* (ohne Autorenangabe). Die kleinen Arbeiter sind im allgemeinen aktiver als die mittelgroßen, diese im Durchschnitt betriebsamer als die größten.

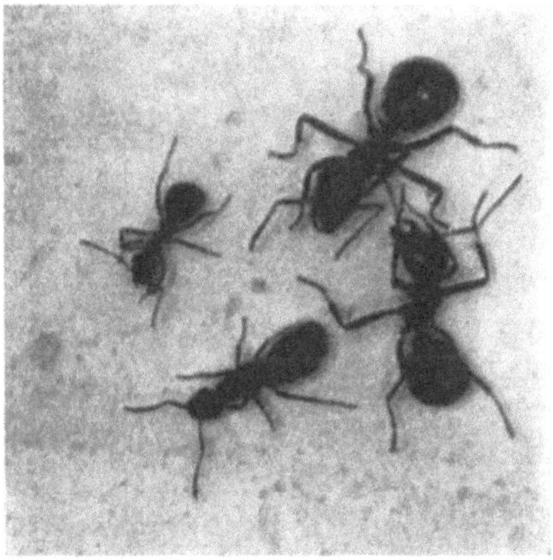

Abb. 23. Arbeiterinnengruppe, an der die Größenunterschiede zwischen den einzelnen Tieren deutlich werden

Über die Verhältnisse bei den einheimischen *Camponotus ligniperda* LATR. schreibt KIIL (1934), daß die kleineren Arbeiter mit der Brutpflege beschäftigt sind, die größeren dagegen sich weniger aktiv zeigen und nur eine geringe Arbeitsleistung, betreffend Brutpflege und Nahrungsbeschaffung, aufweisen.

In der gleichen Arbeit gibt der Autor in bezug auf die Arbeitsverteilung und -stetigkeit folgender Vermutung Raum: „Mehr ausgeglichenere Verhältnisse scheinen bei *Formica rufa* zu herrschen, und dies hängt vielleicht mit der hier nicht so starken Differenzierung der Arbeiterinnen-Kaste zusammen." Als Beispiel führt er an, daß er auf einem Vogelbeerbaum melkende *F.-rufa*-L.-Arbeiterinnen in allen Größen sah.

Für die Rote Waldameise fand ich außer diesem Hinweis in der Literatur lediglich noch die Mitteilung über eine Freiland-Beobachtung von ADLERZ (1913), die die Angabe enthält, daß größere Arbeiterinnen Baumaterial und andere Bürden, wie Larven, Arbeiterinnen oder Puppen, tragen und die kleineren Exemplare hauptsächlich die Blattlauszucht betreiben. Der Heimtransport der Futtersäfte soll dann wiederum durch größere Tiere geschehen. Daß letzteres nicht der Fall ist, habe ich schon auf Seite 42 zum Ausdruck gebracht.

Es fehlte also noch eine umfassende Analyse der Beziehung zwischen Körpergröße und Vorliebe für eine bestimmte Tätigkeit oder einen Tätigkeitskomplex. Um eine solche Analyse durchzuführen, standen mir zwei Wege zur Verfügung: Das Messen einer größeren Anzahl aus einem Freilandnest stammender Arbeiterinnen verschiedener Beschäftigungsgruppen und der statistische Vergleich der Ergebnisse sowie zweitens die Auswertung der individuellen Beobachtungsprotokolle der Laborversuche.

Zur Messung und zum Vergleich zog ich 800 Außendiensttiere, und zwar 200 Blattlausbesucher, 200 Jäger, 200 Beuteträger und 200 Baumaterialträger, ferner 600 Innendiensttiere heran. Alle Tiere gehörten zu ein und demselben Freilandnest. Um bei der Auswahl der Tiere eine Willkür auszuschließen, wurden als

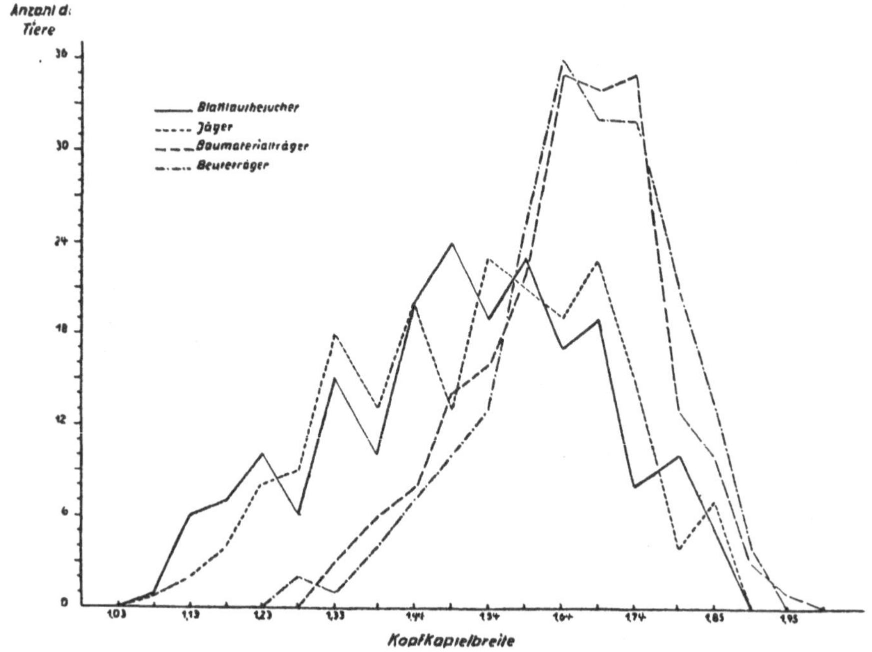

Abb. 24. Die Größenverteilung innerhalb verschiedener Arbeitsgruppen des Außendienstes; Ergebnis der Kopfkapselmessungen

Blattlausbesucher 200 eine mit Lachniden besetzte Kiefer stammabwärts laufende Arbeiterinnen hintereinander eingesammelt. Die Jäger erhielt ich, indem ich neben einer Straße Imagines von *Tenebrio molitor* L. aussetzte und nach kurzer Zeit die daran festgebissenen Ameisen absammelte; zur Gewinnung der Material- und Beuteträger wurden die Tiere an einer bestimmten Stelle der Ameisenstraße abgefangen, so, wie sie nacheinander mit ihrer Bürde dort vorbeizogen. Die Innendiensttiere schließlich entnahm ich nachmittags, als ein großer Teil der Außenarbeiter das Nest verlassen hatte, direkt dem Nest, nachdem ich es schnell bis in eine Tiefe, in der Eier zu sehen waren, geöffnet hatte.

Als repräsentatives Merkmal für die Gesamtgröße eines Individuums wählte ich dessen Kopfkapselbreite, d. h. die breiteste, etwa in Höhe der Komplexaugen

liegende Stelle der Kopfkapsel. Diese Breite spiegelt die Gesamtgröße sehr gut wider (s. Abb. 23) und läßt sich verhältnismäßig einfach und schnell mit Hilfe eines Mikroskopes und einer Okularskala ermitteln.
Tabelle 18 stellt das Ergebnis der Messungen an verschiedenen Außenarbeitsgruppen dar. Es ist offensichtlich, daß bei den Baumaterial- und Beuteträgern, im Vergleich zu den Blattlausbesuchern und Jägern, die größeren Tiere stärker

Tabelle 18
Größenvergleich zwischen verschiedenen Arbeitsgruppen des Außendienstes

Kopfkapselbreite mm	Blattlausbesucher	Jäger	Baumaterialträger	Beuteträger
1,03	0	0	0	0
1,08	1	1	0	0
1,13	6	2	0	0
1,18	7	4	0	0
1,23	10	8	0	0
1,28	6	9	0	2
1,33	15	18	3	1
1,39	10	13	6	4
1,44	20	20	8	7
1,49	24	13	14	10
1,54	19	23	16	13
1,59	23	21	22	25
1,64	17	19	35	36
1,69	19	23	34	32
1,74	8	15	35	32
1,80	10	4	13	21
1,85	5	7	10	13
1,90	0	0	3	4
1,95	0	0	1	0
2,00	0	0	0	0
$\overline{x}$	1,497	1,520	1,642	1,663 mm
s	0,169	0,174	0,124	0,152 mm
s	11,23	11,44	7,54	9,11%
N	200	200	200	200

$\overline{x}$ = arithmetisches Mittel
s = mittlere Abweichung (absolut und prozentual)
N = Anzahl der Meßwerte

vertreten sind und die kleinen Größen ganz fehlen (Abb. 24). Der Mittelwert für die Material- und Beuteträger liegt bei 1,642 bzw. 1,663 mm, ihre Verteilung hat eine mittlere Abweichung von 7,54 bzw. 9,11%. Für die Blattlausbesucher und die Jäger liegt der Mittelwert tiefer, nämlich bei 1,497 bzw. 1,520 mm; die Streuung beträgt für die erste Gruppe 11,23%, für die zweite 11,44%.
Nach der in dem „Grundriß für Biologische Statistik" von E. WEBER (1956) auf Seite 185 beschriebenen Methode zur Beurteilung der Differenz zwischen zwei

Stichprobenmitteln mit Hilfe des u-Testes prüfte ich, ob die gefundenen Größenunterschiede der Mittelwerte für die verschiedenen Arbeitsgruppen eine tatsächlich vorhandene Größendifferenz zwischen diesen Gruppen ausdrücken oder ob sie nur zufällig als Folge einer großen Streuung und zu geringen Anzahl von Messungen aufgetreten sind. Danach muß der Unterschied zwischen den Beuteträgern und den Materialträgern und ebenso der Unterschied zwischen den Jägern und den Blattlausbesuchern als zufällig betrachtet werden, die Unterschiede zwischen diesen beiden Doppelgruppen sind jedoch selbst bei Anlegung des äußerst strengen Maßstabes von nur 0,1% Irrtumswahrscheinlichkeit signifikant (Tab. 19). Als gesichertes Ergebnis ist zunächst festzuhalten, daß die sehr kleinen Außenarbeiter — Individuen mit weniger als etwa 1,3 mm Kopfkapselbreite — sich nicht als Lastenträger betätigen. Bei dieser Tätigkeit überwiegt der Anteil großer

Tabelle 19
Die Signifikanz der Größenunterschiede zwischen Außendiensttieren verschiedener Tätigkeit

	Blattlaus-besucher	Baumaterial-träger	Beuteträger	Jäger
Blattlaus-besucher		+	+	—
Baumaterial-träger	+		—	+
Beuteträger	+	—		+
Jäger	—	+	+	

\+ = Unterschied ist statistisch sehr gut gesichert
— = Unterschied ist statistisch nicht gesichert

Tiere, obwohl sich auch mittelgroße und kleine Arbeiter daran beteiligen. Beim Blattlausbesuch und bei der Jagd kommen Tiere aller Größen vor. Das Größenmittel liegt bei den Blattlausbesuchern um 16,65% der gesamten Variationsbreite niedriger als bei den Lastenträgern. Die entsprechende Differenz zwischen Jägern und den Transporteuren beträgt 14,94% der Variationsbreite.
Wenn wir den Größenunterschied zwischen Innen- und Außenarbeitern ermitteln wollen, dürfen wir nicht die 4mal 200 Meßwerte der Außenarbeiter den an Innentieren gewonnenen gegenüberstellen. Damit würde nämlich bei der summarischen Zusammenfassung der Außendienstgruppen erreicht, daß jede dieser Gruppen durch eine gleiche Individuenzahl vertreten ist. In Wirklichkeit überwiegt — wenigstens bei meinem zur Untersuchung ausgewählten Volk — der Anteil der Blattlausbesucher den der anderen Tiere um ein vielfaches, so daß der tatsächliche Mittelwert tiefer liegt als der durch Summieren gewonnene.
Ich maß deshalb nochmals 200 Kopfbreiten, und zwar von Außendiensttieren, die ohne Berücksichtigung ihrer spezifischen Beschäftigung von einer Straße kurz vor dem Nest aufgelesen worden waren. Die Meßwerte sind in Tabelle 20 den an

Tabelle 20
Größenvergleich zwischen Innen- und Außendiensttieren

Kopfkapselbreite mm	Außendiensttiere	Innendiensttiere	Kopfkapselbreite mm	Außendiensttiere	Innendiensttiere
1,03	0	2	1,69	27	59
1,08	0	15	1,74	15	36
1,13	0	11	1,80	12	29
1,18	3	25	1,85	4	15
1,23	4	34	1,90	2	2
1,28	10	40	1,95	1	1
1,33	7	36	2,00	1	0
1,39	9	43			
1,44	24	42			
1,49	18	51	$\bar{x}$	1,565	1,512 mm
1,54	15	56	s	0,165	0,349 mm
1,59	24	60	s	10,52	23,78%
1,64	24	43	N	200	600

$\bar{x}$ = arithmetisches Mittel
s = mittlere Abweichung (absolut und prozentual)
N = Anzahl der Meßwerte

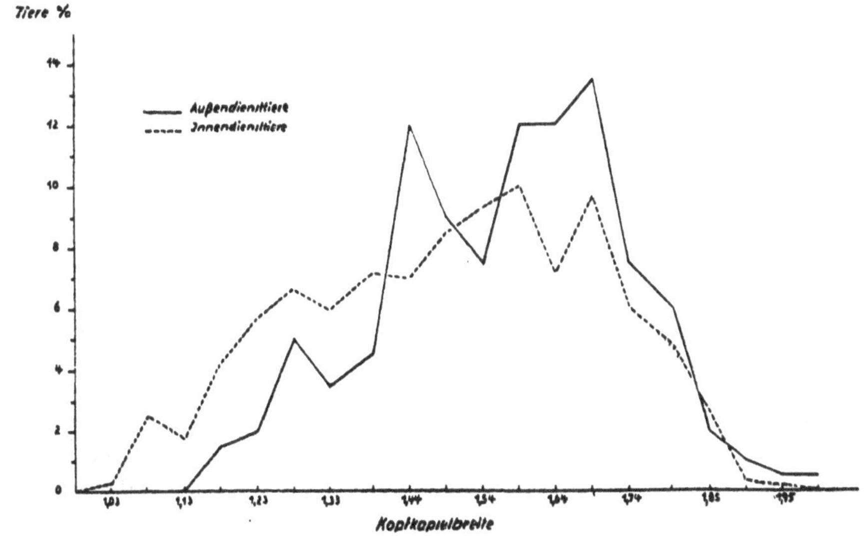

Abb. 25. Die Größenverteilung bei Innen- und Außendiensttieren; Ergebnis der Kopfkapselmessungen

Innentieren gewonnenen gegenübergestellt. Abb. 25 zeigt die graphische Darstellung beider Meßreihen. Der Mittelwert von 1,565 mm für die Außentiere unterscheidet sich nur um 0,053 mm von dem für die Innentiere. Diese Differenz ist selbst bei einem Maßstab von $P = 1\%$ nicht statistisch gesichert. Der u-Wert

für $P = 1\%$ ist 2,58, in unserem Falle beträgt er aber nur 1,853 (Berechnung nach WEBER, 1956, S. 185). Die Annahme, daß die Tiere des Außendienstes im Mittel größer sind als die des Innendienstes, muß somit zurückgewiesen werden.
Allerdings ist zu bedenken, daß dieser klare Beweis doch durch einen Umstand getrübt wird: Bei der Entnahme des Tiermaterials aus dem Nest sind zweifellos auch einige Außenarbeiter mit erfaßt worden, die sich gerade im Nest aufhielten. Sollten unter den Innenarbeitern mehr kleinere Exemplare sein als unter den Außenarbeitern, so würde durch die „Verunreinigung" der Stichprobe „Innendiensttiere" durch eine unbestimmte Anzahl Außenarbeiter die Deutlichkeit der Größendifferenz verwischt. Diese Fehlerquelle mußte also bei obiger Berechnung mit in Kauf genommen werden. Um sie so klein wie möglich zu halten, wurde das Material nachmittags ausgegraben, als die meisten Außendiensttiere das Nest verlassen hatten (siehe Kap. V, Bb 1). Die Tiere stammten aus einem tiefgelegenen Nestteil, in dem sich auch die Königinnen und Eier befanden.
Alle bisher beschriebenen Meßergebnisse lassen mit Sicherheit folgendes erkennen: Die mittlere Körpergröße der Tiere, die sich außerhalb des Nestes beschäftigten, ist nicht (oder wenigstens nicht wesentlich) größer als die derjenigen, die das Nest nicht verlassen. Das bedeutet, daß am Übergang vom Innen- zum Außendienst annähernd alle Größen relativ gleich stark beteiligt sind. Im Außendienst wird dann jedoch die Tätigkeit des Honigtausammelns und der Insektenjagd von den kleineren Individuen bevorzugt, während beim Transport von toten Insekten und Baumaterial die größeren Tiere überwiegen. Diese Arbeitsverteilung nach der Größe ist keine absolute, die Beteiligungskurven (s. Abb. 24) überschneiden sich weitestgehend, so daß die Gesetzmäßigkeit nur im Mittelwert zum Ausdruck kommt.
Mehr als das Gesagte läßt sich mit der bisher angewandten Methodik nicht aufdecken. Die Frage nach Beziehungen zwischen Größe und Arbeit im Innendienst und zwischen Größe und Stetigkeit wurde durch eine Auswertung der Beobachtungsprotokolle vom Kunstnest A und B zu klären versucht. Dazu konnten die Protokolle von insgesamt 210 Tieren herangezogen werden, 1 Tier davon war sehr klein, 48 klein, 117 mittelgroß und 44 groß. Aus Tabelle 21 ist zu ersehen, wie viele Individuen einer jeden Größengruppe eine der aufgeführten Beschäftigungsarten bevorzugten oder sich sogar auf eine solche spezialisiert und stark spezialisiert hatten. In der Zeile „unstet" sind alle die Tiere aufgenommen, für die keine Bevorzugung einer Beschäftigungsart errechnet werden konnte.
Wegen des ungleich starken Anteils der Größengruppen sagt die Tabelle 21 mit den absoluten Werten nocht nicht sehr viel aus. Zur besseren Übersichtlichkeit wurden zunächst alle Werte in Prozent der Größengruppe ausgedrückt und die Werte für „bevorzugt" und „spezialisiert" zusammengefaßt; als Ergebnis entstand Tabelle 22, bei der der eine Wert für das sehr kleine Individuum weggelassen worden ist. 42% der kleinen Arbeiterinnen beschäftigen sich mit der Ei- und Larvenpflege, bei den mittelgroßen sind es nur noch 27% und von den großen finden sich nur 7% zur Pflege dieser Brutstadien bereit! Wenn in Wirklichkeit die mittleren Größen an den Eiern und Larven überwiegen (s. Tab. 21),

so nur deshalb, weil ja bedeutend mehr mittelgroße als kleine Individuen vorhanden sind. Es läßt sich aber sagen: Jede zweite kleine, jede vierte mittelgroße und nur jede 14. große Arbeiterin ist eine Ei- und Larvenpflegerin.

Tabelle 21
Die absolute Verteilung der Beschäftigungsarten innerhalb der einzelnen Größenklassen

	sehr klein		klein		mittel		groß	
	bv	sp	bv	sp	bv	sp	bv	sp
EL	1	—	7	13	20	11	1	2
P	—	—	3	—	5	3	2	—
KA	—	—	1	—	3	—	—	—
Be	—	—	2	—	1	—	1	—
unstet	—	—	5	—	16	—	9	—
oT	—	—	8	5	17	21	9	10
Rö	—	—	—	1	4	—	2	2
Au	—	—	1	2	6	10	3	3

(bv = bevorzugt; sp = spezialisiert und stark spezialisiert)

Tabelle 22
Die prozentuale Verteilung der Beschäftigungsarten innerhalb der einzelnen Größenklassen

	klein	mittel	groß
EL	41,67	26,50	6,82
P	6,25	6,84	4,54
KA	2,08	2,55	0,00
Be	4,17	0,85	2,27
unstet	10,41	13,68	20,45
oT	27,09	32,48	43,18
Rö	2,08	3,42	9,09
Au	6,25	13,68	13,65

Tabelle 23
Die prozentuale Verteilung von Unstetigkeit, Bevorzugung und Spezialisation innerhalb der einzelnen Größenklassen

	sp	bv	unstet
klein	43,75	45,83	10,42
mittel	38,46	47,86	13,68
groß	38,64	40,91	20,45

Für die anderen Arbeiten im Nest, für die Pflege von Puppen, Königinnen und der Gefährtinnen sowie für das Verwerten der Beuteinsekten können solche Beziehungen nicht ohne weiteres aufgestellt werden. Die Prozentzahlen und ihre Differenzen sind zu klein, als daß sie bindende Aussagen zuließen.

Das beschäftigungslose Verweilen und Umherlaufen herrscht vor bei 27% der kleinen, 32% der mittleren und 43% der großen Individuen. Bei den kleinen ist also rund jede vierte, bei den mittleren jede dritte und bei den großen jede zweite beschäftigungslos. Wenn auch die Beschäftigungslosigkeit unter den

Bedingungen im Kunstnest höher liegen mag, als dies normalerweise der Fall ist, so kommt doch in den genannten Zahlen ohne weiteres die verschieden starke Neigung zum Nichtstun zum Ausdruck. Gleiches ist auch aus der Tatsache abzulesen, daß sich die großen Arbeiterinnen viel öfter im Röhrensystem des Formikars aufhielten. Auf Seite 37 wurde ja gezeigt, daß ein solcher Aufenthalt nicht als „aktiver Wachdienst" angesehen werden kann.

Bei 14% aller mittleren und großen Tiere konnte der Übergang zum Außendienst verfolgt werden. Die entsprechende Prozentzahl für die kleinen Tiere beträgt nur 6. Hierbei ist jedoch zu bedenken, daß ein sehr großer Teil aller beobachteten Nestinsassen nicht bis zum Lebensende verfolgt werden konnte, weil er entweder früher oder später das Markierungsschildchen verloren hat bzw. dies unleserlich geworden ist. Einige Ameisen waren nach der Überwinterung nicht wieder aufzufinden. Außerdem mußten — wie alle Tiere aus dem Nest B — rund 40 Tiere aus dem Nest A zu Untersuchungszwecken abgetötet und der Zustand verschiedener innerer Organe geprüft werden.

So sind die ermittelten Prozentwerte nicht zuverlässig. Über den Anteil der einzelnen Größenklassen am Innen- und Außendienst vermögen die Ergebnisse der Kopfkapselmessungen viel besser Aufschluß zu geben.

Unabhängig von der Frage nach der Beschäftigungsart steht die nach der Beschäftigungstreue. Aus der Tabelle 21 wurde ermittelt, wie viele Tiere einer jeden Größengruppe sich auf eine Arbeit spezialisiert und sehr stark spezialisiert haben (Arbeit macht mehr als 66% aller Tätigkeit aus, M größer als 2), wie viele eine Arbeit bevorzugen (Arbeit macht 50—66% aller Tätigkeit aus, M größer als 1) und bei wie vielen keine Beschäftigungsart, auch nicht das „Nichtstun", mit mehr als 50% der Gesamttätigkeit eines Lebensabschnittes auftritt, die also unstet sind. Das Ergebnis — ausgedrückt in Prozent der Größengruppe — ist in Tabelle 23 wiedergegeben und weist nur geringe Unterschiede in der Verteilung zwischen den einzelnen Größengruppen auf. Der Test zur Prüfung eines Zusammenhanges zwischen qualitativen Merkmalreihen mittels der $m \times n$-Tafel (s. WEBER, 1956, S. 276) fiel deshalb auch selbst für ein P = 5% negativ aus. Von einer Verteilung nach der Art „Kleine Individuen sind spezialisiert, große sind unstet" kann also keine Rede sein. Das einzige, was sich aus Tabelle 22 und 23 ablesen läßt, ist, daß unter großen Tieren etwa doppelt so viele unstete Tiere anzutreffen sind als unter kleinen, daß diesen unsteten Tieren aber innerhalb der Gruppe der großen Individuen immer noch fast 80% nicht unstete gegenüberstehen!

3. Ovarien

Das Ovar der *F.-rufa*-L.-Arbeiterin gleicht in seiner Morphologie grundsätzlich dem einer Königin; ein Unterschied besteht nur in der Anzahl der Ovariolen. Ich fand bei 764 Ovarienuntersuchungen an Arbeiterinnen 207 mal 2, 412 mal 3, 135 mal 4 und 10 mal 5 Ovariolen je Körperseite vor. Diese Zahlen stimmen gut mit den Befunden von WEYER (1928) überein. Zum Vergleich sei die von WEYER angegebene Zahl der Eischläuche bei einer *F.-rufa*-Königin herangezogen: sie beträgt 66—83 pro Körperseite.

Den unpaaren Eileiter (Ovidukt) findet man, wenn man aus dem dorsal geöffneten Gaster zunächst die Giftblase mit dem Giftdrüsenpolster und danach die Rektalblase entfernt. Er liegt also nahe der Ventralseite des Gasters. Der Eileiter teilt sich in zwei kurze transversale Gänge, an die sich dann die Eischläuche anschließen. Schräg aufwärts steigend umgreifen diese beiderseits den Darmtraktus des Tieres und legen sich dabei meist der Magenwand dicht an. Ihre Längsausdehnung erreicht mindestens $\frac{2}{3}$ des ganzen Gasters.

BICKFORD (1897) veröffentlichte eine Untersuchung über die Morphologie und Physiologie der Ovarien von Ameisenarbeiterinnen und beschreibt dabei erstmalig große individuelle Verschiedenheiten im Bau der Ovariolen, vor allem von *Formica pratensis* (RETZ?). Er vermochte aber nicht die verschiedenen Ausbildungsformen mit einem anderen Merkmal in Beziehung zu setzen und bezeichnete sie deshalb als angeborene Eigentümlichkeiten der Individuen.

WEYER widmete dieser Erscheinung eine sehr umfassende Untersuchung, die er 1927 und 1928 veröffentlichte. Seine Untersuchungsobjekte waren vor allem *Camponotus herculeanus* L. und *Formica rufa* L. Die Herkunftsbeschreibung der letztgenannten Art läßt erkennen, daß es sich um die kleine Rasse handelt. Der Autor entdeckte, daß die Eischläuche im Laufe des Imaginallebens eine Veränderung durchlaufen, so daß die ganze Verschiedenheit in der Ausbildung der Ovarien in erster Linie nur ein Ausdruck des verschiedenen Alters der Tiere ist.

Die Ovarien der Arbeiterinnen, die eben den Puppenkokon verlassen haben, besitzen unentwickelte, dünne Eischläuche. Es setzt bald ein Kompakt werden der Keimdrüsen ein, Ei- und Nährfächer heben sich deutlicher voneinander ab. Vom oviduktnahen Ende des Eischlauches ausgehend, beginnt ein außerordentlich starkes Wachstum der Eier. Die vordersten Eier der Arbeiterinnenovariole sind nach WEYER schließlich sogar etwas größer als die einer Königin; ihre relative Größe im Verhältnis zum Abdomen übertrifft die einer Königin um ein beträchtliches. Die Eier der *F.-rufa*-L.-Arbeiterinnen werden jedoch nicht abgelegt, sie gehen vielmehr zugrunde, werden vom Körper resorbiert und verschwinden bis auf Reste.

Diese Reste besitzen eine intensiv orangegelbe Farbe und verklumpen zu kleinen Restkörpern, die wir im folgenden als Gelbkörper bezeichnen. Sind bereits von der Mündung ausgehend terminalwärts mehrere Eier resorbiert worden, so findet man in dem leeren Teil des Eischlauches eine entsprechende Anzahl von Gelbkörpern hintereinander liegen. Später sammeln sich die Restkörper meist an der Membran an, die den mesodermalen Eischlauch noch von dem ektodermalen Ovidukt trennt. Allerdings kann es auch vorkommen, daß sie diese Membran durchdringen und dann durch den Eileiter ausgestoßen werden.

(Von einem ähnlichen Entwicklungsverlauf der Ovarien bei der Honigbiene berichten HÜSING und ULRICH 1939).

An dieser Stelle seien mir einige Worte zu dem Problem gestattet, ob die Arbeiterinnen von *F. rufa* L. überhaupt noch „normale" entwicklungsfähige Eier ablegen können, wie es von den Arbeiterinnen vieler anderer Arten bekannt ist. WEYER hält dies auf Grund seiner Untersuchungen für nicht möglich und wandte sich 1929 in einer Streitschrift

gegen EIDMANN, der im Zusammenhang mit der Frage nach der Vererbung der Instinkte der Arbeiter der Vermutung Raum gegeben hatte, daß sich einige *F.-rufa*-Männchen parthenogenetisch aus Arbeiterinneneiern entwickeln könnten. Nach WEYER weichen die Arbeiterinneneier in ihrem Bau und Stoffgehalt stark von denen der Königinnen ab. Bei Verletzen des Epithels des Eifollikels laufen die gespannten Eier aus. Schließlich sei die Ablage der großen Eier durch den engen Ovidukt physikalisch unmöglich.

GÖSSWALD berichtet, daß in weisellosen Kolonien der Großen Roten Waldameise eine Eiablage häufig, in solchen der Mittleren Roten Waldameise nur gelegentlich beobachtet werden konnte. In beiden Fällen gingen aus der Brut stets Männchen hervor. Die Arbeiterin der Kleinen Roten Waldameise (also der *minor*-Form) soll zur Eiablage nicht befähigt sein.

Abb. 26. Rechts von Arbeiterinnen, links von Königinnen gezeugte Eier und daraus entstandene Larven

Ich erwähne dies hier deshalb, weil es mir gelungen ist, die Eiablage bei *minor*-Arbeiterinnen einwandfrei zu beobachten. Im Juni 1955 nahm ich von der Nestoberfläche eines Freilandnestes etwa 200 Arbeiterinnen und gab sie in eine runde Schale mit Gipsboden, in der sie Puppen pflegen sollten, damit ich für meine Versuche laufend Jungtiere entnehmen konnte (s. S. 22). Diese Puppenpfleger blieben den Winter über in der Schale im Labor. Ab März 1956 befand sich in der Schale ein etwa erbsengroßes Eipaket. Die Eier entwickelten sich parthenogenetisch zu normalen Arbeiterinnen, nicht zu Männchen. — Das geschilderte Auftreten von Thelytokie wird zur Zeit in unserem Labor eingehender untersucht.

Da die Untersuchung von WEYER auch eine Beziehung zwischen Ovarienzustand und Tätigkeit der Arbeiterin wahrscheinlich macht, hielt ich eine genaue Untersuchung dieser Frage für angebracht. WEYER zeigte, daß im Außendienst Tiere mit degenerierten Eiern sehr stark überwiegen.

Auch BIER (1954) beschreibt einen Fall, bei dem der Einfluß der Eier auf das Verhalten der Arbeiterinnen ganz offensichtlich wird. Bei der Untersuchung von Arbeiterinnengruppen der Art *Leptothorax tuberum unifasciatus* LATR., denen der Autor erst kurz zuvor die Königin genommen hatte, stellte er auffällige Verhaltensänderungen bei den Tieren fest, die nun als Folge der Weisellosigkeit mit der Eiablage begannen.

Vor der Besprechung meiner Versuche ist eine Beschreibung der Ovariolenentwicklung notwendig. Ich kann mich dabei jedoch sehr kurz fassen und nur auf das für die Auswertung der Versuche Notwendige beschränken, da die Entwicklungsvorgänge am gleichen Objekt bereits sehr ausführlich bei WEYER dargestellt worden sind. Bei der Durchführung der Untersuchungen erwies es sich methodisch als zweckmäßig, die gesamte Entwicklung in Stadien zu unterteilen. Ich unterschied im ganzen 8 Stadien (Abb. 27). Die Beschreibung beschränkt sich auf Merkmale, die bei einer Betrachtung unter dem Binokular (4fache Objektivvergrößerung) festgestellt werden konnten.

Stadium		**Beschreibung**
J	=	(Ovarienausbildung bei Jungtieren) Eischläuche dünn und glattwandig, nach der Mündung zu ganz schwach, jedoch gleichmäßig breiter werdend, matt milchig-weiß, etwa 1,0 bis 1,4 mm lang. Die einzelnen Nähr- und Eikammern noch nicht oder höchstens in Basisnähe angedeutet voneinander abgesetzt.
E_1	=	(1. Phase des Eiwachstums) Eischläuche wie bei J; 1,3—1,8 mm lang. Die erste Ei- und Nährkammer jedoch schon deutlich erkennbar, sie dehnen den Eischlauch aber nur ganz geringfügig aus. Die nächsten 4 Kammern bereits angedeutet abgesetzt.
E_2	=	(Mittlere Phase des Eiwachstums) Eischläuche 1,7—2,3 mm lang. Die ersten 6 Kammern gut sichtbar. Unterschied zwischen Ei -und Nährkammer zu erkennen. Die ersten 4 Kammern buchten den Eischlauch deutlich aus. Größtes Ei etwa bis 500 μ groß. Eier milchig-weiß, kompakt, fein granuliert.
E_3	=	(Eiwachstum kurz vor der Vollendung) Eischläuche 2,0—2,5 mm lang. Das älteste Ei eines jeden Schlauches ist auffallend groß geworden (450—700 μ). Die Eier sind milchig-weiß, kompakt, feingranuliert.
V	=	(Vollendetes Eiwachstum) Auch das 2. Ei im Eischlauch auffallend groß geworden. Das 1. Ei ist 600—1000 μ lang. Die differenzierten Ei- und Nährfächer nehmen etwa $^2/_3$ des ganzen Eischlauches ein. Eier milchig-weiß, feinschaumig. Eischläuche 2,4—2,8 mm lang.
R_1	=	(Erstes Rückbildungsstadium) Eischläuche werden kürzer (bis 1,5 mm) Eier etwa 250 μ. Sie sind grobblasig, glasig und gelblich. Vor den ältesten Eiern können leuchtend gelbe Klümpchen als Restkörper der bereits aufgelösten Eier (Gelbkörper = G) vorhanden sein.
R_2	=	(Fortgeschrittenes Rückbildungsstadium) Die dünnen Eischläuche werden von den sehr kleinen Eiern nicht mehr nennenswert ausgebuchtet. Der mündungsnahe Teil des Eischlauches ist frei von Eiern, vereinzelt enthält er einige Gelbkörper. Die Eier sind gelblich, glasig und grobblasig.

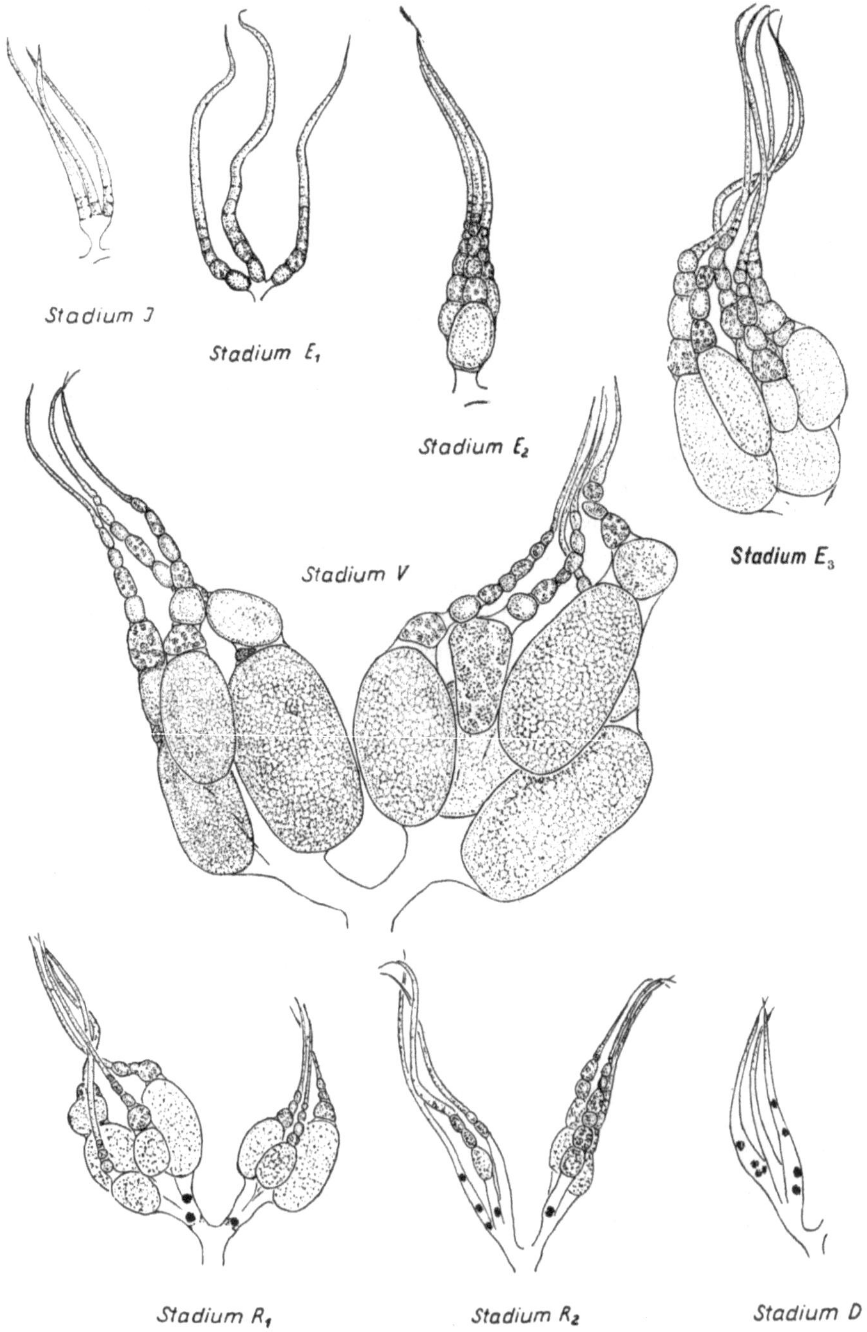

Abb. 27. Die Entwicklung des Arbeiterinnenovars

D = (Degenerierte Ovarien)
Rückbildung ist abgeschlossen. Eischläuche ohne Eier, höchstens mit einigen Gelbkörpern (G). Die Schläuche sind durchsichtig und zum Unterschied vom Stadium J nicht mit milchig-weißem Inhalt erfüllt. Weiterhin fehlt den Eischläuchen die schlanke, feste Fadenform des Stadiums J, da sie sich stärker verbreitern und noch Spuren der Ausdehnung zeigen.

Zunächst ist es erforderlich, über die Zeit, in der die geschilderte Entwicklung abläuft, Aussagen zu machen. Die Tabelle 24 gibt Auskunft über die Beziehung zwischen Ovariolenzustand und Alter von 10 mal 10 Arbeiterinnen aus dem Nest B. Dort waren diese gemeinsam mit Arbeiterinnen aller Altersstufen, mit Brut und Königinnen bei einer Temperatur von 21–25°C untergebracht. Aus der Tabelle ist ersichtlich, daß (mit dem Binokular) bereits am ersten Lebenstag erste Anzeichen des Größenwachstums der Eier zu erkennen sind und etwa am 3. Tag das Stadium E_1 erreicht ist. Bei Tieren von 11 bis 27 Tagen traf ich Ovarien des Stadiums V an. Die Rückbildung zog sich äußerst schleppend hin und war am 76. Lebenstag noch nicht abgeschlossen.
Zum Vergleich seien die entsprechenden Angaben von WEYER wiedergegeben. Danach ist in den ersten 10 Lebenstagen der Arbeiterin das Eiwachstum äußerlich zu erkennen, und die Ei- und Nährfächer beginnen sich deutlich voneinander abzuheben. Das Wachstum der Eier hat bei etwa 20 Tage alten Tieren seinen Höhepunkt erreicht. Nach 3 Wochen fehlen große Eier. Und „leere Eischläuche“ fand WEYER bei Ameisen von 4–6 Wochen. Der Autor hatte seine mit Schellack gezeichneten Tiere (sehr hohe Verluste an Farbmarken!) ebenfalls in Auslaufformikaren bei Brut untergebracht. Seine Versuchstemperatur betrug 20 bis 26°C, so daß seine Ergebnisse mit den meinigen vergleichbar sind. Im großen und ganzen liegt ja auch Übereinstimmung vor, nur daß im Versuch von WEYER die Rückbildungsprozesse eher beendet waren. Es ist aber noch zu zeigen, daß gerade die Resorptionszeit der Eier sehr starken individuellen Schwankungen unterliegt.
WEYER untersuchte die Ovarien von Ameisen, die er im Freiland außerhalb des Nestes sammelte (Außendiensttiere), und von solchen, die er der Mitte eines Freilandnestes entnahm. Letztere bezeichnete er als Innendiensttiere, obwohl sich unter diesen auch gerade im Nest aufhaltende Außendiensttiere befinden konnten (s. Seite 92). Seine Ergebnisse veröffentlichte er in Form einer kleinen Tabelle, die deutlich zeigt, daß die Tiere im Außendienst bis auf wenige Ausnahmen (6,7%) bereits völlig degenerierte Ovarien besaßen. Die Tabelle sei hier wiedergegeben:

	Tiere mit leeren Eischläuchen	Tiere mit deutlich erkennbaren Eiern
Außendienst	485	33
Innendienst	205	180

Tabelle 24

Der Entwicklungszustand der Ovariolen auf verschiedenen Altersstufen (Untersuchung von 10 × 10 Arbeiterinnen)

Alter Tage	Stadium							
	J	E_1	E_2	E_3	V	R_1	R_2	D
1	8	2	.	.	.	.	.	.
3	1	9	.	.	.	.	.	.
6	.	.	10	.	.	.	.	.
11	.	.	1	3	6	.	.	.
17	.	.	.	.	10	.	.	.
27	.	.	.		10	.	.	.
37	.	.	.		.	9	.	1
47	.	.	.		.	10	.	.
57	.	.	.		.	8	2	.
76	.	.	.		.	9	.	1

Tabelle 25

Die Ovarienausbildung bei 164 Außendiensttieren mit verschiedener Beschäftigung

Datum 1955	Tätigkeit	untersuchte Tiere	Stadium				
			E	V	R_1	R_2	D
13. 9. +10. 10.	Blattlausbesuch	49	.	.	.	.	49
14. 9.	Bauholztransport	36	.	.	1	.	35
29. 8. +2. 9.	Sandtransport	30	.	.	3	.	27
15. 9.	Transport leerer Puppenhüllen	10	.	.	.	.	10
19. 9. +18. 10.	Transport von Gefährtinnen	39	.	.	2	3	34
Gesamt:	Außendienst	164	.	.	6	3	155

Ich habe den Zusammenhang zwischen Außenarbeit und leeren Eischläuchen näher untersucht, indem ich Freilandtiere nach den Tätigkeiten, bei denen ich sie antraf, gruppierte. Die in Tabelle 25 wiedergegebenen Resultate besagen zweierlei. Sie zeigen erstens, daß von 164 Außendiensttieren bei 155 Individuen keine Eier mehr zu finden waren. Zweitens lassen sich daraus wiederum Rückschlüsse auf das Alter der untersuchten Tiere ziehen. Unter Berücksichtigung von Tabelle 24 ist nun auch von den Freilandtieren zu sagen, daß sie normalerweise nicht vor dem 40. Lebenstag zum Außendienst übergehen. Dieses Ergebnis wurde bereits im Kapitel IV A berücksichtigt.

Dem Volk im Nest A wurden am 16. 6. 1955 insgesamt 35 mit roter Marke versehene, 4 Tage alte Jungtiere zugegeben. Mit 53 Tagen erschienen am 3. 8. 1955 zwei davon erstmalig im Auslauf. Sie wurden entnommen. Die Ovarienprüfung zeigte das Stadium D. Bis zum 11. 8. verließen noch 16 weitere Rotmarkierte das Nest; 15 von ihnen hatten dabei leere Eischläuche, nur bei einer wurden noch 2 Eier festgestellt. Bei den Außendiensttieren trafen wir also fast nur auf Tiere mit reduzierten Ovariolen.

Ganz anders sind die Befunde bei der Untersuchung von Ameisen aus dem Innendienst. Da der von WEYER benutzten Methode zur Gewinnung des nötigen Untersuchungsmaterials durch Entnahme aus dem Inneren eines Freilandnestes immer die Unsicherheit einer Vermischung mit Außendiensttieren anhaftet, beschritt ich einen anderen Weg. Zur Klärung der Frage nach einem tagesperiodischen Arbeitsrhythmus im *minor*-Staat hielt ich in einem Einkammernest ein

Tabelle 26

Beziehung zwischen dem Entwicklungsstadium der Ovarien und dem Außendienst

a) Tatsächlich gefundene Werte:

	Außendienst	kein Außendienst	Gesamt
V bis R_1	8	26	34
R_2; D	16	1	17
Gesamt:	24	27	51

b) Werte, die bei Unabhängigkeit erwartet werden müßten:

	Außendienst	kein Außendienst	Gesamt
V bis R_1	16	18	34
R_2; D	8	9	17
Gesamt:	24	27	51

kleines Völkchen mit markierten Tieren, deren Tätigkeit 3 Tage lang, Tag und Nacht alle 2 Stunden zu Protokoll genommen wurde (s. Kap. V Bb 1). Nachdem ich mich auf diese Weise über Tätigkeit und Aufenthalt eines jeden Tieres informiert hatte, prüfte ich 33 von ihnen auf ihren Ovarienzustand. Der Zustand wurde mit dem Merkmal „Auslauftier“ oder „Nicht-Auslauftier“ in Beziehung gesetzt und summarisch in Tabelle 26 zusammengestellt. Zu dieser Tabelle kamen noch die Untersuchungsergebnisse von Tieren aus dem Nest A, deren Tätigkeit uns aus der ständigen Beobachtung bekannt war.

Mit Hilfe des korrigierten X^2-Testes von YATES (nach WEBER, 1956, S. 271) wurde geprüft, ob die gewonnene Verteilung signifikant oder zufällig ist. Die Prüfung ergab, daß die Abhängigkeit des Außendienstes von der Reduktion der Ovarien bzw. des Innendienstes von nicht reduzierten Ovarien selbst bei einer Irrtumswahrscheinlichkeit von nur 0,1% statistisch sehr gut gesichert ist.

Am 18. 10. 1955 konnte ich den Umzug eines Volkes in ein neues Nest beobachten. Bei dieser Gelegenheit sammelte ich Arbeiterinnen, die sich zusammengerollt von einer Gefährtin zum neuen Quartier tragen ließen. Diese Transportanden untersuchte ich auf ihren Ovarienzustand und fand bei allen gut entwickelte Eier! Die zugehörigen Transporteure hatten leere Eischläuche.

	E_3	V	R_1	R_2	D	Gesamt
Transportanden	6	9	1	.	.	16
Transporteure	.	.	.	.	20	20

Es wurden also nur jugendliche bzw. Innendiensttiere getragen.
Es ist nun die Frage zu prüfen, ob der Zusammenhang zwischen Eientwicklung und Arbeitsbereich nur ein scheinbarer ist. Die Annahme liegt ja nahe, daß sich beide Erscheinungen zwar mit dem Alter des Tieres ändern, aber voneinander unabhängig sind: Das Eiwachstum vollzieht sich in der Jugendzeit und ist abgeschlossen, wenn das Individuum aus ganz anderen Gründen die Innenarbeit aufgibt. Eine Reihe von Beobachtungen läßt aber erkennen, daß es sich nicht nur um eine bloße Parallelität der Erscheinung handelt, sondern daß tatsächlich ein unmittelbarer, kausaler Zusammenhang besteht.
In dem Zweikammernest B (Abb. 5) befand sich ein etwa 500 Arbeiterinnen starkes Völkchen mit 8 Königinnen und Brut in allen Stadien. Im Laufe des Sommers 1955 kamen Gruppen individuell durch Nummernschildchen gezeichneter, frisch geschlüpfter Arbeiterinnen neu hinzu, deren Beschäftigungsart ich im Karteikartensystem täglich protokollierte. Nach 3, 6, 11, 17, 27, 37, 47, 57 und 76 Tagen wurden je 10 Markierte entnommen und der Ausbildungsgrad der Ovarien festgestellt, ferner auch einige Drüsen des Kopfes und des Thorax mikroskopisch beurteilt. Außer den genannten Tieren untersuchten wir noch 10 frisch geschlüpfte und drei 21 Tage alte Arbeiterinnen sowie eine 40 Tage alte Arbeiterin in der gleichen Weise.
An dieser Stelle interessiert die Beziehung zwischen Alter, Betätigung und Ovarienausbildung.
Von den 104 untersuchten Individuen haben 101 das Nest nicht verlassen und beschäftigten sich mit Innenarbeiten. Bei ihnen allen war ausnahmslos der Entwicklungszyklus der Ovarien noch nicht abgeschlossen, ihre Ovariolen befanden sich in den Stadien J bis R_2. Die restlichen 3 Tiere dagegen zeigten das Stadium D; es waren echte Außendiensttiere: Nr. 9 hielt sich bis zum 28. Lebenstag im Nest auf, ohne eine Arbeit besonders vorzuziehen. Anschließend ging sie zum Außendienst über, bis sie am 37. Tag getötet und untersucht wurde. Nr. g stand 76 Tage lang unter Beobachtung. Im Nest zeigte sie eine nur schwache Vorliebe zur Puppenpflege und wechselte am 39. Tag zum Außendienst über. Die mit 40 Tagen abgetötete Nr. 6 hielt sich bereits seit ihrem 10. Lebenstag fast täglich im Auslauf auf.
Aus alledem geht hervor, daß die Abhängigkeit vom Alter sowohl der Entwicklungsstadien als auch des Wechsels zum Außendienst keinesfalls sehr streng ist,

sondern daß große individuelle Unterschiede bestehen. Darauf wurde ja auch schon im Kapitel IV B hingewiesen.

Ausgerechnet die Tiere, die das Nest verlassen, besitzen leere Ovarien, alle anderen dagegen weisen noch erkennbare Eier auf, auch die, die bereits 76 Tage alt sind. Daß dies keine Zufallserscheinung ist, beweisen die folgenden Beobachtungen.

Um für eine eingehende Analyse der Eisubstanz eine möglichst große Menge an Eiern zu erhalten, setzte ich dem Volk im Nest B vom 17. 9. 1955 an eine größere Anzahl frisch geschlüpfter und nach Geburtstag gruppenweise markierter Ameisen zu. Sie wurden nach einigen Wochen wieder entnommen und ihre Ovarien herauspräpariert. Auf diese Weise kamen 256 Tiere im Alter von 21 bis 56 Tagen zur Untersuchung. Bei der Entnahme achtete ich darauf, welche Arbeiterinnen sich im Auslauf aufhielten und welche ich der Nestkammer direkt entnahm und präparierte beide Gruppen getrennt voneinander. Dabei ergab sich, wie Tabelle 27 zeigt, daß keines der aus dem Auslauf gewonnenen Tiere noch gut entwickelte

Tabelle 27
Der Ausbildungsgrad der Ovarien von 256 Arbeiterinnen aus 5 Altersgruppen, getrennt nach dem Aufenthaltsort zur Zeit der Entnahme

Ovar	Altersgruppe (Tage)									
	21—28		28—35		35—42		42—49		49—56	
	Ne	Au	Ne	Au	Ne	Au	Ne	Au	Ne	Au
E_3	1	—	1	—	13	—	—	—	—	—
V	10	—	7	—	63	—	7	—	3	—
R	10	5	1	—	60	3	20	—	14	—
D	3	7	1	—	—	8	1	—	15	3

(Ne = aus der Nestkammer, Au = aus dem Auslauf entnommen)

Eier besaß; 18 wiesen das Stadium D, 8 das Stadium R auf (R_1 und R_2 ist hier nicht unterschieden worden). Bei den restlichen, der Kammer entnommenen Tieren traten alle Stadien ab E_3 auf, wobei wieder berücksichtigt werden muß, daß sich unter dieser Versuchsgruppe eventuell auch Auslauftiere befanden, die bei der Entnahme zufällig im Nest weilten. Es ist jedenfalls folgendes offensichtlich: 1. Von einer Gruppe gleichaltriger Tiere verlassen nur solche das Nest, deren Eiresorption beendet oder fast beendet ist. 2. Arbeiterinnen im Alter von 3 bis 4 Wochen können bereits zum Außendienst übergehen, wenn ihre Ovariolen das Stadium D oder wenigstens R erreicht haben. Dagegen verlassen Arbeiterinnen auch mit 7 bis 8 Wochen Alter das Nest nicht, wenn ihre Eier noch nicht resorbiert sind.

Aufschlußreich sind in diesem Zusammenhang gewisse Anomalien im Entwicklungsablauf der Ovarien. Ich stieß auf solche Anomalien erstmalig anläßlich des auf Seite 69–70 beschriebenen Versuches, der das Problem der Gruppenbildung klären sollte. Bei diesem Versuch setzte ich in mehrere Gipsschalen je 40 frisch geschlüpfte Tiere. Nach 22 Tagen, am 16. 8. 1955, wählte ich aus 4 Schalen

(Nr. 1, 2, 4, 5) insgesamt 11 Tiere willkürlich aus und untersuchte sie auf ihre Ovarien. In einem Falle (Tier der Gruppe 5) befand sich das Ovar im Stadium E_2, in allen anderen Fällen stellte ich völlig unterentwickelte Ovarien fest, auch bei den Ameisen aus Gruppe 1 und 2, denen reichlich Insektenfleisch und Zuckerwasser als Nahrung zur Verfügung stand. Wie wir bei der Durchführung dieses Gruppenversuches erkannten, findet ein besonders lebhafter Futteraustausch zwischen Alt- und Jungtieren statt (Tab. 14). Und so stieg die Vermutung auf, daß zur geregelten Entwicklung der Eier im Ovar eines Jungtieres die Anwesenheit von Alttieren notwendig ist. Folgendes Experiment bestätigte diese Vermutung:

In 4 mit Gipsboden und papiernen Schlupfwinkeln versehenen Glasschalen von 9,5 cm Durchmesser gab ich am 30. 8. 1955 je 50 frisch geschlüpfte Arbeiterinnen. Zu den Gruppen in Nest 1 und 2 kamen außerdem noch je 50 Alttiere aus dem Freiland. Die Gruppen 2 und 4 erhielten nur Zuckerwasser als Nahrung, die Gruppen 1 und 3 wurden dagegen außer mit Zuckerwasser noch reichlich mit frischem Insektenfleisch (Mehlwurmstückchen, Fliegen) versehen. Nach 6, 13, 18, 24, 34, 44, 56 und 70 Tagen entnahm ich pro Schale 5 Ameisen zur Ovarienuntersuchung. Aus Schale 1 und 2 gelangten natürlich nur die als Jungtiere zugesetzten Ameisen zur Kontrolle; sie waren durch einen Farbfleck auf dem Thoraxrücken von den Freilandtieren zu unterscheiden. Nur in Gruppe 1 war der Eiwachstums- und Resorptionsprozeß zu verfolgen. Fehlten ältere Arbeiterinnen (Gruppe 3) oder Insektenfleisch (Gruppe 2) oder gar beides (Gruppe 4), so stockte das Eiwachstum bereits in den Anfangsstufen. Viele Ovarien ließen äußerlich nie eine Differenzierung zwischen Ei- und Nährkammern erkennen. Nach dem 34. Lebenstag machten sich Degenerationserscheinungen bemerkbar, indem der milchigweiße Inhalt der Ovariolen verschwand und diese glasig, leer wurden und schließlich nur noch kaum auffindbare, äußerst dünne Stränge bildeten. Gelbkörper traten dabei nie auf.

Zum normalen Ablauf der Entwicklungsvorgänge in den Eiröhren sind demnach die beiden Faktoren Fleischnahrung und Anwesenheit älterer Gefährtinnen unbedingt notwendig. Worauf die Wirkung der Gegenwart der alten Tiere beruht, ist augenblicklich nur zu vermuten. Entweder erhalten die Jungtiere von ihnen beim Futteraustausch irgendwelche Drüsensekrete, oder die Jungtiere sind nicht in der Lage, selbständig Insektenfleisch zu verwerten. Dies übernehmen die älteren Ameisen, indem sie die Jungtiere füttern. Bei der Besprechung des Säftestromes im Ameisenstaat soll nochmals auf diese Erscheinung hingewiesen werden (s. S. 151).

Im Zusammenhang mit der hier aufgeworfenen Frage nach der Beziehung zwischen Ovar und Arbeitsbereich ist interessant, daß solche Tiere mit unentwickelten Ovarien sich vorwiegend der Außenarbeit widmen.

So hielt ich eine Gruppe von 20 Jungtieren isoliert, gab ihnen Zuckerwasser und Insektennahrung und außerdem als Baustoff reichlich Zellstoff, den sie zernagten und zum Bau von Nischen und Gängen benutzten. Am 3. 8. 1955, nach 37 Tagen,

ergab die Untersuchung von 10 Insassen dieses Nestes, daß 7 Tiere völlig leere und 3 Tiere sehr kleine Eier enthaltende Eischläuche besaßen. Die restlichen 10 Tiere wurden mit Schildchen markiert und als Nr. a, b, c, d, e, f, g, h, k, m dem Volk im Nest A zugesetzt. Von diesen konnten 8 längere Zeit beobachtet werden; 7 widmeten sich sofort dem Außendienst und nur eines (Nr. b) blieb im Innendienst! Hier ist eine Übersicht über die Tätigkeiten einiger Tiere:
Ameise Nr. b: Sie verließ das Nest nie und hielt sich bis zur Einwinterung am 10. 10. 1955 meist in den belebtesten Nestkammern auf. Am 42.Tag fiel sie erstmalig durch ihren prall gedehnten Gaster auf, den sie bis zum Frühjahr 1956 behielt. An irgendwelchen Arbeiten im Nest beteiligte sie sich nicht, sie fütterte aber Nestgenossen und wurde gefüttert. Auch nach der Überwinterung verließ sie das Nest nicht; ihr Gaster war noch prall. Doch jetzt sah man sie häufig an toter Insektenbeute sitzen und dreimal sogar (am 218., 237. und 238. Lebenstag) Eier lecken. Am 245. Lebenstag wurde sie dem Nest entnommen und getötet. Alle linken Ovariolen befanden sich im Stadium D, ebenso die rechten, bis auf eine. Diese eine rechte Ovariole stand im Stadium V!
Ameise Nr. c: In bezug auf den Aufenthalt im Auslauf gleicht Nr. c den übrigen 6 Tieren (Nr. d, e, f, g, h, m), nur in der bevorzugten Verrichtung gibt es Unterschiede. Ich kann hier die ausführliche Besprechung von c für alle 7 Auslauftiere darstellen (Au = im Auslauf; Arb = Arbeiterin; Be = Beute; Pup = Puppe; tr = transportiert; fü = füttert):

Lebenstag	Tätigkeit und Aufenthalt	Lebenstag	Tätigkeit und Aufenthalt
37.	Au, zugesetzt	65.	Au, an tot Be
38.	Au, tr Arb vom Au ins Nest	66.	Au
39.	Au	68.	Au, kämpft mit Be
40.	Au, tr. tot Be, fü Arb	70.	Au
42.	Au	71.	Au
43.	Au	73.	Au
44.	Au	75.	Au, an tot Be
45.	Au, tr tot Be ins Nest	77.	Au
46.	Au, tr tot Be	78.	Au, an Zuckerwasser
47.	Au, an tot Be, tr Pup ins Nest	80.	Au
49.	Au, tr tot Be	81.	Au
50.	Au	84.	Au
51.	Au, tr tot Arb, tr Pup ins Nest	85.	Au
52.	Au	86.	Au
54.	Au	87.	Au
56.	Au	89.	Au
58.	Au, kämpft mit Be	91.	Au
59.	Au	92.	Au, beleckt Arb
60.	Au	93.	Au, an Zuckerwasser
61.	Au	94.	Au, tr Arb
63.	Au, kämpft mit Be, Nest fü Arb	95.	Nest träge
64.	Nestausgang	96.	Au, an Zuckerwasser

später nicht mehr auffindbar

Von diesen Auslauftieren ist im Frühjahr 1956 nur noch Nr. f vorhanden gewesen. Sie wurde am 27. 2. 1956 untersucht; ihre Ovarien waren völlig degeneriert und besaßen keine Gelbkörper.

Ein weiterer Versuch ergab ebenfalls, daß aus einer Gruppe isoliert aufgezogener, dann einem Versuchsvolk zugesetzte Ameisen vor allem wieder die in den Auslauf gehen, die völlig leere Ovariolen besitzen. Dagegen suchen sich solche Tiere, die eine schwache Eibildung aufweisen, in der Kammer Beschäftigung. Aus einer Gruppe von 40 Ameisen, die von ihrem Schlupftag ab 43 Tage lang isoliert gehalten worden war, wurden 19 Tiere individuell gezeichnet und am 8. 8. 1955 dem Volk in Nest B zugesetzt und deren Tätigkeit und Aufenthaltsort 3 Tage lang protokolliert. Dann wurden sie getötet und der Ovarienzustand getestet. Hier ist das Ergebnis:

	Ovarien mit wenigen kleinen Eiern	Ovarien völlig leer
Tiere vorwiegend im Auslauf	—	5
Tiere stets im Nest	11	3

Alle die angeführten Versuche weisen auf eine enge Beziehung zwischen Veränderung in den Ovariolen und dem Wechsel von Innendienst zum Außendienst hin. Eine Beschleunigung oder Verlangsamung oder gar eine Abwandlung der Eientwicklung wirkt sich auf den Zeitpunkt des Überganges zum Außendienst aus. Eine differenzierte Beeinflussung der Tätigkeit durch die Ovarien, etwa in dem Sinne, daß durch sie z. B. die Neigung zur Brutpflege beeinflußt wäre, ließ sich nicht erkennen.

Bisher wurde das äußere Ergebnis der besprochenen Beziehungen betrachtet. Die Frage nach dem „Wie" des ursächlichen Zusammenhanges steht noch aus. Ohne genaue chemisch-physiologische Untersuchung wird eine endgültige Antwort darauf auch kaum möglich sein. Bis jetzt läßt sich nur folgendes sagen: Innendienst und Außendienst sind die Bezeichnung für ein bestimmtes Verhalten des Individuums. Die Art seines Verhaltens bedingt unmittelbar eine Betätigung im Nest oder eine Betätigung außerhalb des Nestes. Die Feststellung, daß der Arbeitsbereich von dem Zustand der Ovarien abhängt, bedeutet nichts anderes, als daß dieser einen Einfluß auf das Verhalten der Ameisen ausübt. Dieser Weg der Erklärung mag das ganze Problem zwar komplizierter gestalten, er entspricht aber den tatsächlichen Gegebenheiten und ist deshalb unbedingt notwendig.

Es gibt mehrere Denkmöglichkeiten, den Zusammenhang zwischen Ovar und Verhalten zu erklären. Vor allem sind zwei näher in Betracht zu ziehen: Entweder wirkt das Ovar lediglich — ähnlich dem Fettkörper — wie ein Reservestoffbehälter. Es erschöpft sich bei dem größeren Energiebedarf der Außendiensttiere. Oder aber es werden aus der Keimdrüse innersekretorisch wirksame Stoffe frei, die u. a. auch den neurophysiologischen Zustand des Tieres beeinflussen und so die spezifische Tätigkeitsbereitschaft des Tieres bedingen.

Für die erste Möglichkeit tritt bereits WEYER ein. Er schreibt (1928): „Man kann sich vorstellen, daß das Ovar der Ameisenarbeiterinnen (wie auch der übrigen Hymenopteren-Arbeiterinnen) ein Speicherorgan im Sinne des Fettkörpers geworden ist.“ Dieses Ovar ist also kein rudimentäres Organ schlechthin, es ist nur keine Keimdrüse mehr. Der Autor führt folgende Stützen seiner Annahme an: 1. „Tiere mit starkem Fettkörper zeigen in allen Fällen auch eine starke Entwicklung der Ovarien. Ameisen mit leeren Eischläuchen weisen nur noch geringe Spuren von Fett auf. Ein Fettkörper ist nur bei jungen Tieren und bei guter Ernährung zu finden. In diesen Fällen sind auch die Ovarien gut entwickelt.“ 2. Die weniger beschäftigten Tiere im Formikar besitzen besseren Fettkörper und bessere Ovarien. Je weniger Gelegenheit zur Beschäftigung gegeben ist, um so länger bleiben die großen Eier in den Ovarien. — WEYER sagt nur, daß die Ovarien als Speicherorgan die verschiedene Beanspruchung der Tiere und ihre Arbeitsleistung im histologischen Bild wiedergeben müssen. Er sagt nicht, was dabei das Primäre und das Sekundäre ist, ob also die Eisubstanzen resorbiert werden, weil das Tier bei der Außenarbeit großen Kraftstoffverbrauch hat, oder ob durch den Abbau der Eistoffe dem Tier vitale Impulse gegeben werden, die als gesteigerter Tätigkeitsdrang das Tier zur Außenarbeit treiben. Nur der zweite Fall würde in den Rahmen dieser Betrachtung fallen.

Der an sich recht einleuchtenden Konzeption WEYERs sind jedoch zweierlei Bedenken entgegenzusetzen. Zum ersten fällt die Zeit der Beschäftigung außerhalb des Nestes nicht nur in die Zeit der Eiresorption (Stadien R_1 und R_2), sondern erstreckt sich über den ganzen restlichen Lebensabschnitt, in dem keinerlei Eisubstanz mehr vorhanden ist. Ja, der Übergang zur Außenarbeit geschieht manchmal erst, nachdem die Eier bereits abgebaut sind, wie ich mich mehrfach überzeugen konnte. Zweitens ließen meine Experimente erkennen, daß auch die Tiere, deren Ovarien nie die Möglichkeit zur Entwicklung hatten und bereits in den frühesten Eiwachstumsstadien degenerierten, besondere Vorliebe für den Außendienst zeigten.

Diese Tatsachen beweisen, daß an der Beziehung Ovarienzustand—Tätigkeitsbereich weniger der Resorptionsprozeß der Eier das Wesentliche für die Aufnahme des Außendienstes darstellt, sondern daß vielmehr das Wachsen und Vorhandensein der Eier das Bestimmende ist, indem es das Verhalten so beeinflußt, daß das Tier das Nest nicht verläßt und sich nur Innenarbeiten widmet. In den Fällen, in denen die Ovarienentwicklung aus experimentellen Gründen nie stattfand, fehlte mit der Abwesenheit von Eiern gleichzeitig auch diese Bindung an den Innendienst.

Der Versuch, die Zusammenhänge auf eine einfache Reserve-Kraftstoff-Beziehung zurückzuführen, kann also nicht befriedigen. Es kommt noch hinzu, daß die von WEYER beschriebene Parallelität zwischen Ovarien- und Fettkörperausbildung durchaus nicht so streng ist.

Es ist allerdings noch nicht möglich zu sagen, auf welchem Wege die Eier auf das Verhalten wirken, aber es liegt natürlich nahe, an ein Hormon zu denken, das von den Keimdrüsen produziert wird. Aus der Literatur ist mir jedoch kein

Fall bekannt, bei dem sich eine direkte Hormonproduktion durch die Insektengonaden beweisen ließ. KOLLER (1938) berichtet, daß die äußeren Geschlechtsmerkmale der Insekten nicht von den Gonaden abhängig sind und daß der Geschlechtstrieb nicht durch Kastration beeinflußt werden kann. Dennoch wollte ich nicht auf den Versuch verzichten, die Eier direkt auf Hormongehalt prüfen zu lassen. Ich präparierte deshalb 364 Ovarien für diese Prüfung. Herrn Prof. HOHLWEG, Direktor des Institutes für Experimentelle Endokrinologie in der Charité, Berlin, bin ich für seine Bereitschaft, die Untersuchung zu übernehmen, sehr dankbar. Leider wurden die Teste aus technischen Gründen noch nicht durchgeführt, so daß das Ergebnis noch nicht mitgeteilt werden kann.

Wenn sich ein direkter Mechanismus, mittels dessen die Gonaden auf das Verhalten wirken, nicht auffinden läßt, so ist die Möglichkeit zu erwägen, daß Ovar und Verhalten von einer übergeordneten Zentrale gesteuert werden. Daß dieser übergeordnete Faktor nicht in einem allgemeinen physiologischen, vom Alter bestimmten Zustand zu suchen ist, wurde bereits in diesem Kapitel gezeigt. Wir müssen vielmehr an die regulierende Wirkung einer inkretorischen Drüse denken.

BUDDENBROCK (1950) schreibt in dem den Hormonen gewidmeten Band seiner Vergleichenden Physiologie: „Während die Frage nach Sexualhormonen der Insekten noch ungeklärt erscheint, kann es nach den bisherigen Erfahrungen als sicher gelten, daß auch bei den Insekten, genau wie bei den Wirbeltieren, das Wachstum und die Entwicklung der Gonaden durch besondere Hormone geregelt wird, die wir als gonadotrope Hormone bezeichnen dürfen.“

1935 konnte IWANOFF-MESTSCHERSKAJA durch Versuche an Blattiden zeigen, daß unreife Ovarien nach der Transplantation in die Hämolymphe eines reifen Weibchens sehr schnell reifen. Durch Extraktinjektionen stellte er fest, daß das Hormon im Fettkörper der Imago entsteht. ALTMANN (1950, 1952) wies nach, daß die Corpora allata der Arbeiterinnen von *Apis mellifica* L. zur Zeit der Aufzucht von Königinnen und bei Völkern ohne Königin gonadotrope Wirkstoffe produzierten, die im Versuch sterile Ovarien der Arbeiterinnen zur Eibildung anregten. Dieses Hormon fand sich weiterhin auch stets in den C. allata der Königin und in deren Gonaden. Der Einfluß der C. allata auf die Ovarien in der Klasse der Insekten ist auch noch von anderen Autoren an anderen Insekten festgestellt (z. B. WIGGLESWORTH 1936), von wieder anderen dagegen auch angezweifelt worden (z. B. MÜSSBICHLER 1952).

Im nächsten Abschnitt seien deshalb die C. allata der *minor*-Arbeiterinnen und ihre Beziehung zum Verhalten und zur Ovarienausbildung näher betrachtet.

Zuvor soll jedoch noch die Beobachtung Erwähnung finden, daß die Ovariolen ehemaliger Außenarbeiter, die sich in einer experimentell geschaffenen Zwangslage auf Innendienst umstellen (s. Kap. IV D), nie eine erneute Eibildung und -entwicklung erkennen ließen!

4. Die Corpora allata

Die Corpora allata der *minor*-Arbeiterin liegen gemäß dem Typ des hemizentralisierten retrozerebralen neurosekretorischen Systems (WEBER 1952) beiderseits des Ösophagus, unmittelbar hinter dessen Austrittsöffnung aus dem Gehirn. Entsprechend ihrem histologischen Aufbau sind sie dem massigen Typus (PFLUGFELDER 1952) zuzuordnen.

Auch bei der Imago treten noch auffällige Veränderungen im Volumen der C. allata auf. Bei Arbeiterinnen von *Apis mellifica* L. nimmt die Drüsenzellmasse z. B. innerhalb der ersten Imagotage um das 7fache zu (PFLUGFELDER 1952). Diese Volumenveränderungen kann man am besten mit Hilfe von Rekonstruktionsmodellen ermitteln, wie es der ebengenannte Autor zeigte. Ich konnte mich im

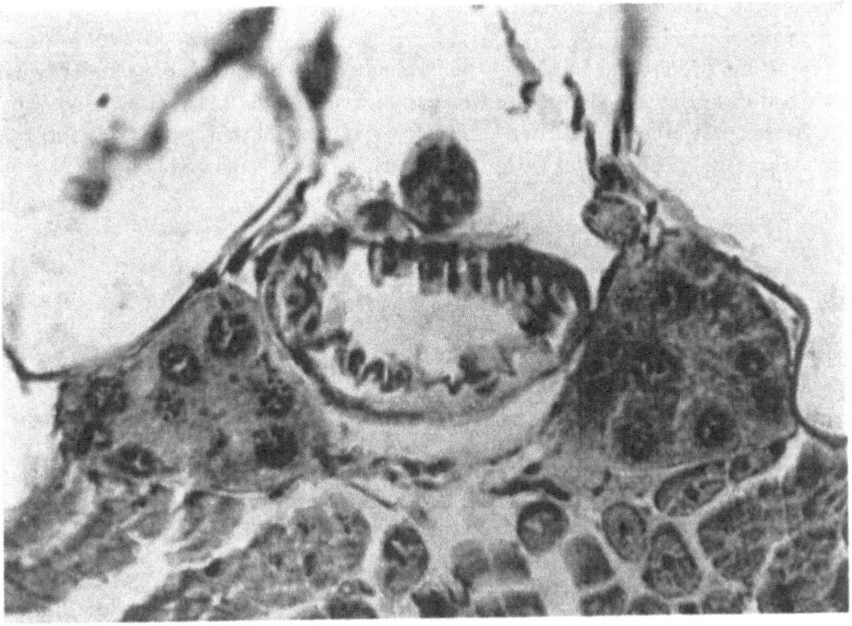

Abb. 28. Rechts und links neben dem Ösophagus liegen die Corpora allata (Schnittbild durch den Kopf einer 230 Tage alten *minor*-Arbeiterin)

Objektivvergrößerung: 40fach
Gesamtvergrößerung: 700fach

Rahmen dieser Arbeit den C. allata nicht so intensiv widmen, als daß ich die gleiche, sehr zeitraubende Methode hätte anwenden können und mußte mich damit begnügen, lediglich die Fläche des größten Querschnittes einer Drüse zu ermitteln, was mit Hilfe einer Mikroprojektion und des REISSschen Polarplanimeters geschah.

Eine Zusammenstellung unserer Kenntnisse über die Funktion der C. allata während der Metamorphose und im Imaginalleben gibt PFLUGFELDER (1952). Im allgemeinen kann gesagt werden, daß die C. allata die Häutung beeinflussen, und zwar im Sinne einer Larvenhäutung, daß sie für die normale Gewebsbildung notwendig und für die Regeneration von Bedeutung sind.

An dieser Stelle taucht die Frage nach dem Einfluß der C. allata auf das Verhalten und auf die Ovarienentwicklung auf. Zwei Zitate aus PFLUGFELDER (1952) erläutern ihn näher:

„Bei manchen Insekten (*Rhodnius, Melanoplus, Leucophaea, Calliphora, Lucilia, Drosophila, Anopheles*) sind die C. allata notwendig für das Wachstum und die Dotterbildung der Eier, nicht dagegen für die Spermabildung. Bei anderen Insekten (*Carausius*) erfolgt die Dotterbildung und damit die Ausbildung normaler Eier auch ohne das C.-allatum-Hormon. Eine gonadotrope Wirkung spezifischer Art ist daher nicht anzunehmen, sondern eine Beeinflussung des Stoffwechsels, insbesondere des Fettstoffwechsels (PFEIFFER 1945) durch den C.-allatum-Wirkstoff."

„Interessant ist, daß bei den Mischtypen auch die Verhaltensweise geändert wird: Während das Larvengespinst von *Galleria mellonella* eine schwachwandige, vorn und hinten mit einer rundlichen Öffnung versehene Röhre ist, stellt das Puppenhäutungsgespinst einen starkwandigen, vorn aufgebissenen Kokon dar. Mischformen von Larven und Puppen verfertigen Gespinste, welche typische Mischkokons darstellen, d. h. Merkmale des Larvengespinstes wie auch des Puppenhäutungsgespinstes aufweisen (PIEPHO 1950).

Ähnliche Abänderungen des Verhaltens infolge hormonaler Beeinflussung stellte ich bei Bienen fest. Bekanntlich besteht im Bienenstaat eine ausgesprochene Arbeitsteilung (v. FRISCH und RÖSCH). Die Arbeiterinnen ändern ihre Tätigkeit mit zunehmendem Alter in gesetzmäßiger Weise. Wir haben ... festgestellt, daß diesem Wechsel der Beschäftigung eine auffallende Änderung des Volumens der C. allata parallel geht. Durch Implantation mehrerer C. allata von Sammlerinnen in frisch geschlüpfte Jungbienen, läßt sich die Berufsbahn ganz erheblich abkürzen. Bereits am 6. bis 9. Tage führten die so behandelten Versuchstiere eine rege Sammeltätigkeit aus."

Tabelle 28

Beziehung zwischen Alter und Größe der Corpora allata

Alter	Drüsendurchschnitt (μ^2)
1 Tag	760
3 Tage	1028
17 „	1308
27 „	1524
37 „	1396
76 „	1337

An Ameisen einiger Altersgruppen des Versuches B wurden die Flächen der größten Drüsenquerschnitte ermittelt. Den Durchschnitt der Altersgruppen gibt Tabelle 28 wieder.

In den ersten Imagotagen ist ein schneller Anstieg festzustellen, der mit 27 Tagen seinen Höhepunkt erreicht.

Tabelle 29

Ovarienzustand und größter Querschnitt der Corpora allata von 14 Außenarbeitern und 20 Brutpflegern

Auslauftiere:

Nr.	Ovar		größter Drüsenquerschnitt μ^2
C/W	V-R_1		2340
C/D	R_1		2150
C/hv	R_1	+G	1900
C/t	R_2	+G	2180
A/d	R_2	+G	1570
C/d	R_2-D		1660
C/2	D		1920
C/ro	D		1430
C/z	D		1890
A/f	D		1590
A/fr	D		1440
A/G	D		1700
C/B	D	+G	2090
C/b	D	+G	2780
Durchschnitt:			1903
Streuung:			± 380

Ei- und Larvenpfleger:

Nr.	Ovar		größter Drüsenquerschnitt μ^2
C/(6)	V		1120
C/dp	V		710
A/ha	V		1710
A/i	V		1590
C/4	V-R_1		1640
C/(2)	V-R_1	+G	2160
C/m	V-R_1	+G	1870
C/(9)	V-R_1	+G	1870
A/w	V-R_1	+G	1510
A/S	V-R_1	+G	1150
A/C	V-R_1	+G	1270
A/2	V-R_1	+G	1520
C/8	R_1		1680
C/P	R_1		2230
C/F	R_1	+G	2180
C/L	R_1	+G	1810
C/(7)	R_1	+G	1750
C/A	R_1	+G	1790
C/1	R_1	+G	890
A/kk	R_1	+G	1480
Durchschnitt:			1597
Streuung:			± 403

Tabelle 30
Beziehungen zwischen Tätigkeit, Ovarzustand und Größe der Corpora allata

Nr.	Alter	Tätigkeit Charakter	Ovar	C.-allata-Querschnitt
A/C	287	st. spez. EL	V-R_1 +G	1270
A/S	253	spez. EL	V-R_1 +G	1150
A/2	287	spez. EL	V-R_1 +G	1520
A/i	171	spez. EL	V	1590
A/W	287	bevz. EL	V-R_1 +G	1510
A/ha	205	bevz. EL	V	1710
A/vp	205	bevz. EL	V	2410
Durchschnitt:				1594
Streuung:				± 409
A/8	342	bevz. Be	R_1 +G	2040
A/kk	287	schw. bevz. EL	R_1 +G	1480
A/z	283	oT (AK, EL)	R_2 +G	2510
A/b	239	oT, unstet (EL)	V	1400
A/ü	287	oT, unstet	R_1 +G	1930
A/dp	285	oT, unstet	R_1 +G	1550
Durchschnitt:				1818
Streuung:				± 427
A/d	?	unstet, Au	R_2 +G	1570
A/f	245	Au	D	1590
A/T	205	Au	D +G	2030
A/fr	287	Au	D	1440
A/G	338	Au	D	1700
Durchschnitt:				1666
Streuung:				± 223

Tabelle 29 enthält eine Zusammenstellung der Meßwerte an den C. allata zusammen mit dem Ovarienzustand von 14 Auslauftieren und 20 Brutpflegern. Alle Tiere sind über 200 Tage alt und stammen zum Teil aus dem Nest A, zum Teil aus dem im Kapitel V Bb 1 angeführten Versuch zum Studium des Tagesrhythmus in der Arbeit.

Der Mittelwert der Auslauftiere beträgt 1903 μ^2 mit einer Streuung von $\pm 380\,\mu^2$, der der Brutpfleger ist 1597 μ^2 $\pm 403\,\mu^2$ Streuung. Das Mittel der ersten Gruppe ist um 306 μ^2 größer. Wegen der im Verhältnis zur erreichbaren, geringen Meßgenauigkeit kleinen Anzahl von Prüftieren darf die Sicherheitsgrenze bei der Signifikanzprüfung nicht zu weit festgelegt werden, d. h., sie ist etwa bei 2–5% festzusetzen. Die Prüfung mit Hilfe des t-Testes (Kleine Stichproben; WEBER 1956, S. 186) ergab für P = 2% keine Signifikanz der Differenz. Erst für P = 5% ist sie gesichert. Das bedeutet, daß eine Abhängigkeit von Außenarbeit und Drüsengröße höchstens vermutet werden kann und daß zur endgültigen Klärung noch weitere Experimente und Messungen notwendig sind. Auch zwischen Ausbildungs-

stadium des Ovars und der C. allata sind in Tabelle 29 keine Zusammenhänge erkennbar.
Irgendwelche Beziehungen zwischen der Größe der C. allata einerseits und dem Tätigkeitsbereich bzw. dem Gonadenzustand anderseits werden noch unwahrscheinlicher durch die in Tabelle 30 gegebene Zusammenstellung der entsprechenden Werte für 18 Tiere des Nestes A. Sämtliche Differenzen zwischen den Mittelwerten der 3 Betätigungsgruppen liegen, wie die Signifikanzprüfung ergab, im Bereich des Zufälligen!
Zusammenfassend läßt sich lediglich sagen, daß hinsichtlich der Größe der C. allata beachtliche individuelle Unterschiede bestehen, daß aber keine Beziehung zwischen Drüsengröße und Tätigkeit oder Ovarienzustand festgestellt werden konnte.

5. Die Postpharynxdrüse

Den Arbeiten von RÖSCH (1925, 1927) ist die Kenntnis von den engen Beziehungen zwischen der Tätigkeit der Arbeiterin und der Ausbildung exkretorischer Drüsen bei *Apis mellifica* L. zu verdanken. Es liegt nahe, nach ähnlichen Beziehungen bei *Formica rufa* L. zu suchen.

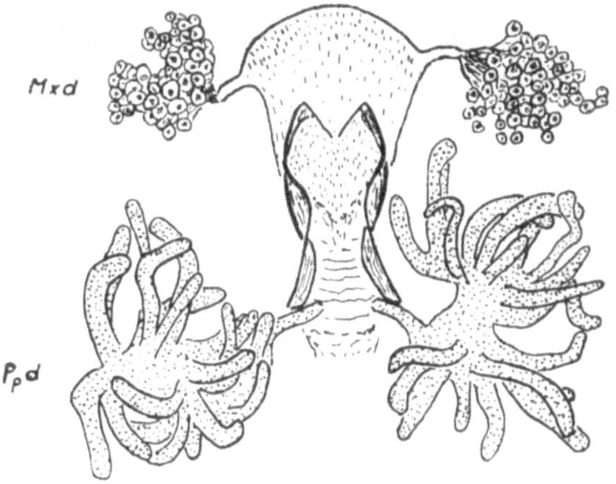

Abb. 29. Das Schlundplättchen einer *minor*-Arbeiterin mit den Maxillardrüsen [Mxd] und der Postpharynxdrüse [Ppd] (Zeichnung nach einem mit Paracarmin gefärbten Totalpräparat)

Die Postpharynxdrüse ist eine paarige, unmittelbar hinter dem Pharynx gelegene Ausstülpung der Vorderdarmwand in Form zweier Säckchen, die durch einen dünnen Kanal mit dem Vorderdarm in Verbindung stehen und sich fingerartig in Hohlschläuche verzweigen (Abb. 29). Diese Schläuche breiten sich vor und über dem Gehirn aus.
Die zur Rede stehende Drüse wurde von LUBBOCK bei *Lasius flavus* FABR. beschrieben und Kopfspeicheldrüse (cephalic salivary gland) genannt. Für *F. rufa* L. bespricht diese Drüse zuerst MEINERT (1861), der ihr den Namen Scheiteldrüse gab (glandulae verticis). JANET, der alle Drüsen nach dem Ort

ihrer Mündung bzw. ihres Ursprunges bezeichnete, nannte sie zunächst Pharynxdrüse, und ab 1898 Postpharynxdrüse, da sie nicht in den Pharynx, sondern unmittelbar dahinter in das Darmrohr mündet.

Die Wände des Säckchens sowie der fingerförmigen Schläuche werden von einem einschichtigen, polyedrischen Drüsenepithel gebildet; das Sekret entleert sich

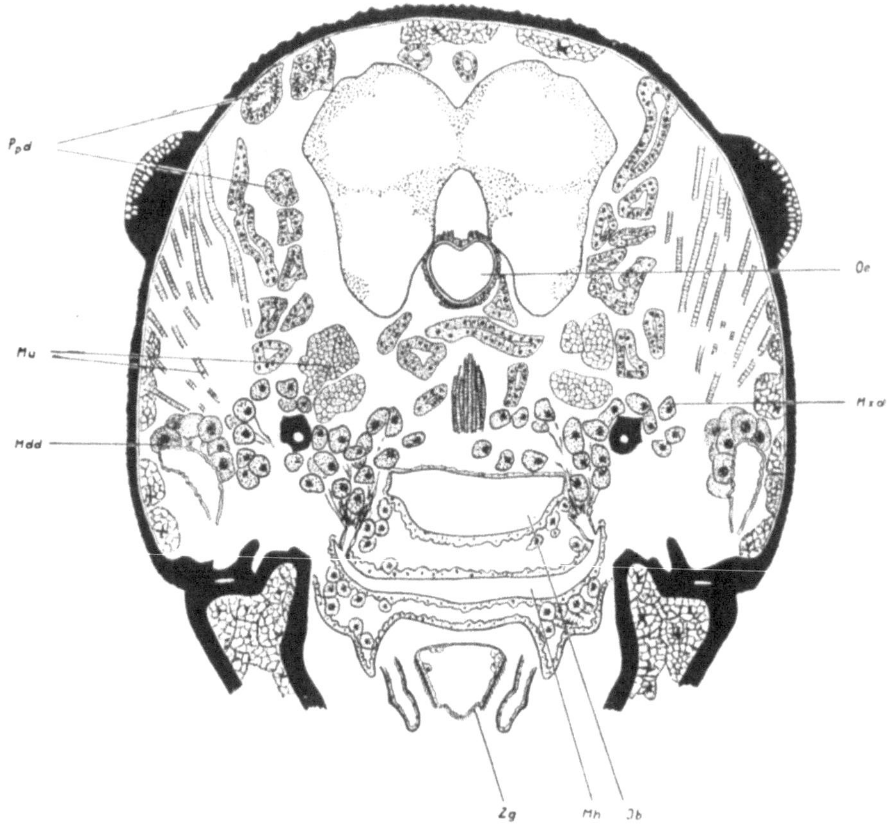

Abb. 30. Frontalschnitt durch den Kopf einer *minor*-Arbeiterin (Zeichenkombination aus 4 hintereinander folgenden 10 μ Schnitten)

Ib = Infrabuccaltasche; Mdd = Mandibulardrüse; Mh = Mundhöhle; Mu = Muskulatur; Mxd = Maxillardrüse; Oe = Oesophagus; Ppd = Postpharynxdrüse; Zg = Zunge

in das Innenlumen. Im Schnittbild erscheinen die Schläuche als Epithelringe von länglicher bis runder Gestalt (Abb. 30).

Die Postpharynxdrüse hat einen ganz anderen Aufbau und eine andere Mündungsstelle als die Pharynxdrüse der Apiden, und es ist zu bezweifeln, daß es sich überhaupt um homologe Organe handelt, obwohl beide jeweils entsprechend ihrer Ausdehnung die herrschenden Kopfdrüsensysteme sind.

Von vornherein läßt sich also auch nicht mit einer gleichen funktionellen Bedeutung beider Drüsensysteme rechnen. Wegen ihrer Mündung in den Vorderdarm werden die Postpharynxdrüsen von allen Autoren als echte Speicheldrüsen betrachtet. Spezielle Untersuchungen über ihre Funktion liegen jedoch nicht vor. Da die Nahrung den Vorderdarm der Ameise nicht nur in einer Richtung passiert, indem der mit Speichel vermengte Kropfinhalt bei Fütterungen wieder ausgestoßen werden kann, könnte die Drüse unter Umständen nicht nur für die Eigenernährung des Individuums von Bedeutung sein, sondern auch für den gesamten Säftestrom im Volke, z. B. für die Aufarbeitung von Nahrungsstoffen, für die Ernährung von Königinnen und Larven.

Das Drüsenepithel ist bei jungen Tieren zunächst flach und erreicht im Laufe der ersten 20 Lebenstage mehr als die doppelte Höhe. Die Durchschnittswerte der Epithelstärke für die verschiedenen Altersgruppen des Versuches B sind in

Tabelle 31

Veränderungen der Postpharynxdrüse während der ersten 76 Imagotage; Angaben in μ. Durchschnittswerte von je 10 Tieren

Alter Tage	Postpharynxdrüse		
	Epithelhöhe	Kernlänge	Kernbreite
1	6,4	7,5	5,2
3	10,7	7,9	5,6
6	11,8	7,9	5,9
11	14,0	7,6	6,4
17	15,1	7,8	6,7
21	15,0	7,2	6,6
27	15,8	7,2	6,3
37	15,5	7,0	6,2
47	15,1	6,9	6,1
57	14,4	6,7	6,1
76	14,6	6,9	6,1

Tabelle 31 zusammengestellt, zugleich ist der durchschnittliche größte und kleinste Kerndurchmesser wiedergegeben. Das Drüsenepithel schwillt deutlich an. Mit 27 bis 37 Tagen hat es seinen Höhepunkt erreicht und geht dann wieder etwas zurück (Abb. 31). Der Kern ist bei jungen Tieren langgestreckt, er wird im Laufe der Zeit etwas kürzer, dafür aber dicker, so daß er sich mehr der Kugelform nähert. Tabelle 32 gibt Auskunft über die Epithelhöhe von 20 typischen Ei- und Larvenpflegern und 14 typischen Auslauftieren; alle Tiere sind über 200 Tage alt. Sie stammen zum Teil aus einem Versuch zum Studium der tagesrhythmischen Arbeitsschwankungen (s. Kap. V Bb 1), zum Teil auch aus Nest A (vgl. Tab. 29). Für die Brutpfleger ergibt sich ein arithmetisches Mittel von 16,0 μ, für die Außenarbeiter 15,0 μ bei einer Streuung von ± 1,3 bzw. ± 1,7 μ.

Mit Hilfe der Prüfmethode zur Beurteilung der statistischen Sicherheit der Differenz zweier Mittelwerte kleiner Stichproben (WEBER, 1956, S. 186) stellte ich fest, daß sich die geringe Differenz der Mittelwerte von 1,0 μ nur mit einer

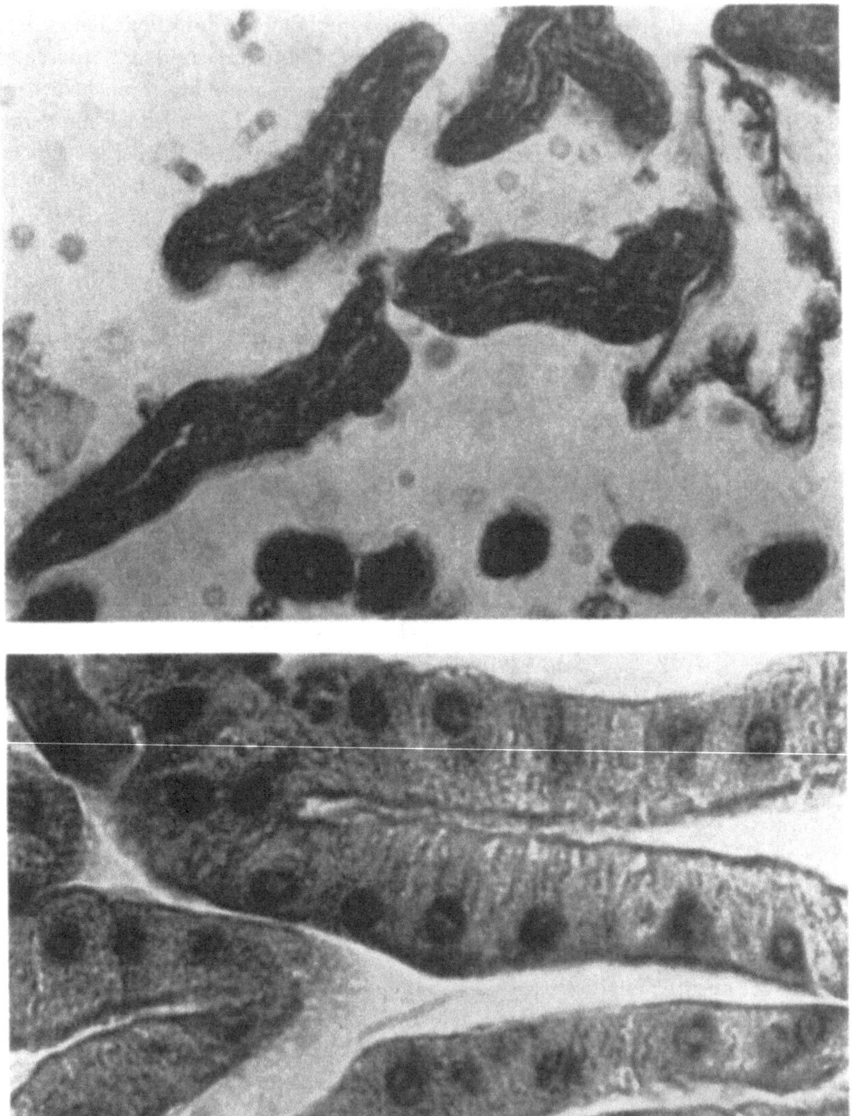

Abb. 31. Querschnitt durch Drüsenschläuche der Postpharynxdrüse einer 1 Tag alten (oben) und einer 27 Tage alten (unten) *minor*-Arbeiterin

Objektivvergrößerung: 40fach
Gesamtvergrößerung: etwa 1000fach

Überschreitungswahrscheinlichkeit von 2% sichern läßt; bei einem strengeren Maßstab muß die Abweichung der Mittelwerte als zufällig betrachtet werden. Zwischen diesen beiden extrem entgegengesetzten Tätigkeitsgruppen besteht also kein oder doch wenigstens kein wesentlicher Unterschied im histologischen Ausbildungsgrad der Postpharynxdrüse. Andere, qualitative Merkmale, die Rückschlüsse auf den Aktivitätsgrad der Drüsenzellen zulassen würden, konnte ich nicht ausfindig machen.
Daß auch die Drüsen von Repräsentanten anderer Arbeitsgruppen keine nennenswerten Abweichungen zeigen, lehrt ein Blick auf die Tabelle 33. Sie läßt ebenfalls

Tabelle 32
Die Epithelhöhe der Postpharynxdrüse von 20 Ei- und Larvenpflegern und 14 Außenarbeitern

Epithelhöhe (μ)	EL-Tiere	Au-Tiere
12,1—12,5	—	1
12,6—13,0	—	—
13,1—13,5	—	2
13,6—14,0	1	1
14,1—14,5	3	2
14,6—15,0	1	2
15,1—15,5	2	1
15,6—16,0	6	—
16,1—16,5	2	2
16,6—17,0	1	1
17,1—17,5	1	1
17,6—18,0	2	1
18.1—18,5	—	—
18,6—19,0	—	—
19,1—19,5	—	—
19,6—20,0	1	—
Durchschnitt:	16,0 μ	15,0 μ
Streuung:	± 1,3	± 1,7

einen geringen Rückgang der Epithelstärke bei Außenarbeitern erkennen. Tabelle 34 zeigt, daß auch bei Arbeiterinnen, die häufig an toter Beute oder mit der Königinnen- und Arbeiterinnenpflege beschäftigt waren, keine verstärkte Ausbildung der Postpharynxdrüsen vorliegt.
Dieser Drüse ist also eine Funktion zuzuschreiben, die für die Tiere aller Beschäftigungsarten annähernd gleiche Bedeutung hat und wahrscheinlich — entsprechend der Lage ihrer Mündung — im Dienste der individuellen Ernährung steht[1]).

[1]) Erst während der Drucklegung ist dem Verfasser das Ergebnis einer Untersuchung von BAUSENWEIN, F. (Nat.-Wiss. Diss. Würzburg 1956) bekannt geworden, wonach die Postpharynxdrüsen im zeitigen Frühjahr zur Zeit der Geschlechtstieraufzucht besondere Veränderungen zeigen, so daß vielleicht doch eine Beziehung zur Brutpflege besteht.

Tabelle 33

Beziehungen zwischen der Epithelhöhe der Postpharynxdrüsen und der Tätigkeit der Arbeiter

Nr.	Größe	Tätigkeit/Charakter	Epithelhöhe (μ)	
A/C	k	st. spez. EL	15,7	
A/S	k	spez. EL	15,8	
A/2	m	spez. EL	15,6	
A/i	m	spez. EL	16,0	
A/W	g	bevz. EL	17,5	
A/ha	m	bevz. EL	14,3	
A/vp	g	bevz. EL	14,9	
Durchschnitt:				15,7
A/8	g	bevz. Be	15,8	
A/kk	k	schw. bevz. EL	14,2	
A/z	k	oT, (AK, EL)	14,7	
A/b	m	oT, unstet (EL)	15,5	
A/ü	g	oT, unstet	15,8	
A/dp	m	oT, unstet	15,3	
Durchschnitt:				15,2
A/d	m	unstet, Au	14,7	
A/f	k	Au	12,2	
A/T	m	Au	14,3	
A/fr	m	Au	13,1	
A/G	g	Au	14,8	
Durchschnitt:				13,8

Tabelle 34

Die Epithelhöhe der Postpharynxdrüsen von 110 Arbeiterinnen mit verschiedener Betätigung. Die Tabelle gibt an, bei wie vielen Tieren einer Betätigungsgruppe die Epithelhöhe unter bzw. über dem entsprechenden Altersdurchschnitt liegt

Tätigkeit	unter dem Altersdurchschnitt	über dem Altersdurchschnitt	gesamt
oT	8	14	22
EL	20	22	42
P	8	15	23
KA	4	4	8
Be	6	6	12
Rö, Au	1	2	3

Abschließend seien noch die Meßwerte von derEpithelstärke der Blattlausbesucher genannt, die sich in der experimentellen Zwangslage wieder Innenarbeiten zuwenden mußten (s. Kap. IV D).

Tiere, die der Außenarbeit treu blieben:

Nr.	Epithelstärke (μ)	
T	14,6	
K	15,9	
o	15,3	
G	13,3	
i	14,1	
N	14,5	
Durchschnitt:		14,54

Tiere, die sich der Ei- und Larvenpflege widmeten:

9	13,41	
L	13,25	
V	16,16	
Ei	14,33	
c	15,58	
Durchschnitt:		14,55

Tiere, die Außen- und Brutpflegearbeiten verrichteten:

k	13,75	
g	15,75	
n	13,75	
Durchschnitt:		14,42

Es zeigt sich also in allen Fällen eine etwas geringere Entwicklung der Drüsen, wie es uns bereits von den Außenarbeitern bekannt ist. Zwischen den einzelnen Arbeitsgruppen, die sich durch die Arbeitsumstellung gebildet haben, besteht hinsichtlich der Epithelstärke kein Unterschied.

6. Die Maxillardrüse

Die Maxillardrüse wird von einer paarigen Gruppe isolierter Drüsenzellen gebildet, die rechts und links in der Nachbarschaft der Infrabuccaltasche liegen. Diese Tasche ist ein ventrale sackartige Ausstülpung des Mundfeldbodens, in der sich chitinige Nahrungsreste und beim Körperbelecken anfallende Schmutzpartikelchen ansammeln. Von jeder Drüsenzelle führt ein dünnes Kanälchen mit eigenem Zellkern zu einer kurzen rechten und linken keulenförmigen Einsenkung des Mundhöhlendaches in der Nähe des Ursprunges der 1. Maxillen. Die Spitze dieser Einsenkung wird durch die Vielzahl der Kanälchen siebartig durchbrochen (Abb. 29, 30, 32).

Nach der Lage der Drüsenmündung nannte JANET (1889) dieses Drüsensystem „Maxillardrüse", er beschreibt es für *Myrmica laevinodis* NYL. Eine kurze Beschreibung für *F. rufa* L. findet sich bei MEINERT (1861), hier unter dem Namen „Lippendrüse". Bei den Apiden ist diese Drüse in dieser Form nicht bekannt.

Ich betrachte jedoch die Maxillardrüsen der Formiciden als homolog mit den Pharynxdrüsen der Apiden, und zwar mit folgender Begründung:

1. Beide Drüsensysteme haben topographisch annähernd eine gleiche Lage ihrer Mündungen, d. h., beide haben sich anatomisch von der gleichen Stelle aus entwickelt. Die siebartig durchbrochenen Einstülpungen der Maxillardrüse befinden sich am vorderen Ende des Schlundplättchens (Abb. 28), die Mündung der Pharynxdrüsen liegt im vorderen Drittel des Schlundplättchens.

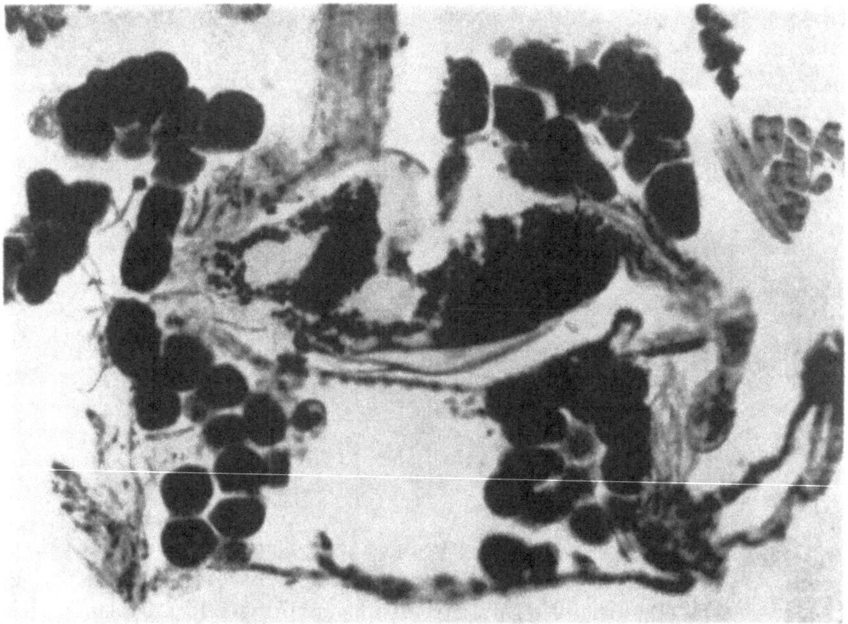

Abb. 32. Um die Infrabuccaltasche herum liegen die Drüsenzellen der Maxillardrüse. Rechts und links unten sind die Sekretkanälchen und ihre Mündung in das Mundfeld sichtbar. (Schnitt durch den Kopf einer 230 Tage alten *minor*-Arbeiterin)

Objektivvergrößerung: 8fach
Gesamtvergrößerung: etwa 225fach

2. Beide Drüsensysteme haben im Prinzip gleichen Aufbau. Die Pharynxdrüse der Honigbiene besteht aus einer paarigen Ausstülpung des Pharynx, die sich jeweils zu einem 1,5 cm (!) langen und etwa 30—50 μ starken, nichtdrüsigen Rohr auszieht. Um dieses Rohr lagern zu Paketen vereinigte Drüsenzellen, von denen jede durch ein eigenes Kanälchen mit besonderem Zellkern mit dem Hauptrohr in Verbindung steht. Die Zahl der Zellen, die sich zu einem Drüsenpaket vereinigen, schwankt zwischen einigen wenigen und 40. Jeder Hauptkanal besitzt etwa 550 solcher Drüsenpakete. Als Ausnahme kommen auch Einzeldrüsenzellen vor (OTTO 1955). Nach HESELHAUS (1922) finden sich bei *Bombus*-Arten um den Hauptkanal der Pharynxdrüse nur einzellige,

isolierte, kugelige Drüsen, die alle durch ein kernhaltiges dünnes Kanälchen mit diesem in Verbindung stehen. Stellt man sich nun eine starke Verkürzung des Hauptkanals vor, dann hat man eine Drüse, die völlig der Maxillardrüse der Formiciden entspricht (Abb. 33).

Die Feststellung dieser Homologie erlangt im Zusammenhang mit unserer Untersuchung besondere Bedeutung, wenn man bedenkt, welchen dominierenden Einfluß die Pharynxdrüse bei den Honigbienen als Futtersaft- oder Ammendrüse besitzt. Die Zeit der Ammentätigkeit fällt hier mit einer enormen Hypertrophie der Pharynxdrüse zusammen. Das Produkt dieser Drüse — der der Larvenernährung dienende Futtersaft — reagiert sauer und enthält Zucker, Fette und Eiweißverbindungen, Mineralstoffe, Vitamin B_1, Ergosterin, Biotin, Invertase und Diastase (Literatur s. OTTO 1955). Die beiden letztgenannten Kohlehydrat spaltenden Fermente haben auch für die Honigbereitung Bedeutung.

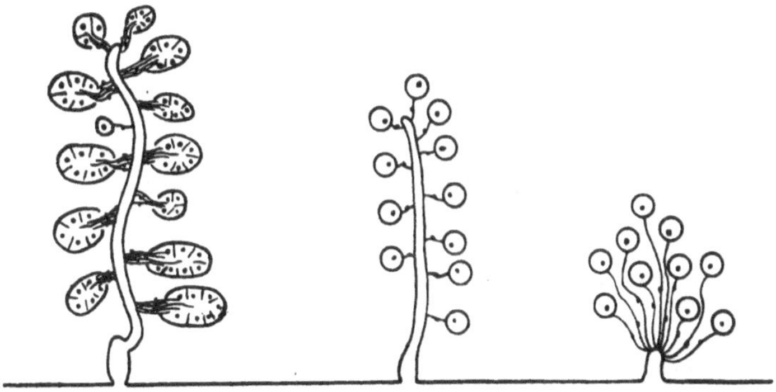

Apis mellifica L. Bombus spec. LATR. Formica rufa L.

Abb. 33. Schema zum Homologienachweis zwischen den Maxillardrüsen der Formiciden und den Pharynxdrüsen der Apiden (Erläuterung im Text)

Über die Funktion der Maxillardrüsen der Formiciden liegen noch keine Angaben vor, und es ist zu prüfen, ob sie eine ähnliche Bedeutung für die Brutpflege haben wie die Pharynxdrüse.

Als Maßstab für die Aktivität einer Maxillardrüse wurde der Mittelwert der größten Durchmesser von 15 Einzeldrüsenzellen genommen. Tabelle 35 gibt Auskunft über die Beziehungen zwischen Alter und mittlerer Drüsengröße von je 10 Tieren. Die Drüsen wachsen innerhalb der drei ersten Lebenstage sehr schnell, dann etwas langsamer und haben mit 17 Tagen etwa ihre endgültige Größe erreicht.

Die gleichen 20 Ei- und Larvenpfleger und 14 Auslauftiere, an denen wir schon die Postpharynxdrüsenmessungen vorgenommen hatten, zeigten auffällige Unterschiede in der Maxillardrüsenzellgröße zwischen den beiden Tätigkeitsgruppen. In Tabelle 36 sind die Meßwerte wiedergegeben. Für die Brutpfleger ermittelte ich einen mittleren Drüsendurchmesser von 51,9 μ, für die Außentiere war das arithmetische Mittel nur 44,3 μ. Die Streuung beträgt $\pm$ 4,1 μ bzw. $\pm$ 3,3 μ. Die Differenz der Mittelwerte von 7,6 μ konnte mit Hilfe der Methode zur

Prüfung von Mittelwertdifferenzen kleiner Stichproben (WEBER, 1956, S. 186) als signifikant erkannt werden (P = 0,1%).

War somit sicher festzustellen, daß die Ei- und Larvenpfleger tatsächlich größere Maxillardrüsenzellen als Außendiensttiere haben, so ist anderseits ein Größenunterschied zwischen Drüsen von Brutpflegern und Tieren mit anderen Be-

Tabelle 35

Zellwachstum der Maxillardrüse während der ersten 76 Imagotage; Angaben in μ

Alter Tage	Maxillardrüse mittl. Zelldurchmesser	Alter Tage	Maxillardrüse mittl. Zelldurchmesser
1	27,2	27	46,7
3	39,4	37	47,3
6	37,7	47	47,1
11	45,0	57	47,6
17	47,2	76	48,6

Tabelle 36

Der Zelldurchmesser der Maxillardrüse von 20 Ei- und Larvenpflegern und 14 Außenarbeitern

Zelldurchmesser (μ)	EL-Tiere	Au-Tiere
36,0—37,9	—	1
38,0—39,9	—	—
40,0—41,9	—	3
42,0—43,9	—	1
44,0—45,9	—	5
46,0—47,9	2	2
48,0—49,9	5	1
50,0—51,9	4	1
52,0—53,9	5	—
54,0—55,9	2	—
56,0—57,9	1	—
58,0—59,9	—	—
60,0—61,9	—	—
62,0—63,9	—	—
64,0—65,9	1	—

schäftigungen im Nest nicht nachweisbar. Die Ergebnisse der Messungen von Kontrolltieren aus dem Nest A — alle im Alter von 205 bis 345 Tagen — vermittelt Tabelle 37.

Es läßt sich deshalb zwar mit Bestimmtheit sagen, daß die Drüsenzellen von Innendienstarbeitern größer sind als die von Außendiensttieren, es ist aber nicht möglich, die stärkste Drüsenausbildung einer bestimmten Innenarbeit zuzuschreiben! Die Funktion der Maxillardrüse ist deshalb noch nicht erklärt.

Es sollen noch die Meßergebnisse besprochen werden von den Blattlausbesuchern, die im Experiment wieder Innenarbeiten aufnahmen (s. Kap. IV D). Wenn bei allen Tieren der Drüsendurchmesser nach Versuchsschluß zwar dem von Außenarbeitern entsprach, so hatten doch diejenigen Arbeiterinnen, die sich der Brutpflege widmeten, im Durchschnitt relativ größere Drüsen als solche, die sich nicht vom Außendienst abkehrten (Tab. 38).

Tabelle 37

Beziehungen zwischen Tätigkeit und Maxillardrüse

Nr.	Größe	Tätigkeit/Charakter	Drüsenzelldurchmesser (μ)
A/C	k	st. spez. EL	54,1
A/S	k	spez. EL	52,8
A/2	m	spez. EL	56,6
A/i	m	spez. EL	51,7
A/W	g	bevz. EL	52,2
A/ha	m	bevz. EL	51,3
A/vp	g	bevz. EL	47,0
Durchschnitt:			52,2
A/8	g	bevz. Be	56,1
A/kk	k	schw. bevz. EL	49,9
A/z	k	oT, (AK, EL)	53,1
A/b	m	oT, unstet (EL)	52,7
A/ü	g	oT, unstet	52,3
A/dp	m	oT, unstet	51,2
Durchschnitt:			52,6
A/d	m	unstet, Au	40,7
A/f	k	Au	36,2
A/T	m	Au	43,8
A/fr	m	Au	45,9
A/G	g	Au	46,4
Durchschnitt:			42,6

Bei der starken Streuung und der geringen Anzahl an Meßwerten darf der Mittelwertdifferenz von 3,0 μ zwischen den Auslauftieren und den Brutpflegern allerdings keine große Bedeutung beigemessen werden. Der Unterschied läßt sich nicht statistisch sichern! Dagegen zeigt die durchschnittliche Drüsenzellgröße von 41,3 μ der gezwungenen Brutpfleger im Vergleich mit dem im vorstehenden genannten Zelldurchmesser normaler Brutpfleger (51,9 μ) und Außenarbeiter (44,3 μ), daß sich die Maxillardrüsen auch im Notfall nicht wieder zur alten Größe entwickeln.

Tabelle 38. Beziehung zwischen Tätigkeit und Maxillardrüse nach Umstellung vom Außendienst zum Innendienst

Nr.	Drüsenzelldurchmesser (μ)
Tiere, die der Außenarbeit treu blieben	
T	42,7
K	41,5
o	38,0
G	33,2
i	36,4
N	37,8
Durchschnitt:	38,3 ± 3,5
Tiere, die sich der Ei- und Larvenpflege widmeten	
9	44,7
L	37,1
V	35,7
Ei	49,8
c	38,9
Durchschnitt:	41,3 ± 5,8
Tiere, die Außen- und Brutpflegearbeiten verrichteten	
k	34,6
g	43,9
n	37,7
Durchschnitt:	38,7

7. *Die Mandibulardrüse*

An den inneren Gelenkflächen der Mandibeln befindet sich beiderseits die Mündung eines Säckchens, das jeweils an der Seite des Kopfes zwischen Mandibelgelenk und dem Vorderrand des Facettenauges liegt. Dieses Säckchen ist das Reservoir der Mandibulardrüse. Die großen Drüsenzellen bilden eine ein- bis wenigschichtige Zellplatte, die der Innen- und Oberseite des Säckchens anliegt, sich um dessen Hinterende herumzieht und auch den hinteren Teil seiner Außenwand bedeckt. Die Zellen liegen dem Reservoir entweder direkt an, oder sie sind — vielleicht während der histologischen Präparation — von diesem etwas abgehoben und lassen dann erkennen, daß sie mit diesem durch ein feines Kanälchen verbunden sind (Abb. 30, 34).

Die Mandibulardrüse der Honigbiene hat eine gleiche Mündungsstelle und Lage. Die Wand des Reservoirs wird jedoch direkt vom einschichtigen Drüsenepithel gebildet. Aber auch hier führt von jeder Zelle ein Sekretkanälchen zur Intima (KRATKY 1931), so daß es sich um homologe Organe handeln dürfte. Das Sekret ist bei Bienen jeden Alters und jeder Tätigkeit zu finden, über seine Aufgabe gibt es verschiedene Meinungen: Man denkt an Regulation der Entwicklung und

Funktion bestimmter Organe der Königinnen (Ovarien) und der Arbeiterinnen (Pharynxdrüse, Wachsdrüse), man deutet es als Lösungs- oder Weichungsmittel zum Öffnen der Puppenkokons oder als Duftspender (besonders auch bei *Bombus*-Arten) (KRATKY 1931; HESELHAUS 1922; DREHER 1936; HAAS 1952).
Den Mandibulardrüsen der Formiciden schreibt man die Produktion von Kittsubstanz beim Bauen zu (JANET 1898; STITZ 1939; BISCHOFF 1927; GOETSCH 1953). Man stützt sich vor allem auf die Tatsache, daß bei *Dendrolasius fuliginosus* LATR., die Holzspäne zu Kartonmasse verkittet, diese Drüsen besonders mächtig entwickelt sind (JANET 1898; STITZ 1939). Die Mandibeln

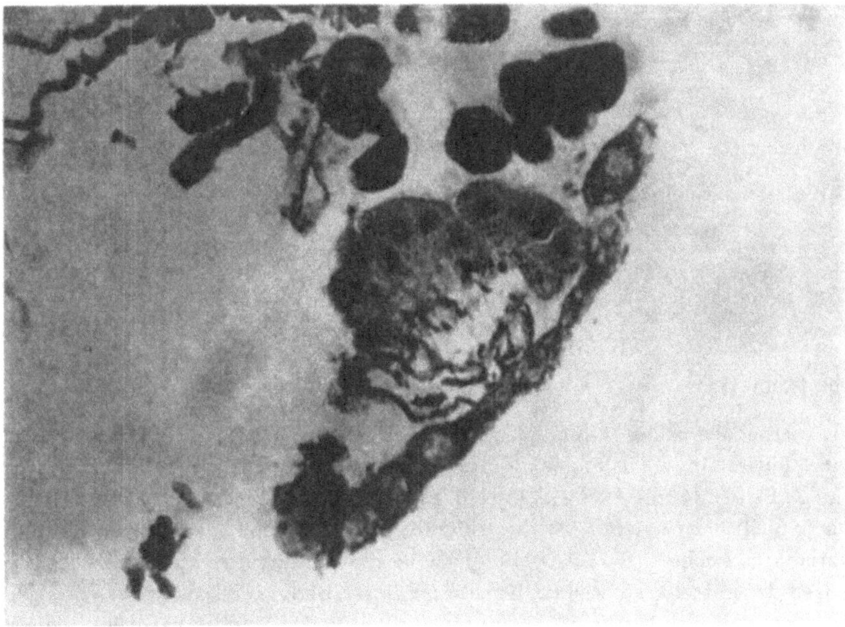

Abb. 34. Die linke Mandibulardrüse einer *minor*-Arbeiterin; die Drüsenzellen mit dem stark gefärbten Kern umlagern das gefaltete Reservoir

Objektivvergrößerung: 8fach Gesamtvergrößerung: 250fach

sind ja die Hauptwerkzeuge beim Bauen, und im Hinblick auf die Lage der Mündung der Mandibulardrüsen liegt es auf der Hand, diese als Baukitt-Lieferanten zu bezeichnen.
Ich konnte diese Beziehung in meiner Arbeit nicht näher untersuchen, da die im Rahmen der anderen Untersuchungen angefertigten Schnitte ausschließlich von Kunstnesttieren stammten, die ja keine Möglichkeit hatten, sich baulich zu betätigen. Ich kann deshalb nur das Ergebnis einer kleinen Stichprobe mitteilen:
Von einem Nesthügel im Freien wurden 5 mittelgroße Arbeiterinnen abgelesen, die gerade Feinbaumaterial (Erdklümpchen, Nagespäne) auf der Nestoberfläche ablegen wollten. Sie wurden getötet und der Kopf in 20 μ starke Schnitte zerlegt.

Weitere Schnittserien wurden von 5 mittelgroßen Blattlausmelkern angefertigt, die direkt von der Lausherde genommen wurden. Das einzige variierende Merkmal an der Mandibulardrüse, das ich auf diese Weise sicher erfassen konnte, war der längste Durchmesser des länglichen Kernes. An jeder Drüse wurden 10 bis 15 Kerne gemessen und daraus das arithmetische Mittel gebildet. Hier ist das Ergebnis:

	Nr.	mittlere Kernlänge (μ)	
1. Bautiere mit Feinmaterial			
	1	19,2	
	2	19,9	
	3	21,6	
	4	20,5	
	5	20,1	
Durchschnitt:			20,3
2. Blattlausbesucher			
	1	16,8	
	2	19,0	
	3	17,3	
	4	18,7	
	5	15,8	
Durchschnitt:			17,5

Die Kerne der Bauarbeiter waren also mit einem Mittel von 20,3 μ (Streuung nur $\pm$ 0,94 μ) um 2,8 μ länger als die der Blattlausbesucher mit einem Mittel von 17,5 μ (Streuung nur 1,29 μ). Obwohl es sich um 2 sehr kleine Stichproben mit nur je 5 Gliedern handelt, ist die Differenz in Anbetracht der geringen Streuung statistisch gesichert ($P = 0{,}1\%$!). (Methode zur Prüfung der Sicherheit von Differenzen der Mittelwerte kleiner Stichproben, WEBER, 1956, S. 186.)
Es konnte also gezeigt werden, daß die Zellkerne der Mandibulardrüsen bei den untersuchten Bauarbeiterinnen größer (länger) sind als bei den Blattlausbesuchern. Wenn man von der Kerngröße auf den Aktivitätszustand der Drüse schließen kann, so ist eine Beziehung zwischen Bauarbeit und Mandibulardrüse wahrscheinlich gemacht. Allerdings müßte der endgültige Beweis noch durch eine größere Anzahl von Messungen erbracht werden.

8. Die Thoraxdrüse

Der drüsige Anteil der Thoraxdrüse liegt im Thorax, die Mündung ihres Ausführganges befindet sich jedoch an der Zungenwurzel, weshalb sie von JANET (1898) Labialdrüse genannt wurde. Von der Zungenwurzel zieht sich der Ausführgang ventral im Kopf unterhalb des Gehirnes bis zur dünnen Verbindung zwischen Kopf und Thorax, die er als dünner, innen chitinig versteifter Gang unter dem Ösophagus und unter den Konnektiven des Nervensystems passiert. Sofort nach dem Eintritt in den Thorax gabelt er sich in 2 Stränge, die — Nervenstrang und

Ösophagus beiderseits umfassend — dorsalwärts ansteigen und jederseits zu einem mächtigen Reservoir anschwellen. Dieses Reservoir erstreckt sich bis etwa in die Mitte des Thorax, dann verengt es sich wieder und wird erneut zu einem dünnen Kanal, der sich ventral an das Reservoir anlegt und wieder kopfwärts zieht. Nach kurzer Strecke verzweigt er sich in viele fingerförmige Drüsenschläuche. Diese besitzen ein einschichtiges Zellepithel, das sich zur dünnen Röhre formt und im Inneren einen dünnen Abflußkanal freiläßt.

Die Drüse gleicht im Aufbau völlig der von *Apis mellifica* L. Bei dieser ist die Größe der Drüsenzellen in allen Altersstufen gleich. Das Sekret ist eine klare Flüssigkeit, die nach zahlreichen Autoren dem Feuchthalten der Zunge und dem Lösen festgewordenen Zuckers dienen soll, aber eventuell auch im Dienste der individuellen Ernährung steht (KRATKY 1931). Über die Funktion bei *F. rufa* L. ist noch nichts bekannt.

Bei der histologischen Betrachtung eines Querschnittes durch einen Drüsenschlauch der Thoraxdrüse von *minor*-Arbeiterinnen sieht man unterschiedliche Bilder, die ich nach dem Grad der Vakuolenbildung mit einem Zensurenschema (1, 2, 3, 0) bewertete. Es gibt Fälle, bei denen die Drüsenzellen kompaktes Plasma besitzen und direkt den Abflußkanal im Innern begrenzen (Stadium 0, Abb. 35 A). Bei Drüsen anderer Tiere haben sich in den Zellen in unmittelbarer Nähe vom Kanal Vakuolen gebildet, die sich als dünner Ring zwischen Kanal und Zellplasma schieben (Stadium 3, Abb. 35 B). Ist die Vakuolenbildung stärker, erreicht der Vakuolring etwa gleiche Breite wie der äußere Plasmaring (Stadium 2, Abb. 35 C). Schließlich gibt es Drüsen, bei denen das Plasma nur noch als dünne Wand die mächtige Vakuolenschicht umschließt, durch die der Abflußkanal zieht (Stadium 1, Abb. 35 D). Die Drüsenschläuche eines Tieres befinden sich alle im gleichen Stadium.

Die Tabellen 39 und 40 lassen jedoch erkennen, daß in jedem Alter und bei jeder Tätigkeit alle Stadien auftreten können. Es liegt deshalb die Annahme nahe, daß die Drüsenzellen rhythmisch arbeiten, und zwar alle Zellen aller Drüsenschläuche eines Tieres synchron! Die Zellen verändern sich in der Reihenfolge Stadium 0, 3, 2, 1, dann wird plötzlich viel Sekret ausgestoßen, und die Zellen verfallen wieder in das Stadium 0. Die großen Reservoire sorgen für einen Ausgleich des Sekretstromes.

Meine in Tabelle 40 zusammengestellten Untersuchungsergebnisse zeigen, daß die Thoraxdrüse keine engen Beziehungen zu einer bestimmten Tätigkeit hat. Sie wirkt deshalb auch nicht spezifisch auf das Verhalten ein. Sie muß eine Funktion erfüllen, die für alle Arbeiterinnen in jedem Alter gleich wichtig ist. Im Hinblick auf ihren gewaltigen Umfang und auf die Lage ihrer Mündung neige ich zu der Ansicht, daß sie ein Sekret liefert, das beim Sauberlecken des eigenen und fremden Körpers Bedeutung hat[1]).

[1]) Erst während der Drucklegung ist dem Verfasser das Ergebnis einer Untersuchung von BAUSENWEIN, F. (Nat. Wiss. Diss. Würzburg 1956) bekannt geworden, wonach die Thoraxdrüsen im zeitigen Frühjahr zur Zeit der Geschlechtstieraufzucht besondere Veränderungen aufweisen, so daß vielleicht doch eine Beziehung zur Brutpflege besteht.

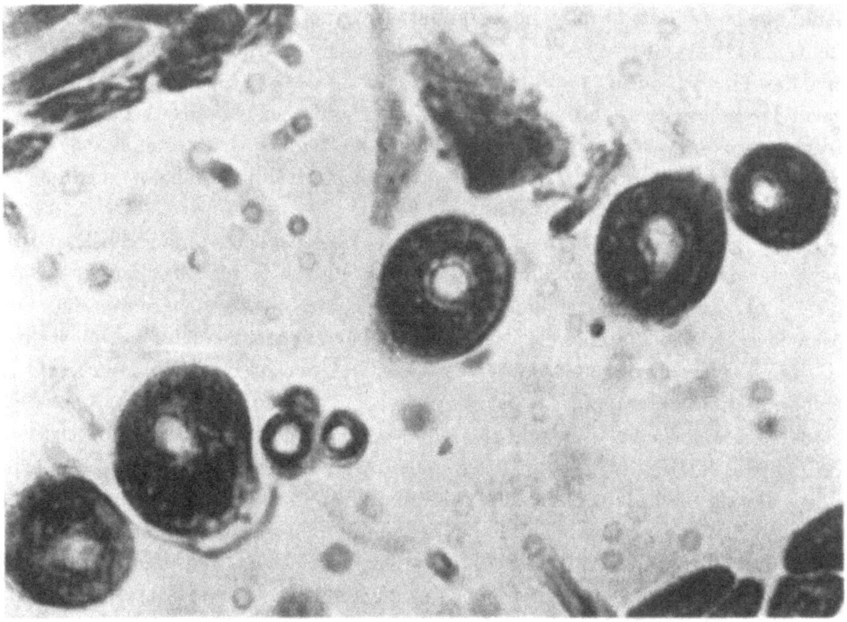

Abb. 35. Querschnitte durch die Drüsenschläuche der Thoraxdrüse von *minor*-Arbeiterinnen Abb. 35 A. Stadium 0

Objektivvergrößerung: 40fach Gesamtvergrößerunq: 1000fach

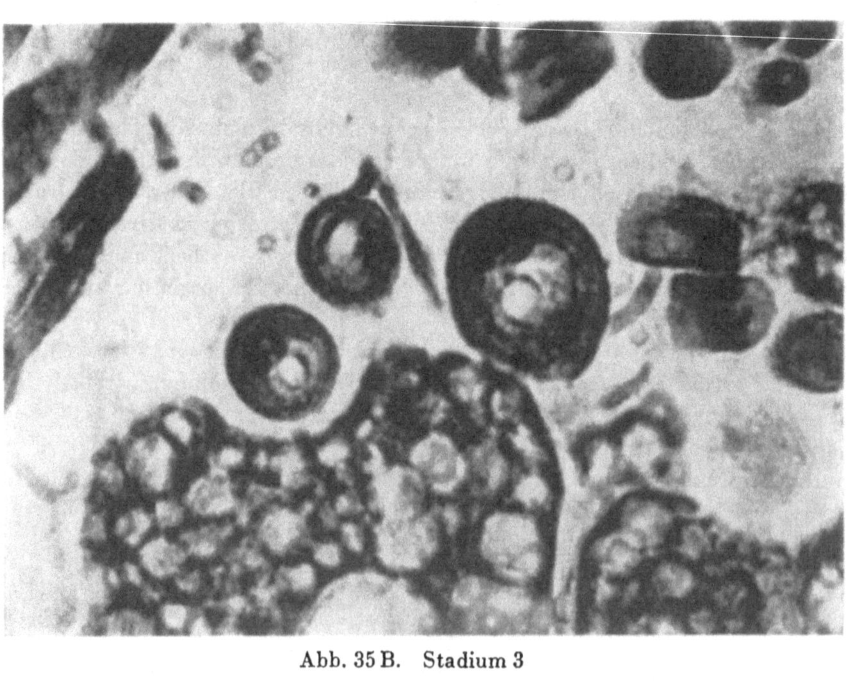

Abb. 35 B. Stadium 3

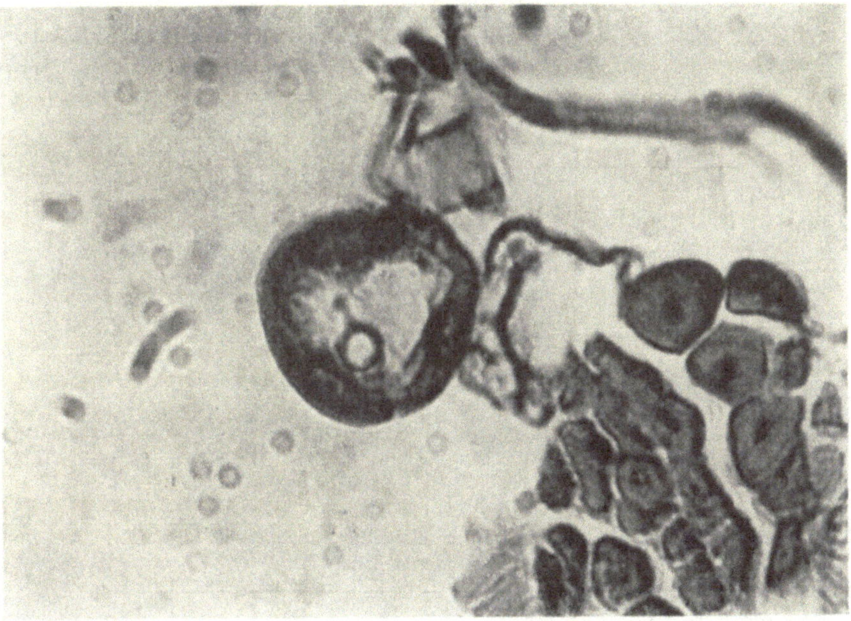

Abb. 35 C. Stadium 2

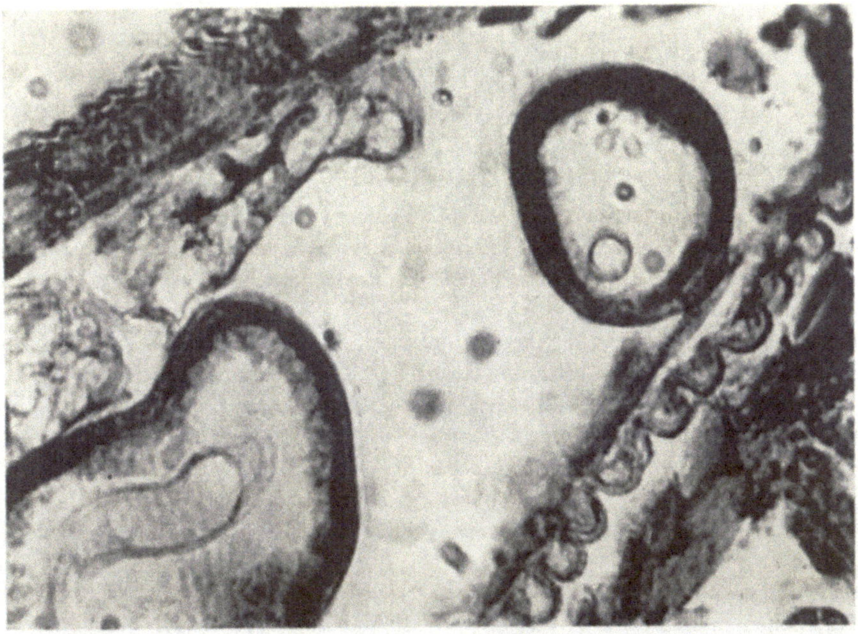

Abb. 35 D. Stadium 1

Tabelle 39
Das Auftreten der verschiedenen Stadien der Thoraxdrüse in den einzelnen Altersgruppen

Alter Tage	Stadium 0	3	2	1	gesamt
1	3	1	1	5	10
3	2	0	2	7	11
6	6	2	1	1	10
11	2	0	8	0	10
17	2	3	3	3	11
27	0	2	4	3	9
37	2	3	4	1	10
47	1	1	7	1	10
57	3	0	6	1	10
76	3	6	2	0	11

Tabelle 40
Das Auftreten der verschiedenen Stadien der Thoraxdrüse bei Arbeiterinnengruppen mit verschiedener Tätigkeit

Tätigkeit	Stadium 0	3	2	1	gesamt
oT	3	3	11	6	23
EL	10	7	16	8	41
P	3	5	15	4	27
KA	3	3	7	0	13
Be	3	0	3	2	8
Rö, Au	2	1	0	1	4

9. Andere Drüsen

Bei *F. rufa* L. konnten noch eine Anzahl kleinerer exkretorischer Drüsen gefunden werden. Sie bestehen aus einer kleineren oder größeren Zahl in einem Haufen zusammenliegender Einzeldrüsenzellen, von denen jeweils ein eigenes Kanälchen zur Drüsenmündung zieht.

Ein solches Drüsenpaket liegt rechts und links im Metathorax. Es ist bereits von LUBBOCK, MEINERT (1861) und JANET (1898) beschrieben worden. Die ersten beiden nannten sie „metathoracic organ" bzw. Hinterbrustdrüse. JANET stellte fest, daß die Mündung „an den Seiten des 4. Ringes liegt" und nannte sie deshalb Mittelringdrüse. Diese Drüse wird von sämtlichen Autoren für den Körperduft der Ameise und für das Duftspurenlegen verantwortlich gemacht. Ich konnte keine Unterschiede zwischen Tieren verschiedenen Alters und verschiedener Betätigung feststellen.

Eine andere paarige Drüsengruppe, die Zungendrüse, liegt ventral im Kopf. Die Kanälchen münden am Rande des Mundfeldes in der Nähe der Zungenwurzel (Abb. 36). Sie wurden nur von MEINERT (1861) als Kehldrüsen (Strubekjert-

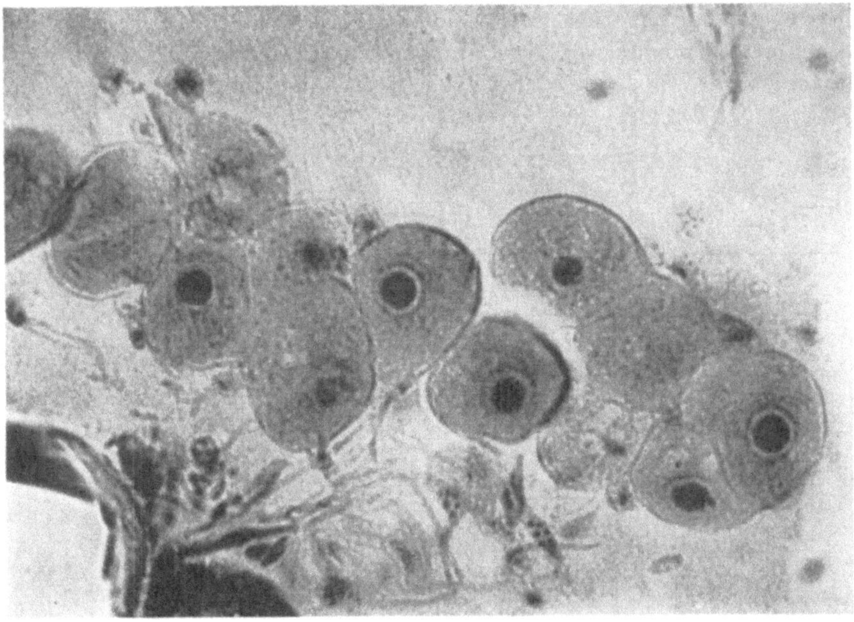

Abb. 36. Die Zellgruppe der rechten Zungendrüse im Kopf einer *minor*-Arbeiterin. Die Sekretkanälchen mit ihren Kernen sind sichtbar

Objektivvergrößerung: 40fach Gesamtvergrößerung: 700fach

lerne) beschrieben. Es ist möglich, daß sie mit ihrem Sekret die Gelenkhäute des Mundfeldes feucht halten. Eine nennenswerte Größendifferenz zwischen Drüsenzellen verschiedener Tiere war nicht festzustellen. Der Altersdurchschnitt von je 10 Tieren aus 4 Altersgruppen beträgt:

Alter	Drüsenzelldurchmesser
1 Tag	25,8 μ
17 Tage	31,6 μ
37 Tage	29,0 μ
76 Tage	31,4 μ

Auch diese Drüse ist für die Arbeitsverteilung ohne Bedeutung.

b) *Exogene Faktoren*

Die Einflüsse, die von außen auf die Arbeiterinnen wirken, treffen wohl meist eine größere Anzahl Individuen oder gleich einen ganzen Volksteil auf einmal und gleichermaßen. Deshalb sind unter ihnen keine Faktoren zu finden, die für die individuellen Stimmungsunterschiede verantwortlich gemacht werden können. In der Außenwelt liegen die Ursachen für die Individualität und damit für die

Arbeitsverteilung nicht, die Faktoren der Außenwelt tragen aber zu einer Steigerung oder Hemmung einzelner Stimmungen bei und beeinflussen so durch Senken oder Heben der Reizschwellen und Änderung der Appetenzhandlungen das Verhalten der Tiere entscheidend.

Tabelle 41 Zur Untersuchung der Beziehung

	Vormittag (7^{00}, 9^{00}, 11^{00}, 13^{00})								Nachmittag (15^{00}, 17^{00}, 19^{00}, 21^{00})							
	Au	Rö	Be	KA	EL	P	oT	ä	Au	Rö	Be	KA	EL	P	oT	ä
b	3	1	.	.	.	.	3	5	6	2	.	1	.	.	1	3
w	.	3	.	.	.	.	4	5	5	1	.	.	.	1	5	1
z	1	1	.	1	.	.	3	6	4	2	1	1	.	.	1	4
B	3	.	.	1	.	5	2	4	3	3	.	3	.	3	1	2
D	1	.	1	.	.	.	7	3	2	.	1	2	.	.	5	3
N	10	.	.	.	1	.	1	.	11	.	.	.	.	.	.	1
2	2	.	.	1	.	2	2	5	5	1	.	.	.	2	4	.
Rb	1	1	.	1	1	.	2	6	3	1	.	.	1	.	6	4
Hv	3	.	.	.	.	.	.	9	2	1	.	.	.	.	.	9
a	1	.	.	1	1	.	4	5	.	.	.	3	1	.	5	3
l	.	.	.	.	4	1	4	3	.	.	.	1	6	.	.	5
m	.	.	1	.	3	1	3	5	.	.	.	1	1	2	5	4
A	.	.	1	1	6	.	3	3	.	.	.	1	7	.	2	3
L	.	.	.	.	8	1	.	3	.	.	.	1	9	.	1	2
4	.	.	.	1	10	.	1	3	.	.	.	.	9	.	2	1
5	.	.	.	.	2	.	6	4	.	.	1	.	5	.	5	1
8	.	.	.	.	1	1	8	2	.	1	.	2	4	.	3	3
(2)	.	.	.	1	7	1	4	1	.	1	.	2	6	1	1	2
(6)	.	.	1	.	6	.	3	2	.	.	.	1	6	.	2	5
(7)	.	.	.	4	3	.	4	3	.	.	1	2	5	.	4	.
(9)	.	.	.	4	8	.	4	.	.	.	.	1	8	.	1	4
Dp	.	.	.	.	6	.	6	1	.	.	.	.	10	1	1	.
p	.	.	2	1	3	6	1	1	1	.	3	.	4	5	.	.
F	.	.	.	3	2	4	2	1	.	.	.	1	2	2	4	3
d	.	.	1	1	.	.	1	9	.	.	.	.	1	.	3	8
k	.	.	.	2	1	.	5	5	.	.	.	.	1	.	6	5
t	3	1	.	1	1	.	2	4	2	1	.	1	1	.	3	5
C	1	.	.	1	.	1	2	6	1	.	.	2	1	2	3	6
E	1	.	.	2	3	.	3	4	.	.	.	1	.	.	3	9
H	.	.	3	1	.	.	2	6	2	.	.	.	1	.	6	4
(K)	1	1	.	.	4	2	2	3	3	.	.	.	2	.	6	2
R	4	.	.	1	2	.	.	6	.	.	.	.	1	1	.	10
1	.	.	2	.	2	.	3	5	2	.	3	.	2	.	2	3
(3)	1	.	1	2	.	.	6	3	.	.	.	.	1	5	2	4
(4)	.	.	.	1	.	.	8	4	1	1	.	.	1	.	.	9
Gr	.	.	2	.	1	5	3	1	.	.	2	.	3	4	2	1
Gesamt	36	8	15	32	86	30	114	136	53	15	12	27	98	29	95	129

(Au im Auslauf, Rö in der Ausgangsröhre, Be an toter Beute im Nest, KA Pflege von Königin und Arbei-

1. Im Tagesrhythmus wechselnde Reize

Daß bestimmte Tätigkeiten, wie Nahrungssuche, Balzverhalten u. a., nur zu bestimmter Tageszeit auftreten, ist, wie in der Klasse der Wirbeltiere, auch bei den Insekten keine seltene Erscheinung. Auch hier sind Tag-, Dämmerungs- und Nachttiere zu unterscheiden.

zwischen Tageszeit und Beschäftigung

	Nacht (23^{00}, 1^{00}, 3^{00}, 5^{00})								Gesamt							
	Au	Rö	Be	KA	EL	P	oT	ä	Au	Rö	Be	KA	EL	P	oT	ä
b	2	1	2	.	.	1	2	4	11	4	2	1	·.	1	6	12
w	3	2	.	1	.	.	5	2	8	6	.	1	.	1	14	8
z	3	1	.	.	.	.	2	6	8	4	1	2	.	.	6	16
B	2	5	.	1	.	1	3	1	8	8	.	5	.	9	6	7
D	1	2	1	.	.	.	5	4	4	2	3	2	.	.	17	10
N	5	4	.	.	.	.	.	3	26	4	.	.	1	.	1	4
2	.	.	.	1	.	5	2	5	7	1	.	2	.	9	8	10
Rb	1	1	.	.	.	.	3	8	5	3	.	1	2	.	11	18
Hv	3	1	.	.	.	.	.	8	8	2	.	.	.	.	.	26
a	.	.	.	.	4	.	2	6	1	.	.	4	6	.	11	14
l	.	.	.	1	4	1	5	1	.	.	.	2	14	2	9	9
m	.	1	.	1	2	.	6	3	.	1	1	2	6	3	14	12
Λ	.	.	2	.	6	.	3	1	.	.	3	2	19	.	8	7
L	1	.	.	.	6	.	1	4	1	.	.	1	23	1	2	9
4	.	.	.	.	9	.	.	3	.	.	.	1	28	.	1	7
5	.	.	.	.	1	.	2	9	.	.	1	.	8	.	19	14
8	.	.	1	.	2	.	3	6	.	1	1	2	7	1	14	11
(2)	.	.	.	.	8	2	3	.	.	1	.	3	21	4	8	3
(6)	.	.	1	.	7	.	1	3	.	.	2	1	19	.	6	10
(7)	.	.	1	.	6	.	3	2	.	.	2	6	14	.	11	5
(9)	.	.	.	.	7	.	3	2	.	.	.	5	23	.	8	6
Dp	.	.	.	2	8	1	1	2	.	.	.	2	24	2	8	3
p	1	.	.	.	1	7	2	2	2	.	5	1	8	18	3	3
F	.	.	.	2	1	2	4	3	.	.	.	6	5	8	10	7
d	.	1	.	.	1	.	2	8	.	1	1	1	2	.	6	25
k	1	.	.	.	.	.	3	8	1	.	.	2	2	.	14	18
t	1	2	.	.	2	.	1	6	6	4	.	2	4	.	6	15
C	.	.	.	.	.	1	5	6	2	.	.	3	.	4	10	18
E	.	.	1	.	.	.	5	6	1	.	1	3	3	.	11	19
H	1	.	.	1	.	.	6	5	3	.	3	2	1	.	14	15
(K)	.	.	.	.	3	.	6	3	4	1	.	.	9	2	14	8
R	.	.	.	1	4	.	2	5	4	.	.	2	7	1	2	21
1	3	1	.	.	.	.	5	3	5	1	5	.	4	.	10	11
(3)	.	.	3	.	.	2	4	3	1	.	4	2	1	7	12	10
(4)	.	.	.	.	2	.	8	2	1	1	.	1	3	.	16	15
Gr	.	.	2	1	1	2	5	3	.	.	6	1	5	11	10	5
Gesamt	28	22	14	12	85	25	114	146								

terin, EL Pflege von Eiern und Larven, P Puppenpflege, oT ohne bestimmte Tätigkeit, ä träge, Stillsitzen)

Die tagesperiodische Änderung des Wechsels ist nicht immer nur eine von den sich ändernden äußeren Faktoren (vor allem Licht und Temperatur) induzierte und gesteuerte Erscheinung. Die Zeitdressurversuche an Honigbienen (BEHLIG 1929, WAHL 1932, 1933; KLEBER 1935) haben gezeigt, daß die Bienen auch in einem gleichmäßig temperierten und nur künstlich erleuchteten Raum hartnäckig an einem 24-Stunden-Rhythmus festhalten. Viele andere biologische Objekte zeigen die gleiche Erscheinung: Der ursprünglich wohl immer induzierte Rhythmus ist im Laufe der Generationen derart fest im physiologischen Geschehen verankert worden, daß er schließlich geradezu automatisch, fast unabhängig von den Außenreizen abläuft.

Meine Beobachtungsprotokolle über die Ameisen im Kunstnest lassen keinerlei tageszeitlich bedingte Unterschiede erkennen. Brutpflege, Gefährtinnen- und Königinnenpflege, das Verwerten von Beute oder auch das Nichtstun ist morgens, mittags und abends in gleicher Stärke zu beobachten. Um sichere Werte zu erhalten, wurde folgende Beobachtung angestellt:

In einem kleinen Völkchen waren 36 Arbeiterinnen durch Schildchen gezeichnet worden. Das Völkchen befand sich in einem Einkammernest und besaß 6 Königinnen sowie Brut in allen Stadien. Auf einem Protokollblatt wurde nun 3 Tage lang, Tag und Nacht, alle 2 Stunden die jeweilige Beschäftigung der markierten Tiere notiert, so daß nach den 72 Stunden von jedem 36 Eintragungen vorlagen. Zur übersichtlichen Auswertung war der Tag in 3 gleichlange Abschnitte aufgeteilt, in die jeweils 4 Beobachtungszeiten fielen: Vormittags (7^{00}, 9^{00}, 11^{00}, 13^{00} Uhr), nachmittags (15^{00}, 17^{00}, 19^{00}, 21^{00} Uhr) und nachts (23^{00}, 1^{00}, 3^{00}, 5^{00} Uhr). Aus der Tabelle 41 ist nun ersichtlich, wie oft die einzelnen Tiere während der dreitägigen Beobachtung innerhalb der einzelnen Tagesabschnitte bei den verschiedenen Arbeiten zu sehen waren. Die vertikale Summe gibt Auskunft, wie oft eine bestimmte Tätigkeit zu den betreffenden Tageszeiten überhaupt ausgeführt wurde. Das Ergebnis lautet: Weder beim Einzeltier noch im Gesamtvolk tritt eine Tätigkeit bevorzugt an eine bestimmte Tageszeit gebunden auf. Weder im Einzelfall noch in der Gesamtheit läßt sich eine tagesrhythmische Verteilung der Arbeit erkennen. Arbeiterin p wurde vormittags 6mal, nachmittags 5mal und nachts 7mal bei der Puppenpflege beobachtet, Nr. 4 betreute vormittags 10mal, nachmittags 9mal und nachts ebenfalls 9mal Eier und Larven. Die Ruhezeiten betrugen für Nr. b 5, 3 bzw. 4, für Nr. Hv 9, 9 bzw. 8. Im ganzen wurde die Ruhepause vormittags 136-, nachmittags 129- und nachts 146mal, das untätige Umherstreifen im Nest 114,- 95- bzw. 114mal gezählt usw. Die auftretenden Unterschiede sind eine Folge der kurzen Beobachtungszeit und der damit verbundenen geringen Beobachtungswerte; sie reichen auf keinen Fall aus, einen Unterschied zwischen der Beschäftigungsart am Tag und in der Nacht festzustellen.

Das Nestinnere war durch die rote Deckscheibe immer verdunkelt. Die Raumtemperaturen schwankten nur zwischen $+22°C$ (Tag) und $+18°C$ (Nacht). Die Verhältnisse kamen denen im Inneren eines Freilandnestes also recht nahe. Die Insassen eines solchen Nestes sind ebenfalls dem tagesperiodischen Licht- und

Temperaturwechsel fast völlig entzogen, und ein Tagesrhythmus bei den Innenarbeiten ließ sich von vornherein nicht vermuten.
Anders ist es für den Außendienst. Während die Außendiensttiere in meinem Laborversuch durch die Raumtemperatur und durch das Licht der Kontrolllampe Tag und Nacht recht gleichmäßigen Bedingungen ausgesetzt waren, werden sie im Freiland sicherlich stark vom Temperatur- und Lichtwechsel beeinflußt. So kommt es, daß sich im Versuch die Auslaufbesuche von Tag und Nacht mengenmäßig fast gleichen, während im Freien ein auffälliger Wechsel stattfindet.

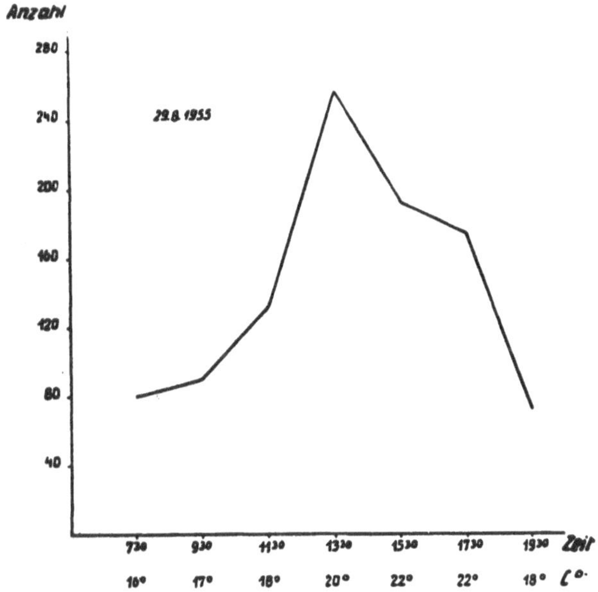

Abb. 37. Tageszählkurve bei bedecktem Himmel

Um die tageszeitlichen Schwankungen der Beteiligung an Außenarbeiten zahlenmäßig erfassen zu können, steckte ich auf einer mittelstark belaufenen Ameisenstraße, 4,5 m von dem zugehörigen Nest entfernt, mittels zweier kleiner Holzstäbchen ein 7,5 cm breites Tor ab. An insgesamt 19 Tagen im August und September 1955 wurden nun von 7^{30} bis 17^{30}, manchmal auch von 5^{30} bis 19^{30} Uhr im 2-Stunden-Abstand die Tiere gezählt, die innerhalb von 5 Minuten, aus der Nestrichtung kommend, das Tor passierten. Es stellte sich dabei heraus, daß die Zählwerte im Laufe des Vormittags und frühen Nachmittags ansteigen und gegen Abend wieder abnehmen, daß sie aber sehr stark von Witterungsfaktoren beeinflußt werden. So zeigt jede Tageszählkurve ihre spezielle Form, und es ist nicht angebracht, aus allen Werten eine Durchschnittskurve zu konstruieren. Eine eingipflige Kurve mit dem Maximum am Nachmittag (13^{30} bis 16^{30} Uhr), wie in Abb. 37 und 38 dargestellt, erhielt ich nur an 6 Beobachtungstagen. Dennoch

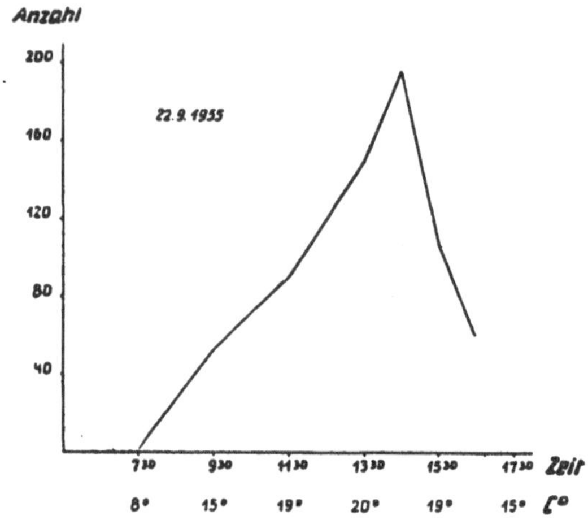

Abb. 38.
Tageszählkurve
bei bedecktem Himmel

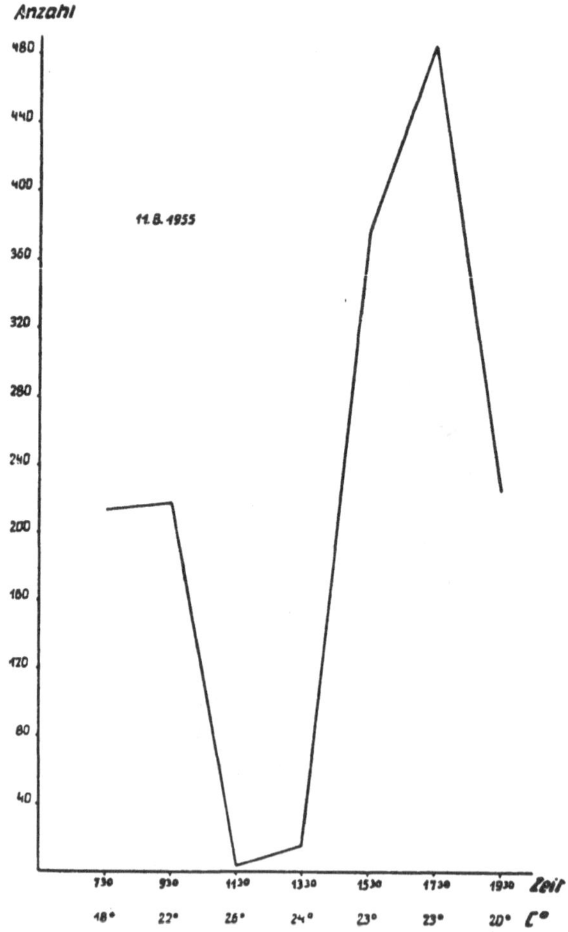

Abb. 39.
Tageszählkurve von einem wolkenlosen Tag; Nest und Zählstelle von 10^{30} bis 14^{00} Uhr unbeschattet

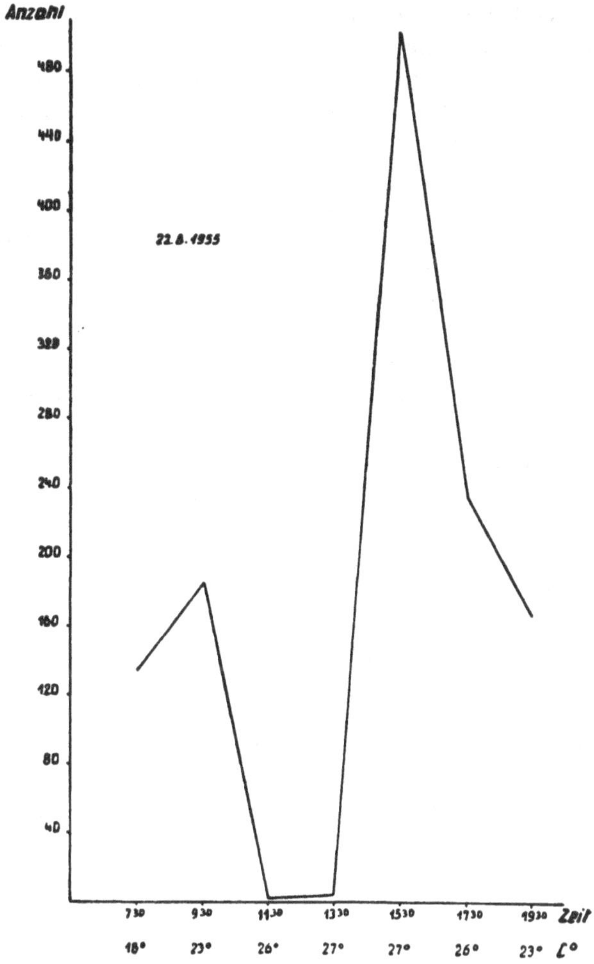

Abb. 40.
Tageszählkurve von einem wolkenlosen Tag; Nest und Zählstelle von 10^{30} bis 14^{00} Uhr unbeschattet

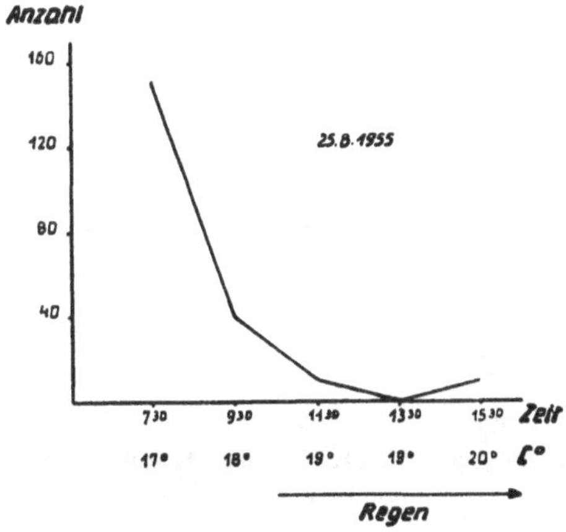

Abb. 41.
Die Tageszählkurve von einem Regentag

ist die Grundtendenz des Ansteigens am Tage und des Abfallens gegen Abend auch aus allen anderen Kurven ersichtlich, vor allem dann, wenn der beeinflussende Faktor nur kurze Zeit wirksam ist. Die als Beispiel ausgewählten Kurven vom 11. 8. und 22. 8. 1955 (Abb. 39 und 40) sind das Ergebnis von Zählungen an wolkenlosen Tagen. In der Zeit von 10^{30} bis 14^{00} Uhr war das Nest und der von uns kontrollierte Straßenabschnitt unbeschattet und den Strahlen der Mittagssonne ungeschützt ausgesetzt. Eine solche intensive Besonnung lieben die Ameisen nicht, sie suchen im Nestinneren oder auf der Schattenseite des Nestes Schutz; die bestrahlte Nestoberfläche und die Straße waren fast ameisenfrei. Der Einfluß der Sonnenstrahlen in der Mittagszeit ist bei den beiden Kurven ganz offensichtlich.

Ein zweiter wichtiger, allerdings nicht tagesperiodisch auftretender Faktor, der die Tageszählkurve und damit die Intensitätskurve des Außendienstes beeinträchtigt, ist der Regen. Er kann den Verkehr auf der Straße (und im Jagdgebiet) bis auf ein Minimum herabsetzen (Abb. 41, Kurve vom 25. 8. 1955).

Beim Außendienst besteht also im Gegensatz zum Innendienst ein auffälliger Unterschied zwischen Tag und Nacht. Während die Betätigung im Freien nachts mindestens sehr gering ist, erreicht sie im Laufe des Nachmittags ihren Höhepunkt. Dieser Wechsel ist jedoch nicht Ausdruck eines im physiologischen Geschehen der Tiere fest verankerten 24-Stunden-Rhythmus, sondern er wird unmittelbar von den wechselnden photischen, thermischen und anderen klimatischen Faktoren induziert. Dies zeigt sich erstens in den Zählkurvenabweichungen, die den Intensitätsschwankungen dieser Faktoren parallel laufen, und zweitens in dem Ausbleiben des Tagesrhythmus im Außendienst, sobald das Volk im Labor unter konstanten Temperatur- und Lichtbedingungen lebt (Tabelle 41).

Die tageszeitlichen Intensitätsunterschiede bei der Beschäftigung im Freien werden auch in der Literatur bestätigt. BRUNS (1954) berichtet von einem ausgeprägten Tagesrhythmus beim Beuteerwerb, mit einem Betätigungshöhepunkt am Nachmittag zwischen 15^{00} und 16^{00} Uhr. WELLENSTEIN (1928) schreibt, daß sich die Sammeltätigkeit der Waldameisen bis zum Sonnenuntergang dauernd erhöht, um dann ziemlich plötzlich zu sinken und im allgemeinen nachts gering zu bleiben. — Von diesen Befunden abweichende Beobachtungen sind über andere Arten veröffentlicht. So ist nach EIDMANN (1928) *Camponotus herculeanus* L. im Sommer nachts genauso lebhaft wie am Tage. Der gleiche Autor schildert 1927 und 1929, daß *Lasius niger* L. hauptsächlich nachts Läuse aufsucht und das Tageslicht meidet. ERHARDT (1931) gibt für die Außenarbeiten bei *Messor*-Arten einen Höhepunkt für spät abends oder für nachts an, gegen 5—7 Uhr setzt dann ein steiles Absinken der Betätigung ein.

2. Temperatur

Wie bei allen wechselwarmen Tieren sind auch bei den Ameisen sämtliche Lebensäußerungen temperaturabhängig. Mit Hilfe des Kuppelbaues ist es *F. rufa* L. gelungen, in gewissen Grenzen einen eigenen sozialen Wärmehaushalt zu schaffen, der plötzliche, große Temperaturschwankungen von allen Nestbewohnern abhält.

Durch die Wahl des Ansiedlungsplatzes, durch die Form der Kuppel und durch obenflächenfernen oder -nahen Aufenthalt im Nest befinden sich die Innendiensttiere mit der Brut in einer dem Optimum nahen Temperaturzone.

Wie sehr sich übermäßig hohe Temperaturen hemmend auf die Betätigung auswirken, wurde bereits bei der Besprechung des Sonneneinflusses auf die Tagesauslaufkurve dargestellt. WELLENSTEIN (1928) schreibt dazu: „Die Beobachtung, daß an den der prallen Sommersonne ausgesetzten Kolonien die prall beschienene Nestseite nur an den Eingangsöffnungen ein starkes Gewimmel zeigte, die hell besonnten Straßen im Gegensatz zu den Jagdgebieten im schattigen Waldinnern nur schwach begangen waren und die meisten Ameisen an der den Lichtstrahlen abgewandten Nesthügelseite zu finden waren, ließ mich vermuten, daß sich *F. rufa pratensis* (*F. rufa* L. d. Verf.) bei längerer, intensiver Besonnung negativ phototaktisch verhält.“ WELLENSTEIN betrachtet die Erscheinung als ein phototaktisches Phänomen. Daß es dies nicht ist oder wenigstens nicht allein zu sein braucht, sondern vielmehr auf Temperaturwahrnehmung beruht, wird wahrscheinlich, wenn man bedenkt, wie fein die Ameise auch im Dunkeln auf Temperaturschwankungen reagiert, indem sie diese etwa mit Nestkammerwechsel oder Brutumlagerung beantwortet. Im Kunstnest konnte ich beobachten, wie die Nestinsassen merklich unruhig wurden und schließlich mit Brut und Königinnen eine benachbarte Kammer aufsuchten, wenn ich in der ersten mittels der Wärmelampe die Temperatur über 30° C ansteigen ließ.

Es sei mir gestattet, bei dieser Gelegenheit darauf hinzuweisen, daß die eben besprochene Abneigung gegen starke Besonnung auch in der Nestverteilung zum Ausdruck kommt. Von 337 *F.-rufa*-L.-Nestern im Revier Heegermühle des Staatlichen Forstwirtschaftslehrbetriebes Eberswalde befanden sich die meisten (54%) an Stellen mit leichter Beschattung, an völlig schattenlosen Plätzen waren nur 23% der Nester anzutreffen. (Den Herren cand. forest JÜLICH und BLAUFUSS bin ich für die Durchführung dieser Zählung dankbar.)

	unbeschattet	leicht beschattet	mittelstark beschattet	vollständig beschattet
Anzahl der Nester	78	182	51	26
Anteile in %	23	54	15	8

Die andere Temperaturgrenze für das Ameisenleben liegt bei etwa +4° bis +7° C. In diesem und dem darunterliegenden Bereich tritt die Kältestarre ein, der die Ameisen, wie alle in unseren Breiten als Imagines überwinternden Insekten, verfallen und vor der sie auch durch die Nestkuppel nicht geschützt sind.

Innerhalb dieser beiden Extreme vollziehen sich alle Lebensvorgänge um so schneller, je höher die Temperatur ist. STUMPER (1922) teilt mit, daß die Marschgeschwindigkeit bei einer Temperaturerhöhung von 11° C auf 19° C um das 2,17fache steigt, bei einer Erhöhung von 19° C auf 28° C um das 1,63fache.

Es erhebt sich nun die Frage, ob die Temperatur einen spezifischen Einfluß auf eine Verhaltensweise hat. STUMPER untersuchte diesen auf die „Angriffslust und Kampfbereitschaft der *F.-rufa*-L.-Arbeiterinnen". Auf einem abgemessenen Abschnitt einer Ameisenstraße wurde der Anteil „feindlicher (mißtrauischer)" Begegnungen zwischen den einzelnen Arbeiterinnen bei verschiedenen Temperaturen gezählt, woraus sich ein Temperaturkoeffizient von 1,87 für 10° C ergab.

Ich habe den Jagdtest bei 13° bis 15° C und bei 28° C durchgeführt und die Ergebnisse bereits auf Seite 80 und in den Tabellen 15 und 16 mitgeteilt. Die Unterschiede sind gering und auf keinen Fall signifikant. Wenn man sich nur auf die Prüfung mit lebenden *Tenebrio*-Larven beschränkt, so könnte man allerdings herausheben, daß es bei 14° C bei 15 von 120 und bei 28° C nur bei 7 von 120 Tieren zu keinem Kampfe kam. Teste an je 100 Arbeiterinnen im Freiland mit dem gleichen Beuteobjekt ergaben

bei +11° C 37mal kein Kampf und 63mal Kampf,

bei +22° C 30mal kein Kampf und 70mal Kampf.

Auch hierbei zeigte sich kein großer Unterschied.
So sehr die Temperatur auch die Geschwindigkeit und Heftigkeit der Kampfhandlung der Räuber (wie auch der Abwehrhandlung der Beute) beeinflußt, so wenig beeinflußt sie die Intensität der Kampfstimmung und damit die Höhe der Reizschwellen. Nur so ist zu erklären, weshalb der Prozentsatz der kampfbereiten Tiere bei den verschiedenen Temperaturen annähernd gleich ist. Allerdings kann diese Erklärung hier nur als wahrscheinlich hingestellt werden; zur endgültigen Klärung sind noch spezielle, umfangreichere Experimente notwendig.
Einen deutlichen Einfluß übt die Temperatur dagegen auf das Einsetzen des Putz-

Tabelle 42
Einfluß der Temperaturerhöhung auf das Einsetzen von Putz- und Fütterungshandlungen

Versuchs-Nr.	Zeit	Temperaturen	Putzen		Fütterung	
			Kontrolle	Versuch	Kontrolle	Versuch
1	7^{30-40}	18–20° C	15	66	2	3
2	8^{15-25}	18–22° C	21	61	1	3
3	9^{00-10}	17–20° C	17	57	1	8
4	9^{50-60}	18–22° C	14	85	2	9
5	10^{35-45}	18–22° C	5	75	1	7
6	11^{30-40}	18–22° C	11	49	1	9
7	13^{40-50}	18–23° C	6	36	1	2
8	14^{30-40}	18–23° C	4	34	1	2
9	15^{30-40}	18–22° C	18	52	4	9
10	16^{00-10}	18–23° C	10	42	8	17
11	16^{30-40}	18–22° C	20	55	2	17
12	7^{30-40}	18–21° C	5	28	4	11
Summe (60 Minuten)			146	640	28	97
Durchschnitt (5 Minuten)			12,2	53,3	2,3	8,1

und Fütterungsverhaltens aus, und zwar bewirkt eine Temperaturerhöhung das Einsetzen von Futteraustausch und Putzbewegungen, wie ich immer dann feststellen konnte, wenn ich die Beobachtungslampe (100 Watt) ganz nahe an eine Kunstnestkammer brachte, so daß sich diese etwas erwärmte. Um die Erscheinung zahlenmäßig erfassen zu können, setzte ich 85 Arbeiterinnen in eine Glasschale mit Gipsboden und 23,5 cm Durchmesser. Nun zählten 2 Personen 5 Minuten lang die Anzahl der Putzbewegungen sowie der Fütterungen bei 18°C, danach wurde sofort eine über der Schale hängende Infrarotlampe eingeschaltet und die Zählung abermals 5 Minuten lang fortgeführt. Am Ende dieser Zeit war die Schalentemperatur um 2–5°C gestiegen. Das Experiment wurde 12mal unternommen und das Ergebnis in Tabelle 42 zusammengestellt. Die durchschnittliche Anzahl fütternder Paare innerhalb von 5 Minuten stieg bei Temperaturerhöhung von 2,3 auf 8,1 an, d. h. auf das 3,5fache, die Putzhandlung stieg im Durchschnitt von 12,2 auf 55,3, d. h. auf das 4,4fache. Aus diesem Versuch ist allerdings nicht ersichtlich, ob die Temperaturerhöhung tatsächlich ein die Erregung der betreffenden Stimmungszentren steigernder Reiz ist oder ob sie direkt als Auslösereiz wirkt. Diese Frage muß hier offenbleiben, so sehr ich auch die erste Annahme für wahrscheinlich halte.

3. *Sättigungszustand*

Es ist nicht schwer einzusehen, daß der Sättigungszustand das Verhalten der Ameisen – wie das aller Tiere – stark beeinflußt. Bei den sozialen Insekten sind nicht nur der Füllungsgrad des verdauenden mesodermalen Mitteldarmes des Einzeltieres und alle damit verbundenen Reizerscheinungen von Bedeutung, sondern auch der Füllungsgrad des „sozialen Reservemagens", des Kropfes, ferner auch die Zeichen und Signale, die von den hungernden Gefährten im Nest, von den bettelnden Königinnen und der Brut ausgehen. Im Insektenstaat geht das Individuum normalerweise nicht deshalb auf Nahrungssuche, weil es selbst hungrig ist; denn meist sind genügend Vorräte im Nest vorhanden, an denen es sich sättigen könnte. Der Sättigungsgrad ist also nicht der einzige Faktor, der die Stimmung zur Nahrungssuche bestimmt; im Extremfall macht er sich jedoch stark geltend, was folgende Beispiele zeigen sollen:

Der vorstehende Abschnitt schildert, daß mit einem Temperaturanstieg ein reger Futteraustausch einsetzte. Dabei löste der Temperaturwechsel immer bei solchen Arbeiterinnen mit vollem Kropf – sichtbar am mehr oder weniger aufgetriebenen Gaster – das Verhalten des Futterspendens und bei solchen mit nicht oder gering gefülltem Kropf das des Futterbettelns aus. Bei Blattlausbesuch bettelt ein neuer, noch „leerer" Ankömmling, wenn er mit einer anderen Arbeiterin zusammentrifft. Hat er jedoch bereits etwas Honigtau aufgenommen, wird er selbst zum Nahrungsspender. Die mit prallem Kropf heimkehrenden Ameisen wenden sich im Nest den ersten besten Gefährten zu, um ihnen Futter anzubieten (s. den Versuch über Fütterungsgruppen vom 21. 2. 1956 ff. auf Seite 71). Dieses durch den gefüllten Kropf bedingte Anbieteverhalten hat auch KLOFT (1954) für *Lasius niger* L. beschrieben.

Wie sehr Nahrungsmangel die Stimmung zur Suche nach Futterquellen steigert, wurde aus einem Versuch klar, der ursprünglich eigentlich für eine Zeitdressur angesetzt war. In einem Einkammernest waren 5 Königinnen, etwa 80 Arbeiterinnen, dazu Eier und Larven untergebracht. Befand sich im Auslauf ständig ein Schälchen mit Zuckerwasser, so waren dort nur 1 oder 2, ganz selten 3 und nur einmal 4 Arbeiterinnen gleichzeitig zu sehen. Fehlte das Zuckerwasserschälchen längere Zeit, so fanden sich mehr Tiere (bis zu 14) im Auslauf ein. Nach einer neuen Zuckerwassergabe hielt der Betrieb im Auslauf zunächst an, bis ausreichend Futter ins Nest gebracht worden war, dann verminderte sich die Zahl der Aus-

Tabelle 43

Beziehung zwischen Nahrungsmangel und Aufenthalt im Auslauf. Die Tabelle gibt an, wie viele Arbeiterinnen sich vor und nach einer Zuckerwassergabe im Auslauf aufhalten. Die eingerahmten Werte liegen in der Fütterungszeit. Alle Werte, die größer als 5 sind, sind unterstrichen worden

Datum 1956	8^{00}	10^{00}	12^{00}	13^{30}	14^{00}	14^{30}	15^{00}	15^{30}	16^{00}	16^{30}
16. 2.	2	0	2	3	1	2	4	1	3	2
20. 2.	2	1	1	1	1	1	1	2	1	1
21. 2.	4	2	0	2	3	1	1	2	1	1
22. 2.	1	4	1	1	4	5	5	3	2	0
23. 2.	10	4	6	3	2	0	2	1	5	2
27. 2.	5	6	7	7	5	5	5	3	4	3
28. 2.	7	4	3	3	2	4	3	2	2	2
29. 2.	6	4	4	7	4	8	4	4	4	4
1. 3.	4	4	6	7	7	14	3	2	3	2
2. 3.	8	2	6	4	9	4	7	6	4	5
5. 3.	14	11	10	12	11	15	9	5	6	5
7. 3.	7	8	3	7	8	10	6	5	5	10
8. 3.	13	9	4	1	2	2	2	3	2	2

lauftiere recht bald. Diese Erscheinung zeigte sich um so deutlicher, je öfter der Versuch wiederholt wurde, da so nach und nach alle Reserven im Nest aufgebraucht waren. Die einzelnen Werte sind in Tabelle 43 zusammengestellt.

Eine Testreihe nach dem Muster der auf Seite 80 beschriebenen, dem Nachweis der Reizsummenregel dienenden Versuche sollte den Einfluß der Hungers auf das Jagdverhalten erfassen. Es wurde auch das dort angegebene Bewertungsschema benutzt. Testobjekt waren lebende *Tenebrio-molitor*-L.-Larven. In jeder Variation wurden 60 Blattlausbesucher getestet. Aus Tabelle 44 ist ersichtlich, daß unter den Ameisen mit leerem Kropf, die sich auf dem Wege zu den Läusen befanden, mehr als doppelt so viele Kämpfer zu zählen waren als unter den mit gefülltem Kropf heimkehrenden (27 : 11). In einer Gruppe von Tieren, die auf dem Wege zur Lausherde abgefangen und darauf noch 24 Stunden ohne

Nahrung gehalten wurden, waren bereits mehr als die Hälfte zum Kampfe bereit (32 von 60).

Deutlich kommt auch im folgenden Versuch zum Ausdruck, wie der Hunger das Zentrum für das Verhalten zur Nahrungsaufnahme erregt und damit die Schwellenreizgrenze herabdrückt. Nach dem gleichen Prinzip wie der eben erwähnte Jagdtest wurde ein Zuckerwassertest durchgeführt. Die Ameisen kamen zu zweit in die Versuchsschale, wo sie aber statt eines Beuteinsektes eine kleine

Tabelle 44
Beziehung zwischen Stärke der Kampfstimmung und Füllungsgrad des Kropfes (und Mitteldarmes)

	kein Angriff	kurzer Angriff	Kampf
Kropf voll Test sofort	33	16	11
Kropf leer Test sofort	18	15	27
Kropf leer Test nach 24 Stunden	12	16	32

Tabelle 45
Der Zuckerwassertest an 6 × 20 Arbeiterinnen mit verschieden starker Rohrzuckerlösung nach verschieden langer Hungerszeit. Die Tabelle gibt an, wie viele Tiere jeder Gruppe das Zuckerwasser angenommen haben

	100-	75-	25-	15-	7-	3%ige Lösung
0	7	4	8	2	0	0
24	6	9	9	10	1	1
48	7	10	13	15	4	1
72	10	16	16	19	15	13
Std. Hunger						

Tabelle 46
Der Zuckerwassertest an 6 × 20 Arbeiterinnen mit verschieden starker Rohrzuckerlösung nach verschieden langer Hungerszeit. Die Tabelle gibt an, wie lange (Sec.) insgesamt von den Tieren einer Gruppe Zuckerwasser aufgenommen wurde

	100-	75-	25-	15-	7-	3%ige Lösung
0	165	45	122	14	0	0
24	143	205	103	174	21	18
48	210	232	447	314	42	8
72	606	730	840	1107	648	379
Std. Hunger						

Glasplatte mit Zuckerwasser vorfanden. Es wurde notiert, ob die Prüflinge nach einer Berührung der Flüssigkeit mit den Fühlerspitzen von dieser saugen oder nicht und im ersteren Fall dann auch die Dauer des Saugens zu Protokoll genommen. Insgesamt gelangten 6 Gruppen von je 20 (individuell gezeichneten) Tieren zur Prüfung, und zwar jede Gruppe 4mal: einmal sofort nach einer zuvor erfolgten Fütterung, ferner nach einer 24-, 48- und 72stündigen Hungerszeit. Zum Test erhielt jede Gruppe das Zuckerwasser in einer anderen Konzentration, nämlich 100-, 75-, 25-, 15-, 7- und 3%ig (bezogen auf eine bei 20°C gesättigte Rohrzuckerlösung). Nach jeder Versuchsserie bekamen alle Gruppen gleichermaßen 3—4 Tage lang reichlich gute Nahrung, bis die neue Fastenzeit einsetzte, während der den Tieren nur reines Wasser zur Verfügung stand, damit die Ergebnisse nicht durch einen Faktor „Durst" beeinträchtigt werden konnten.

Abb. 42. Eine Arbeiterin beim Zuckerwassertest

In der Tabelle 45 ist nun zusammenfassend dargestellt, wieviele Tiere einer jeden Gruppe nach einer bestimmten Hungerszeit zur Aufnahme des Zuckerwassers der betreffenden Konzentration bereit waren bzw. in Tabelle 46, wie viele Sekunden lang insgesamt von der Gruppe die Futterlösung aufgenommen wurde. Aus beiden Tabellen ist ersichtlich, daß die Werte für jede Gruppe mit steigender Hungerszeit zunehmen, d. h., die Bereitschaft, die Stimmung zur Futteraufnahme wird intensiver und erfaßt mehr Tiere. Weiterhin zeigt sich deutlich, wie die Reizschwelle zur Futteraufnahme mit zunehmender Hungerszeit, also mit gesteigerter Aufnahmebereitschaft, sinkt. Vermag eine 7%ige Lösung bei kurz zuvor gefütterten Tieren noch keine Saugreaktion auszulösen, so reicht diese Konzentration nach 72 Hungertagen für $^3/_4$ der Gruppenmitglieder zur Nahrungsaufnahme aus. Sogar eine 3%ige Zuckerlösung, die sonst als unterschwellig unwirksam bleibt, ist dann als Signalreiz stark genug.

Der Sättigungsgrad stellt also einen Faktor dar, der — besonders in seinenExtremfällen Hunger und Übersättigung — direkt den Erregungsgrad der Stimmungszentren verändert und damit auch Reizschwellenänderungen bewirkt.

4. *Erfahrung*

Die Erfahrung nimmt eine gewisse Mittelstellung zwischen endogenen und exogenen „einstimmenden“ Faktoren ein. Sie ist hier zu den letzteren zu rechnen, da es sich um einen in der Vergangenheit durch Einwirkung der Außenwelt entstandenen Einfluß handelt. Die Tiere können bei ihren Arbeiten, bei ihren Exkursionen voneinander verschiedene Erfahrungen sammeln, d. h. verschiedene Assoziationen erwerben, so daß dieser Faktor durchaus die Individualität fördert.

Die Erfahrung kann nie die Endhandlung einer instinktiven Tätigkeit verändern, sondern nur entweder im Appetenzverhalten wirksam werden oder aber direkt stimmungsbildend oder -fördernd auftreten.

Den ersten Fall zeigte die Untersuchung der Arbeitsteilung der Außendiensttiere. Bei ihren Ausflügen zur Nahrungssuche benutzten die Tiere stets den gleichen, ihnen durch Erfahrung bekannten Weg, an dessen Ende sie bereits mehrfach ihren Sammeltrieb befriedigen konnten. So erschienen einzelne Individuen tagelang bei den Lausherden einer bestimmten kleinen Birke (Seite 59), oder in einem kleinen Umkreis um den Ort einer erfolgreichen Insektenerbeutung stellten sich noch 3 Tage die gleichen Jäger ein (Seite 67).

Am 5. 6. 1956 markierte ich im Freien 30 Tiere mit gelber Schellackfarbe, die sich 6 m vom Nest an einem ausgelegten Stückchen Fleisch eingefunden hatten. Einen Tag später befanden sich bei einer kurzen Stichprobe 2 gezeichnete Tiere am Fleisch, am 2. Tag waren es 7, am 3. einmal 4 und bei einer zweiten Stichprobe 8 markierte Tiere. Am 4. Tag ergab die Kontrolle 3 Gezeichnete. So konnte ich bis zum 15. Tag nach der Markierung noch bekannte Tiere antreffen, die durch die Erfahrung immer wieder an die gleiche Stelle geführt wurden, so wie die Blattlausbesucher an ihre Lausherde. Später saugten keine Ameisen mehr an den Fleischresten.

Dressurexperimente von GRABENSBERGER (1934) an verschiedenen Ameisengattungen und -arten, darunter auch an *F. rufa* L., haben das Vorhandensein auch eines Zeitgedächtnisses gezeigt. Für *F. rufa* L. wird ein Dressurversuch auf einen 22-Stunden-Rhythmus beschrieben. Der Autor reichte im 22-Stunden-Abstand je eine halbe Stunde Zuckerwasser 5 m von einem Nest entfernt. Während sonst im Durchschnitt etwa 10 bis 15 Tiere im Versuchsgebiet waren, stellten sich zur Futterzeit durchschnittlich 150 Tiere, im Höchstfalle 225 Tiere ein. Am 4. Tag blieb die Fütterung aus, es kamen bis zu 25 Tiere. Am 5. Tage war die Zahl zur Testzeit nur 13. Es konnte also eine, wenn auch nur geringe Nachwirkung erzielt werden. Ich führte 3 Versuche im Freiland und einen im Labor am Kunstnest zur Prüfung des Zeitgedächtnisses im 24-Stunden-Rhythmus durch. Sie zeigten alle keinen Erfolg, selbst — wie im ersten Versuch — nach 14tägiger Dressurfütterung nicht. Ich will deshalb hier nur das tabellarisch zusammengefaßte Protokoll eines Versuches wiedergeben. Der Versuch dauerte vom 28. 5. bis zum 2. 6. 1956; das Wetter war stets gleichmäßig warm und heiter, nur der 2. 6. war etwas kühler. Die Futterstelle befand sich ständig im Schatten, 6 m von dem Nest entfernt. Als Köder nahm ich ein Stück frisches Fleisch, das an 3 Tagen nach der 10^{00} Uhr-Zählung bis 11^{00} Uhr ausgelegt wurde. Eine Nachwirkung trat jedoch nicht auf. An den beiden Kontrolltagen zeigte sich kein verstärkter Ameisenbesuch an der Dressurstelle (Tab. 47).

Es liegt nahe, in den Fällen, in denen die Erfahrung die Ameise immer an die gleiche Örtlichkeit führt, diese gänzlich für die Arbeitsstetigkeit verantwortlich zu machen, indem die Stetigkeit lediglich als Resultat einer gleichartigen Betätigungsgelegenheit angesehen wird. Im Kapitel IV C wurde jedoch gezeigt, daß

Tabelle 47

Zeitdressur. Die Tabelle gibt an, wieviele Arbeiterinnen sich bei einer Beobachtungsdauer von 1 Minute innerhalb einer 30 × 30 cm^2 großen Versuchsfläche aufhalten. Die umrandeten Werte liegen in der Fütterungszeit. Eine Nachwirkung ist nicht zu bemerken.

Datum 1956	Kontrolle							
	7^{00}	9^{00}	10^{00}	10^{30}	11^{00}	12^{00}	14^{00}	16^{00}
28. 5.	6	3	8	5	9	3	14	8
29. 5.	1	11	1	2	1	2	6	2
30. 5.	1	2	2	3	0	0	3	4
31. 5.	5	1	2	4	1	2	5	6
1. 6.	6	3	4	1	8	7	4	8
2. 6.	2	1	1	9	6	6	3	3

Datum 1956	Versuch							
	7^{00}	9^{00}	10^{00}	10^{30}	11^{00}	12^{00}	14^{00}	16^{00}
28. 5.	3	3	7	1	6	2	4	5
29. 5.	4	7	1	17	26	17	8	8
30. 5.	8	4	5	11	20	10	8	4
31. 5.	3	6	4	10	22	8	7	5
1. 6.	4	6	3	5	6	5	7	8
2. 6.	2	6	5	6	7	3	4	5

das Primäre und Ausschlaggebende die vorhandenen Stimmungen sind, die sich des Erlernten nur bedienen, um sicher die spezifischen Reizsituationen zu finden, die die spannungslösende „consumatory action" auslösen können. Soll die Erfahrung die Individualität verändern, dann kann sie das nur dadurch, daß sie direkten Einfluß auf die Stimmungen des Tieres nimmt, d. h. den Erregungsgrad der betreffenden Zentren steigert oder senkt.

Daß das Erlebte tatsächlich das Verhalten einer Arbeiterin direkt bestimmen kann, wurde an den zahlreichen Laborbeobachtungen deutlich, bei denen eine Handlung von einem Tier mit steigender Heftigkeit unmittelbar hintereinander wiederholt wurde. Hier seien einige Beispiele genannt:

Am 31. 8. 1955 traf Arbeiterin B/S auf ein Puppenlager in Kammer I des Nestes B. Sie faßte eine Puppe und trug sie in die zweite Kammer. Sie war aber nun dadurch, daß die Puppe in einem günstigen Milieu lag, nicht etwa zufriedengestellt. Sie eilte sofort zurück in Kammer I und holte eine zweite nach Kammer II. Dies tat sie mit äußerster Hast 14mal in 7 Minuten! Es war, als ob nach einem erfolgten Transport eine Erinnerung an die Puppen in ungünstiger Lage — irgendeine nervöse Nachwirkung — die Ameise stets in neue Erregung versetzte, die die Voraussetzung für den folgenden Puppentransport bildete. Ihre Nestgenossen zeigten sich nicht erregt und beteiligten sich auch nicht am Transport.

Am 14. 3. 1955 wurden 15 kleine Schlupfwespen in den Auslauf des Nestes A gegeben. Arbeiterin Nr. A/aa kommt langsam aus dem Nest in den Auslauf und trifft mehrmals auf die kleinen Wespen. Ihre Kampfstimmung wurde sofort erregt, und sie eilte hastig suchend umher, bis es ihr gelang, eines der Beutetiere zu fassen. Sie schleppte es ins Nest und legte es ab. Danach stürzte A/aa sofort wieder — sichtbar erregt — in den Auslauf, suchte eine der Wespen und trug sie ins Nest. Das wiederholte sich 6mal unmittelbar hintereinander, dann entdeckte unsere Ameise keine Beute mehr, stieß an das Zuckerwasser, leckte davon und ging dann ins Nest, wo sie Gefährtinnen und eine Königin fütterte.

Solche wiederholten Handlungen sind keine Seltenheit. Ich beobachtete sie auch beim Umlagern von Eiern von Kammer zu Kammer oder auch beim Eintragen von neuen Arbeiterinnen vom Auslauf in das Nest oder aber bei einem von mir arrangierten Umzug von Kunstnest zu Kunstnest.

In den erwähnten Fällen bestimmte die Erfahrung nur für relativ kurze Zeit das Verhalten der Tiere. Die Frage, ob das Erlebte die individuellen Verhaltenseigenschaften einer Arbeiterin für mehrere Lebenstage oder Wochen oder gar für ihr ganzes Leben festlegen kann, berührt das Problem, ob die individuelle Vorliebe für eine Arbeit eine erworbene oder eine angeborene Eigenschaft ist. Im Literaturbericht ist auf Seite 10 mitgeteilt, daß in diesem Punkt verschiedene Auffassungen herrschen. GOETSCH fand, daß *Messor*-Spezialisten, einmal zwangsweise an eine andere Beschäftigung gewöhnt, diese beibehalten, auch wenn sie später wieder Gelegenheit zur Ausführung der ersten Tätigkeit haben, so daß die Spezialisation nur ein Verharren bei der Betätigungsart darstellt, an die die Arbeiterin einmal geraten ist. Im Gegensatz dazu beobachtete EHRHARDT (1931), daß *Myrmica-laevinodis*-NYL.-Spezialisten in dem eben beschriebenen Falle die alte Arbeit wieder aufnehmen. Er schließt daraus auf eine angeborene Vorliebe für bestimmte Arbeiten und bekräftigt diese Anschauung noch durch folgende Experimente:

Beim Umsetzen von Tieren in andere Völkchen, also in neue Gemeinschaften, behielten sie ihre Eigenart bei. Jungtiere wurden in Einzelhaft zu bestimmten Arbeiten (Graben, Brutpflege) gezwungen; sie zeigten, später in die Gemeinschaft gesetzt, ganz verschiedenes Verhalten, unbeeinflußt von der Arbeit, zu der sie vorher gezwungen worden waren.

Ähnliche Versuche, die ich anstellte, brachten in dieser Hinsicht keine Ergebnisse, da die Ovarien der isolierten Jungtiere nicht zur Entwicklung kamen und die Arbeiterinnen nach dem Zusetzen gleich den Außendienst aufnahmen.

Ich möchte zugunsten der Annahme von der angeborenen Individualität darauf hinweisen, daß die Spezialisierung auf eine Innenarbeit bereits sehr zeitig, in den ersten Lebenstagen, sichtbar wird und daß die Tiere eines gleichen Schlupfalters verschiedene Neigungen zeigen, obwohl sie alle unter denselben Nestverhältnissen leben und gleiche Betätigungsmöglichkeiten haben.

VI. DISKUSSION

In seiner Veröffentlichung über die Arbeitsteilung im Bienenstaat kommt LINDAUER (1952) zu der Schlußfolgerung, daß die Frage nicht mehr heißt: „Wie weiß die einzelne Biene, was sie in jedem Augenblick zu tun hat, damit ihr Handeln dem jeweiligen sozialen Bedürfnis gerecht wird?", sondern: „Wie ist dafür gesorgt, daß die nun einmal festgefügten Instinkthandlungen und Reaktionen, die bei Tausenden von Bienen auf die mannigfaltigen Reizsituationen der Umwelt ansprechen, in der Regel wie ein Zahnradgetriebe ineinander greifen?"

Das Prinzip, das im wesentlichen für diese Regulation sorgt, ist in der vorliegenden Schrift herausgearbeitet worden, indem die Beobachtungen über die Arbeitsverteilung im Waldameisenstaat mit der LORENZschen Instinktlehre in Verbindung gebracht wurden: Das regulierende Prinzip besteht in erster Linie in der Tatsache, daß zum Ablauf einer instinktmäßigen Handlung sowohl eine innere Bereitschaft, eine Stimmung im Tier vorhanden sein muß als auch eine den Handlungsablauf auslösende äußere Reizsituation. Je stärker die eine Kmoponente ist, desto schwächer braucht die andere zu sein, damit die angeborene Handlung zustande kommt. Je stärker der Trieb nach einer bestimmten Betätigung ist, desto schwächer kann der Auslösereiz für diese sein, und umgekehrt, je stärker der Auslösereiz ist, um so mehr werden Tiere mit schwächerer Stimmung mit dieser Tätigkeit beginnen.

Entsprechend ihrer ausgeprägten Individualität ist die Bereitschaft, eine bestimmte Tätigkeit auszuführen, bei den einzelnen Arbeiterinnen ganz verschieden. Die Unterschiede in dieser Bereitschaft sind nicht absolut, sondern nur graduell; es gibt alle Übergänge zwischen Tieren, bei denen ein bestimmter Trieb ganz zu fehlen scheint, bis zu solchen, bei denen er dominierender Faktor im Verhalten ist. Sind für irgendeine Arbeit, sei es für die Brutpflege, für die Reinigung, Nahrungsbeschaffung usw., in einem Volke zu wenig Arbeiter da, so wird der Reiz, der von den hungrigen Larven, schmutzigen Puppengespinsten, bettelnden Gefährtinnen usw. ausgeht, immer stärker und anhaltender, so daß er schließlich auch für Tiere mit geringer Bereitschaft (und hohem Reizschwellenwert) ausreichend ist, den Handlungsablauf auszulösen.

Nach diesem Prinzip wird jeweils in jedem einzelnen Falle entschieden, welche Verrichtung ein Tier ausführt. Dabei ist jedoch zu berücksichtigen, daß die Bereitschaft für eine bestimmte Tätigkeit keine passiv im Tier schlummernde Potenz ist, die durch den Schlüsselreiz geweckt wird, sondern daß sie als Trieb das Tier zur aktiven Suche — eventuell unter Verwertung von individuellen Erfahrungen — nach diesen Reizen veranlaßt.

Die Ursache für die Verteilung der Arbeit nach „Berufsgruppen" im *minor*-Staat ergibt sich aus einer individuell verschiedenen Triebstärke für eine bestimmte Tätigkeit. Je nach Größe und gegenseitigem Größenverhältnis der Erregungen für die verschiedenen Verhaltensformen erscheint ein Arbeiter als Spezialist oder als unstetes Tier. In diesem Zusammenhang ist auch das „Ruhen" angestrebte Instinkthandlung. Die individuellen Unterschiede in der Triebstärke werden bereits in den ersten Lebenstagen erkennbar.

Eine so relativ strenge gegenseitige Abhängigkeit von Alter, Entwicklung bestimmter Drüsen und Verhalten, wie sie im Staate der Honigbiene vorliegt, fehlt bei *F. rufa* L. Das Alter hat nur einen allgemeinen Einfluß auf die Arbeit, indem „mit dem Altern" eine Umstellung vom Innendienst zum Außendienst stattfindet. Es konnte auch kein exkretorisches Drüsensystem gefunden werden, das sich — wie die Pharynx- und Wachsdrüsen der Honigbiene — nur während einer bestimmten und zeitlich begrenzten Tätigkeitsperiode in funktionsfähigem Zustand befindet. Es ließ sich lediglich nachweisen, daß die Maxillardrüsen bei Innendiensttieren und — unter gewissem Vorbehalt — die Kerne der Mandibulardrüsen von Bauarbeiterinnen im Durchschnitt signifikant größer, also wahrscheinlich auch aktiver sind als bei anderen Arbeiterinnen. Aber bei diesen anderen waren die betreffenden Drüsen nicht so schwach entwickelt, daß man sie als funktionsunfähig oder gar als degeneriert bezeichnen müßte. Damit steht im Zusammenhang, daß die *minor*-Arbeiterin im Prinzip in jedem Alter alle Arbeiten — sogar das Füttern der Larven — verrichten kann, wenn sie dazu gezwungen wird, wie die Blattlausbesucher in der Zwangslage (s. Kap. IV D) bewiesen haben.

Im Gegensatz zu dem eben über die Exkretdrüsen Gesagten besteht ein strenger Zusammenhang zwischen dem Entwicklungsstadium der Ovarien und der Betätigung innerhalb bzw. außerhalb des Nestes. Von den vorhandenen Eiern wird das Verhalten unmittelbar oder mittelbar derart beeinflußt, daß die Arbeiterin das Nest nicht verläßt. Erst während oder nach der Eiresorption wendet sie sich dem Außendienst zu. Die Corpora allata spielen dabei keine Rolle; ihre Größenschwankungen stehen in keinem Zusammenhang mit der Ovarienentwicklung oder mit dem Verhalten.

GOETSCH (1930) erkannte bei seinen Untersuchungen an den polymorphen, körnersammelnden Ameisen die Größe als wesentlichen, das Verhalten beeinflussenden Faktor. Dieser Faktor tritt im *minor*-Staat bedeutend zurück. Er macht sich darin bemerkbar, daß kleine Arbeiter am Transport von Lasten selten beteiligt sind, die kleinsten nie, und ferner auch darin, daß die Vorliebe für die Ei- und Larvenpflege bei den kleinen, die für das Untätigsein bei den größeren Exemplaren häufiger vorhanden ist.

Ein morphologischer oder physiologischer Faktor, der letzten Endes für die Individualität der Arbeiterinnen verantwortlich gemacht werden kann, ließ sich also nicht finden. Die Frage, weshalb gleichaltrige Tiere in gleichartiger Situation sich unterschiedlich verhalten, muß deshalb noch offenbleiben.

*

Ein Ameisenstaat wurde schon oft mit einem Organismus verglichen, bei dem durch die Arbeitsteilung die einzelnen Zellkomplexe (Gewebe, Organe) unselbständig geworden sind. Die harmonische Zusammenarbeit der spezialisierten Organe eines Zellenstaates wird durch nervöse und humorale Faktoren geregelt. Auch im Ameisenstaat müssen die einzelnen Glieder harmonisch miteinander zu einer organischen Einheit verbunden sein. Durch die Instinktanalyse wurde ein regulierender Faktor bekannt. Da er sich der Sinnesorgane und des Nervensystems der Einzeltiere bedient, läßt er sich in gewissem Sinne mit dem nervösen Regulationsprinzip in einem Zellenstaat vergleichen.

Eine Parallele zu den humoralen, stofflichen Regulationen in einem Organismus ist jedoch auch festzustellen, nur daß eben nicht Stoffe zwischen den Zellen eines Zellenstaates, sondern zwischen den Individuen eines Individuenstaates ausgetauscht werden.

Das zuerst von WHEELER beschriebene Trophallaxis-Prinzip, nach dem der Insektenstaat durch stoffliche Beziehungen zusammengehalten wird, ist durch zahlreiche neue Untersuchungen wieder stark in den Mittelpunkt der Diskussion gerückt. Allerdings bietet die mir bekannte Literatur nur Beispiele für eine durch Nähr- oder Wirkstoffe bewirkte Regulation zwischen den sterilen und fertilen Weibchen im Insektenstaat. MÜSSBICHLER (1952) brachte für die Honigbiene, BIER (1954) für die Ameisenart *Leptothorax tuberum unifasciatus* LATR. den Beweis, daß zwischen Larven, Königinnen und der Sterilität der Arbeiter enge stoffliche Beziehungen bestehen. Die Arbeit von BIER macht wahrscheinlich, daß die Arbeiterinnen eine fertilitätsfördernde Substanz erzeugen, die sie an die Königinnen verfüttern. Fehlt die Königin, so staut sich die Substanz bei einigen der Arbeiterinnen, wodurch deren Ovarien fertil werden.

Ebenso beruht die von PARDI (1947) beschriebene Erscheinung der Rangordnung im Staate von *Polistes gallicus* L. auf einer einseitigen Lenkung des Säftestromes. Es werden viel mehr ranghöhere Tiere von rangtieferen gefüttert als umgekehrt, so daß die ranghöheren sichtlich im Nahrungsvorteil sind. Besonders erhalten ranghöhere die von den Larven gelieferten Ausscheidungen, so daß sie sich schließlich beim Spitzenweibchen, der eierlegenden Königin, anreichern. Stirbt es, so beginnt das in der Rangordnung nächstfolgende Weibchen mit der Eiablage. Daß durch die Zusammensetzung des Futters, das die Brutpfleger den Larven anbieten, die Entscheidung gefällt wird, ob aus diesen Larven Königinnen oder Arbeiterinnen entstehen, ist für *Apis mellifica* L. seit langem bekannt und für die kleine Rasse der Roten Waldameise neuerdings durch BIER (s. Seite 4) gezeigt worden. GOETSCH konnte beweisen, daß die Brutpfleger von Arten mit polymorphen Arbeiterkasten durch die Art der Larvennahrung die zukünftige Kastenzugehörigkeit ihrer Zöglinge bestimmen. Damit bei den Ameisen großköpfige Giganten und bei den Termiten Soldaten entstehen, muß den Larven in einer bestimmten sensiblen Periode Vitamin T in Verbindung mit eiweißreicher Nahrung zugeführt werden.

In all den angeführten Fällen bewirkt Lenkung, Veränderung oder Auswahl der Nahrungsstoffe eine Regulation der Arbeitsteilung im Großen, eine Gliederung der Nestinsassen in fertile und (polymorphe) sterile Tiere.
Auf Seite 104 der vorliegenden Arbeit ist ein Versuch beschrieben, bei dem Gruppen junger Arbeiterinnen isoliert gehalten wurden. Unter diesen Verhältnissen entwickelten sich die Ovarien der Jungtiere nicht. Mit 37 Tagen ins Volk gesetzt, verhielten sich die Jungtiere deshalb wie Außendiensttiere. Zur normalen Ovarienentwicklung ist also neben Eiweißnahrung auch die Anwesenheit älterer Arbeiterinnen unbedingt erforderlich. Die Annahme liegt nahe, daß ein verhinderter Austausch irgendwelcher Stoffe zwischen jungen und alten Individuen das Ausbleiben der Ovarienentwicklung bei isolierten Tieren verursacht. Daß zwischen Jung- und Alttieren ein besonders intensiver Futteraustausch stattfindet, geht eindrucksvoll aus Tabelle 14 hervor, die eine Auswertung des Versuches zum Nachweis von Fütterungsgruppen gibt. Zur Beobachtung befanden sich 105 22 Tage alte, bis dahin isoliert gehaltene Arbeiterinnen und 90 Tiere des Außendienstes gemeinsam in einer Glasschale. Während die Alten sich 87mal untereinander fütterten, fand zwischen den Jungen nur 12mal ein Futteraustausch statt; letztere fütterten aber 41mal Alttiere und wurden von diesen 88mal gefüttert. Das bedeutet, daß die Alttiere beim Futterspenden keinen Unterschied zwischen ihresgleichen oder Jungtieren machen, daß letztere dagegen beim Futterspenden und noch mehr beim Futterempfangen alte Arbeiter auffällig bevorzugen.
In unserem Fall ist durch eine Unregelmäßigkeit im von Individuum zu Individuum gehenden Säftestrom auf dem Umweg über die Ovarienentwicklung eine Verhaltensänderung bei den Arbeitern hervorgerufen worden! Diese Erscheinung findet eine gewisse Parallele in der Abhängigkeit der Pharynxdrüsenentwicklung und damit des Brutpflegeverhaltens von Ernährungsfaktoren während der ersten Imagotage im Bienenstaat (s. z. B. OTTO, 1955).

*

Vorliegende Arbeit gibt eine Analyse von Art und Ausmaß der Arbeitsteilung im *minor*-Staat und deren verhaltensphysiologischen (und den damit in Zusammenhang stehenden morphologischen und physiologischen) Grundlagen. Die Untersuchung hatte den rein wissenschaftlichen Zweck, Aufbau und Wesen des Insektenstaates sowie die Prinzipien seiner inneren Organisation kennenzulernen, um gleichzeitig einen Beitrag zur tieferen Kenntnis der Biologie eines sozialen Tieres zu liefern, das sich der Mensch in seine Dienste stellen will. Die Ergebnisse sind deshalb nicht ohne Bedeutung für die angewandte Myrmekologie:
Die Tatsache der weitestgehenden Regulationsfähigkeit in der Arbeitsverteilung innerhalb des Innendienstes und auch zwischen Innen- und Außendienst zeigt, daß eine umfangreiche Entnahme von Arbeiterinnen aus einem Volke, wie sie z. B. bei der künstlichen Ablegerbildung im Rahmen einer Nestvermehrung notwendig wird, keine tiefgreifende Störung des Gleichgewichtes in der Arbeits-

verteilung zur Folge hat. Eine solche Plastizität ist deshalb möglich, weil der Arbeitsverteilung ein instinktbiologisches und nicht ein starres genetisches oder morphologisches Prinzip zugrunde liegt.

Diese Plastizität ermöglicht es auch, aus Nestern einer der Puppengewinnung dienenden Ameisenfarm jährlich eine einmalige, größere Puppenentnahme an Stelle mehrerer kleinerer durchzuführen, ohne befürchten zu müssen, daß durch den Ausfall einer ganzen Altersgruppe der harmonische Arbeitsablauf im Gesamtvolk ernstlich gestört wird. Allerdings ist es ratsam, die Puppen etwa an der Grenze zwischen dem 2. und 3. Drittel der Brutperiode zu entnehmen, da die an deren Ende schlüpfenden Arbeiterinnen im folgenden Jahr zunächst den Hauptanteil an der Aufzucht der Geschlechtstiere und der ersten Arbeiterbrut haben, und andererseits die im Frühsommer schlüpfenden Tiere die Winterverluste ausgleichen und das Volk für die Vegetationsperiode stärken müssen.

Die Regulation innerhalb des Außendienstes gestattet eine schnelle Anpassung an die gegebenen Nahrungsverhältnisse. Bei stärkerem Auftreten eines Insektes nehmen immer mehr der Außenarbeiter den Kampf mit der Beute auf, während sie zu insektenarmen Zeiten Honigtau eintragen und nur einige Spezialisten weiterhin nach Beuteinsekten suchen. Diese Eigenschaft macht die Rote Waldameise für unsere waldhygienischen Ziele besonders wertvoll. In diesem Zusammenhang soll noch ein anderes, für unsere Zwecke sehr nützliches Verhalten der Außenarbeiter erwähnt werden, nämlich ihre Ortstreue. Die Eigenschaft, immer wieder an den Ort zurückzukehren, an dem sie ihren Trieb zur Nahrungsbeschaffung erfolgreich befriedigen konnten, muß sich für den Forstschutz immer da vorteilhaft auswirken, wo Schadinsekten auf engem Raume konzentriert sind, sei es, daß sie durch die gemeinsame Fraßpflanze zusammengeführt werden, sei es, daß sie sich vom Eigelege aus noch nicht weit genug verstreut haben und gesellig fressen.

Schließlich ist es von großer Wichtigkeit, daß man bei jeder Beurteilung der Erfolgskraft der Waldameisen gegen eine bestimmte forstlich bedeutsame Schadinsektenart die instinktbiologische Grundlage der Jagdhandlungen berücksichtigt und das Verhalten der Ameisen nicht wie das von Reflexautomaten beurteilt. Wenn man durch eine kurze Stichprobe feststellt, daß die Schadinsekten auf den Straßen relativ selten eingetragen werden oder daß eine Ameise, der ein Schadinsekt vorgelegt wird, dieses nicht angreift, so darf man daraus noch keine negativen Schlußfolgerungen bezüglich der Einwirkung des Ameisenvolkes auf die Schädlingspopulation ziehen. Man muß vielmehr bei der Einzelprüfung die Unterschiede in der individuellen Kampfstimmung und alle kurz vor oder während der Prüfung auf die Ameise wirkenden Reize beachten und bei der Beurteilung der Häufigkeit, mit der die Schadinsekten eingetragen werden, die Tageszeit, die Temperatur und nicht zuletzt auch das Stadium der Spezialisation auf die Beute (s. S. 63) neben den anderen Faktoren wie Volksstärke und Rassenzugehörigkeit unbedingt in Betracht ziehen. Die Forderung nach einer ganzheitlichen Betrachtungsweise bei einer Erfolgskontrolle im Ameiseneinsatz wurde bereits von GÖSSWALD (1951, 1954) und BRUNS (1953) erhoben.

VII. ZUSAMMENFASSUNG

Vorliegende Arbeit gibt eine Analyse von Art, Ausmaß und Regulationsfähigkeit der Arbeitsteilung im Staate von *F. rufa rufo-pratensis minor* GÖSSW. Durch Beobachtung individuell markierter Arbeiterinnen bekannten Alters im Beobachtungsnest, durch Laboratoriumsexperimente verschiedener Art, durch Freilandbeobachtungen und -experimente, schließlich durch histologische Präparation und mikroskopische Messungen wurden folgende Erkenntnise gewonnen:

1. Die Arbeitsteilung beruht auf instinktbiologischer Grundlage. Durch individuelle Unterschiede in der Triebstärke für eine bestimmte Betätigung besitzen die einzelnen Arbeiterinnen verschieden hohe Grenzschwellen für die Auslösereize der angeborenen Instinktbewegungen, so daß sich die Tiere in gleichen Situationen verschieden verhalten.
2. Die Verteilung der Arbeit geschieht nicht nach dem Prinzip einer vom Alter bestimmten, für alle Tiere gleichartigen Folge der Beschäftigungsarten, sondern sie erfolgt entsprechend der individuellen Vorliebe für die einzelnen Arbeiten.
3. Eine Arbeiterin widmet sich im ersten Teil ihres Lebens nur Arbeiten innerhalb des Nestes, im zweiten betätigt sie sich außerhalb des Nestes. Der Zeitpunkt des Wechsels vom Innendienst zum Außendienst ist von Tier zu Tier stark verschieden und nicht durch ein bestimmtes Alter oder eine bestimmte Jahreszeit festgelegt; er liegt aber normalerweise nicht vor dem 40. Lebenstag. Zu Beginn einer Brutperiode (Anfang Juni) geschlüpfte Arbeiterinnen können noch im gleichen Jahr das Nest verlassen oder erst im 2. Lebenssommer. Gegen Ende der Brutperiode (Ende August) geschlüpfte Arbeiterinnen nehmen im gleichen Jahr nicht mehr den Außendienst auf.
4. Im Innen- wie im Außendienst gibt es arbeitsstete Spezialisten und arbeitsunstete Tiere, zwischen allen bestehen nur graduelle Unterschiede.
5. Innerhalb der Beschäftigungsarten Ei-Larvenpflege, Puppenpflege, Verwerten toter Beute, Honigtaueintragen und Jagd gibt es keine weitere Aufteilung der Arbeiten auf verschiedene Tiere. Je nach den augenblicklichen Umständen tritt bei jedem beteiligten Tier eine der verschiedenen, möglichen Verhaltensweisen auf. Am Bau der Nestkuppel beteiligen sich Arbeiterinnen, die grobes Material aus der Umgebung zusammentragen, und andere, die die Lücken mit beim unterirdischen Bauen anfallendem Feinmaterial ausfüllen. Alle Bautiere sind — entsprechend ihrem Ovarienzustand — Außendienst-

tiere. An der Nestreinigung beteiligen sich sowohl Innen- als auch Außenarbeiter, aus dem Nest herausgetragen werden die Rest- und Abfallstoffe jedoch nur von letzteren. Ein die Königin betreuender, ständiger „Hofstaat“ existiert nicht; ebenso gibt es keine besonderen Wachtiere.

6. Bei den Innenarbeiten überwiegen die mannigfaltigen Brutpflegeleistungen; für sie gibt es die meisten Spezialisten. Die Ei- und Larvenpflege kann entweder nur im ersten Jahr, nur im zweiten oder in beiden Jahren ausgeführt werden. Im ersten Jahr wird der Pflegedienst an Eiern und Larven meist im Alter von etwa 50 Tagen wieder aufgegeben. Manche Tiere pflegen niemals die Brutstadien.
7. Die übrigen Beschäftigungsarten im Innendienst (Verwerten der Beute, Pflege von Gefährtinnen und Königinnen, Nestreinigung) treten seltener auf, sie werden nur von wenigen Arbeiterinnen bevorzugt und häufig von unsteten Tieren ausgeführt.
8. Das untätige Umherlaufen und das Ruhen müssen als angestrebte Instinkthandlung angesehen werden. Sie treten bei manchen Individuen nur als kurze Ruhepause, bei einem großen Teil des Volkes aber als vorherrschende Verhaltensweise auf.
9. Im Außendienst ist ein Wechsel zwischen den Betätigungsarten häufiger, dennoch konnten einige Blattlausbesucher mehrere Wochen, im Höchstfalle 43 Tage und einige Beuteträger bis zu 15 Tagen bei der gleichen Beschäftigung beobachtet werden; es ist wahrscheinlich, daß sie dieser Beschäftigung noch länger treu bleiben können.
10. Das Alter ist nicht bestimmend für das Verhalten; gleichaltrige Individuen besitzen unterschiedliche Vorzugsbeschäftigungen. Ein Alterseinfluß wird lediglich bei den körperlich noch schwachen Jungtieren während der ersten 5 Lebenstage deutlich und ferner in der allgemeinen Tendenz, mit steigendem Alter vom Innen- zum Außendienst zu wechseln. Dieser Umschwung ist jedoch nicht altersmäßig festgelegt, er kann sich im ersten oder erst im zweiten Lebenssommer vollziehen.
11. Die Größe der Individuen ist für die Arbeitsverteilung nur von geringer Bedeutung. Kleine Arbeiter beteiligen sich selten, kleinste nie am Transport von Lasten. Die Vorliebe für die Ei- und Larvenpflege ist bei den kleineren, die für das Untätigsein bei den größeren Exemplaren häufiger vorhanden. Auf die Arbeitsstetigkeit hat die Körpergröße keinen Einfluß.
12. Die Ovarien der Arbeiterinnen durchlaufen einen Entwicklungszyklus, der aus einer Eiwachstums- und einer Eiresorptionsphase besteht. Das Vorhandensein der Eier in der ersten Phase beeinflußt das Verhalten der Arbeiterin mittelbar oder unmittelbar derart, daß die Arbeiterin das Nest nicht verläßt. Erst während oder nach der Eiresorption wendet sie sich dem Außendienst zu. Nach vollendeter Eiresorption kann keine neue Eibildung mehr stattfinden.
13. Der Entwicklungszyklus der Arbeiterovarien kann nicht normal ablaufen, wenn den Jungtieren nur Kohlehydratnahrung zur Verfügung steht und wenn

sie von Alttieren getrennt werden. Auf diese Weise experimentell eifrei aufgezogene Arbeiterinnen beschäftigen sich, in ein normales Volk versetzt, außerhalb des Nestes.

14. Die Corpora allata zeigen individuelle Größenunterschiede. Es konnte aber keine Beziehung zwischen diesen und der Ovarienentwicklung bzw. dem Verhalten festgestellt werden.

15. Es tritt kein Exkretdrüsensystem bei einer bestimmten Beschäftigung so eindeutig in den Vordergrund, wie es bei *Apis mellifica* L. der Fall ist. Die Maxillardrüsenzellen sind bei den Innendiensttieren aller Beschäftigungsarten größer als bei den Außenarbeitern, die Kerne der Mandibulardrüsen von Feinbauarbeitern sind etwas größer als die von anderen Außendiensttieren. Aber auch bei den Exemplaren, bei denen die genannten Drüsen kleiner sind, sind diese nach Beurteilung des histologischen Bildes durchaus funktionsfähig und in keinem Falle degeneriert. Postpharynxdrüse, Thoraxdrüse, Metathoraxdrüse und Zungendrüse zeigen keine mit einer bestimmten Tätigkeit in Beziehung stehende Merkmale.

16. Es ist wahrscheinlich, daß die exkretorischen Drüsen folgende Funktion haben:
Postpharynxdrüse: Speichel zur Verwertung der Nahrung; Maxillardrüse: Bedeutung für Innendienstarbeiten, eventuell für die Einspeichelung der Eier und zur Larvenernährung; Mandibulardrüse: Baukitt zum Verkleben feiner Baustoffe; Zungendrüse: Schmierflüssigkeit für die Gelenke der Mundwerkzeuge; Thoraxdrüse: Speichel für das Reinigungslecken; Metathoraxdrüse: Duftstoff.

17. Sämtliche Innenarbeiten lassen keinerlei Abhängigkeit von tagesrhythmischen Faktoren erkennen, dagegen ist im Außendienst eine ausgeprägte Tagesperiodizität vorhanden. Die Beteiligung an Außenarbeiten steigt im Laufe des Tages an, erreicht am Nachmittag ihren Höhepunkt und läßt bis zum Abend wieder nach. Diese Schwankung an der Beteiligung wird unmittelbar von den im Tagesrhythmus wechselnden Reizen induziert.

18. Vor extrem heißen Temperaturen flüchten sich die Ameisen in den Schatten oder in die Nesttiefe. Die Jagdbewegungen werden mit steigender Temperatur schneller und heftiger, die Stärke der Jagdstimmung selbst wird jedoch von ihr nicht beeinflußt. Einen positiven Einfluß übt ein Temperaturanstieg auf das Einsetzen der Putzhandlung und des Futteraustausches aus.

19. Der Sättigungsgrad, besonders in seinen Extremfällen Hunger und Übersättigung, und der Füllungsgrad des Kropfes können den Erregungsgrad der Stimmungszentren direkt verändern und damit auch eine Reizschwellenänderung bewirken.

20. Die Erfahrung kann nie die Endhandlung einer instinktiven Tätigkeit verändern, sie kann nur entweder im Appentenzverhalten wirksam werden oder aber direkt stimmungsbildend oder -fördernd auftreten. Die Verwertung der Erfahrung ermöglicht es den Tieren, an den Ort, an dem sie ihren Trieb für eine bestimmte Tätigkeit einmal erfolgreich ausüben konnten,

in gleicher Stimmung wieder zurückzukehren (Ortstreue der Blattlausbesucher und Jäger). Die Erinnerung an stark wirkende Reize kann sogar die Erregung steigern und Anlaß zur sofortigen Wiederholung einer Verhaltensfolge werden. Erfahrungen über ein tageszeitlich eng begrenztes Finden von Nahrung (Zeitgedächtnis) werden nicht gesammelt und verwertet.

21. Da die Arbeitsverteilung nicht durch ein starres Prinzip (genetische Determination, Größe, Alter usw.) streng festgelegt ist, sondern instinktbiologische Grundlagen hat, und da die individuellen Charakterunterschiede nur graduell sind, ergibt sich die Möglichkeit einer weitgehenden Regulation der Verteilung entsprechend den sozialen Erfordernissen. Die durch die Triebstärke bestimmte Höhe der Reizschwelle auf der einen und die Stärke der Auslösereize auf der anderen Seite bewirken ein Gleichgewicht in der Verteilung der vorhandenen Arbeitskräfte auf die zu verrichtenden sozialen Arbeiten. Die Regulation tritt innerhalb der Innenarbeiten, innerhalb der Außenarbeiten und zwischen beiden auf.
22. Besondere Individuengruppen, die innerhalb des Volkes engere Gemeinschaften bilden, sind im *minor*-Staat nicht vorhanden.

Außerdem wurden noch einige Nebenergebnisse gewonnen:

1. Die Eizeit der Arbeiterinnenbrut betrug im Kunstnest bei 27°C 13 Tage, die Larven benötigten vom Schlüpfen bis zum Einspinnen 8 Tage, die Kokons lagen 14–15 Tage.
2. Bei einer 1 Jahr lang königinfreien, ständig durch Puppenzugabe verstärkten Gruppe von *minor*-Arbeiterinnen konnte die Ablage von Eiern und deren Entwicklung bis zu normalen Arbeiterinnen beobachtet werden.
3. Die Maxillardrüse der Formiciden ist der Pharynxdrüse der Apiden homolog. Die Homologie ist durch die Kriterien der Lage, der speziellen Qualität der Strukturen und der Verknüpfung durch Zwischenformen gesichert.
4. Die Drüsenzellen der Thoraxdrüse zeigen einen Arbeitsrhythmus; er verläuft bei allen Drüsenschläuchen eines Tieres synchron.

VIII. LITERATURVERZEICHNIS

(1) ADLERZ, G.: Myrmekologiska studier. II. Bih. Svenska Akad. 1886, 21.

(2) ALTMANN, G.: Ein Sexualwirkstoff bei Honigbienen. Z. Bienenforsch. 1950, **1**, 24.

(3) — Die Lokalisation der Sexualwirkstoffe bei der Honigbiene. Z. Bienenforsch. 1952, **1**, 124.

(4) BAERENDS, G. P.: Fortpflanzungsverhalten und Orientierung der Grabwespe *Ammophila campestris*. Z. Tierpsychol. 1941, **5**, 226—234.

(5) BELING, I.: Über das Zeitgedächtnis der Bienen. Z. vergl. Physiol. 1929, **9**, 259—338.

(6) BETHE: Die Heimkehrfähigkeit der Ameisen und Bienen. Biol. Zbl. 1902, **22**, 193—215, 234—238.

(7) BEUSEKOM, G. van: Some experiments on the optical orientation in *Philanthus triangulum* FABR. Ref. in: Z. Tierpsychol. 1949, **6**, 470.

(8) BEUTLER, R.: Der Geschmacksinn der Ameisen. Naturwiss. 1938, **26**, 822 — 823.

(9) BICKFORD, E.: Über die Morphologie und Physiologie der Ovarien der Ameisen-Arbeiterinnen. Zool. Jb. System. 1897, **9**, 1—26.

(10) BIER, K.: Beziehungen zwischen Nährzellkerngröße und Ausbildung ribonukleinsäurehaltiger Strukturen in Oocyten von *Formica rufa rufo-pratensis minor* GÖSSW. Verh. Zool. Ges. Freiburg 1952, 369.

(11) — Vergleichende Untersuchungen zur Fertilität der Ameisenarbeiterinnen. Zool. Anz. 1953, **150**, 282—288.

(12) — Über den Saisondimorphismus der Oogenese von *Formica rufa rufo-pratensis minor* GÖSSW. und dessen Bedeutung für die Kastendetermination. Biol. Zbl. 1954, **73**, 170—190.

(13) Über den Einfluß der Königin auf die Arbeiterinnen-Fertilität im Ameisenstaat. Insectes sociaux 1954, **1**, 7—19.

(14) BISCHOFF, H.: Biologie der Hymenopteren. 1927 Berlin, Springer Verl.

(15) BRUN, R.: Zur Biologie und Physiologie von *Formica rufa* L. und anderer Ameisen. Biol. Zbl. 1910, **30**, 524—545.

(16) — Die Raumorientierung der Ameisen und das Orientierungsproblem im allgemeinen. 1914, Jena, Fischer Verl.

(17) — Die moderne Ameisenpsychologie, ein anthropomorphistischer Irrtum? Biol. Zbl. 1917, **37**, 357—372.

(18) — Ergebnisse unserer Versuche über das Orientierungsvermögen der Ameisen. Naturwiss. 1918, **6**, 617—625.

(19) — Nochmals die wissenschaftlichen Grundlagen der Ameisenpsychologie. Biol. Zbl. 1918, **38**, 499—504.

(20) — Psychologische Forschungen an Ameisen. Handb. biol. Arbeitsmeth. (ABDERHALDEN) 1932, VI D, 179—233.

(21) BRÜNISCH: 1909 (Zit. nach RÖSCH, 1925).

(22) BRUNS, H.: Erfolgskontrolle und Erfolgsbeurteilung bei Kolonien der Roten Waldameise. Allgem. Forstz. 1953, **8**, 48.

(23) Beobachtung zum Verhalten (insbesondere Tagesrhythmus) der Roten Waldameise. 1954, Z. Tierpsychologie.
(24) — Wann und in welchem Umfang wird die Kleine Fichtenblattwespe von der Roten Waldameise eingetragen? Forstwiss. Zbl. 1954, **73**, 35.
(25) BUCKINGHAM, E. N.: Division of Labor among Ants. In: Proc. Amer. Acad. Arts and Science. 1911, **46**, 436—507.
(26) BUDDENBROCK, W. v.: Vergleichende Physiologie, I: Sinnesorgane, II: Nervenphysiologie, III: Hormone, 1950ff. Basel.
(27) BUTENANDT, A.: Über Wirkstoffe des Insektenreiches, I: Zur hormogonalen Regulation der Metamorphose. Nat.wiss. Rundschau. 1954, **7**, 355—358.
(28) BUTTEL-REEPEN, H. v.: Sind die Bienen Reflexmaschinen? Biol. Zbl. 1900, **20**, S. 97, 150, 177, 209, 289.
(29) CHAUVIN, R.: Le transport des proies chez les fourmies. Behaviour 1950, **2**, 249—256. Ref. in Z. Tierpsychol. 1950, **7**, 450.
(30) — Sur le determinisme de l'effet de groupe chez les abielles. Physiol. comp. et oecol. (Den Haag) 1952, **2**, 282—288. Ref. in Ber. wiss. Biol. 1954, 86, 202.
(31) CHEN, S.: Social modification of the activity of ants in nestbuilding. Physiol. Zool. 1937, 10, 420—455. Ref. in Ber. wiss. Biol. 1938, **45**, 473 u. Bibliogr. Pflanz.-schutz. Lit. 1942, 82.
(32) COMBES: Études sur la vie en sociétes réduites chez les *Formica*. Ann. Sci, natur. Zool. 1941, **3**, 163—191. Ref. in Ber. wiss. Biol. 1943, **60**, 376.
(33) DEMBOWSKY, J.: Tierpsychologie, 1955, Berlin Akad. Verl.
(34) DREHER, K.: Die Funktion der Mandibeldrüse bei der Honigbiene. Zool. Anz. 1936, **113**, 26—28.
(35) EHRHARDT, S.: Über Arbeitsteilung bei *Myrmica*- und *Messor*-Arten. Z. Morph. Ökol. Tiere 1931, **20**, 755—812.
(36) EIDMANN, H.: Das Mitteilungsvermögen der Ameisen. Naturwiss. 1925, **13**, 126—128.
(37) — Ameisen und Blattläuse. Biol. Zbl. 1927, **47**, 537—556.
(38) Zur Kenntnis der Biologie der Roßameise *Camponotus herculeanus* L. Z. angew. Ent. 1928, **14**.
(39) — Zur Koloniegründung von *Formica fusca* L., nebst Untersuchungen über den Brutpflegeinstinkt von *Formica rufa* L. Zool. Anz. 1929, **82**, 99—114.
(40) — Ameisen und Blattläuse. Z. Forsch. Fortschr. 1929, **5**, 41—42.
(41) — Blattlausherden und Ameisenwächter. Kosmos, 1929, **26**, 230—234.
(42) — Die Überwinterung der Ameisen. Z. Morph. Ökol. Tiere 1943, **39**, 217—275.
(43) EMERY, C.: Intelligenz und Instinkt der Tiere. Biol. Zbl. 1893, **13**.
(44) — Instinkt, Intelligenz und Sprache. Biol. Zbl. 1898, **18**, 17—21.
(45) ERNST, C.: Über die psychischen Fähigkeiten der Ameisen. Jb. Nassau. Verh. Naturkde. 1916, **69**, 37—55.
(46) ESCHERICH, K.: Die Ameise — Schilderung ihrer Lebensweise. 1917, 2. Aufl. Braunschweig. Vieweg u. Sohn.
(47) FISCHEL, W.: Die kämpferische Auseinandersetzung in der Tierwelt. 1947, Leipzig, J. A. Barth Verl.
(48) — Kleine Tierseelenkunde. 1954, Dalp-Taschenbücher, 302, München. Lehnen-Verlag.
(49) FOREL. A.: Fourmis de la Suisse, 1864 (neu herausgegeben von KUTTER, H.) 1948, Zürich, Rotapfel Verl.
(50) FREISLING, J.: Die Nestorientierung von *Vespa germanica* und ihre Bedeutung für das Staatsganze. Z. vergl. Tierpsychol. 1938, **2**, 75—80.
(51) — Die Bauinstinkte der Wespen. Z. vergl. Tierpsychol. 1938, **2**, 81—98.
(52) FRISCH, K. v.: Das Problem des tierischen Farbensinnes. Naturwiss. 1923, 21.
(53) — Methoden sinnesphysiologischer und psychologischer Untersuchungen an Bienen. Handb. biol. Arbeitsmeth. (ABDERHALDEN) 1922, VI D, 121—178.

(54) — Über die „Sprache" der Bienen. 1923, Jena, Fischer Verl.
(55) — Orientierungsvermögen und Sprache der Bienen. Naturwiss. 1951, **38**, 105—112.
(56) — und M. LINDAUER: Himmel und Erde in Konkurrenz bei der Orientierung der Bienen. Naturwiss. 1954, **41**, 245—254.
(57) GERSTUNG, F.: Die Erhaltung der Bienen auf Grund der Arbeitsteilung nach Geschlecht und Alter. Dt. Bienenz. Theorie u. Praxis 1911.
(58) GOETSCH. W.: Untersuchungen an getreidesammelnden Ameisen. Naturwiss. 1929, **17**, 221—226.
(59) — Beiträge zur Biologie körnersammelnder Ameisen. Teil II. Z. Morph. Ökol. Tiere 1930, **16**, 371—453.
(60) — Beiträge zur Biologie südamerikanischer Ameisen, Teil I: Wüstenameisen. Z. Morph. Ökol. Tiere 1932, 25.
(61) — Untersuchungen über die Zusammenarbeit im Ameisenstaat. Z. Morph. Ökol. Tiere 1934, **28**, 319—401.
(62) — Fauna Chilensis, Teil II: Biologie und Verbreitung chilenischer Wüsten-, Steppen- und Waldameisen. Zool. Jb. System. 1935, **67**.
(63) — Verständigung und Zusammenarbeit im Ameisenstaat. Naturforsch. 1937, **14**, 282—285.
(64) — Soldaten im Ameisenstaat. Umschau, 1937, 41, 887—890.
(65) — mit SIMMERSBACH, I., und J. SPAUN: Beiträge zur Bekämpfung von Ameisenstaaten, Teil I. Z. angew. Ent. 1940, **27**, 273—320.
(66) — Beiträge zur Bekämpfung von Ameisenstaaten, Teil II. Z. angew. Ent. 1942, **29**, 220—241, 444—474.
(67) — Der Einfluß von Vitamin T auf Körperform und Entwicklung. Naturwiss. 1946, **33**, 149—154.
(68) — Vergleichende Biologie der Insekten-Staaten. 1953, 2. Aufl., Leipzig, Geest u. Portig.
(69) — Willkürliche Vermehrung der „Soldaten"-Zahl in natürlichen Ameisennestern. Naturwiss. 1955. **42**, 133.
(70) GONTARSKI, H.: Über Instinktmodifikationen der Honigbiene. Umschau 1949, 310—312.
(71) GÖSSWALD, K.: Über den Einfluß von verschiedener Temperatur und Luftfeuchtigkeit auf die Lebensäußerungen der Ameisen. I: Die Lebensdauer ökologisch verschiedener Ameisenarten unter dem Einfluß bestimmter Luftfeuchtigkeit und Temperatur. Z. wiss. Zool. 1938, **151**, 337—381.
(72) — Die Massenzucht der Roten Waldameise im Laboratorium. Mitt. Forstwirtsch. Forstwiss. 1940, 283—291.
(73) — Rassenstudien an der Roten Waldameise *F. rufa* L. auf systematischer, ökologischer, physiologischer und biologischer Grundlage. Z. angew. Ent. 1941, **28**, 62—124.
(74) — Über den Einfluß von verschiedener Temperatur und Luftfeuchtigkeit auf die Lebensäußerungen der Ameisen. II: Über den Feuchtigkeitssinn ökologisch verschiedener Ameisenarten und seine Beziehungen zu Biotop, Wohn- und Lebensweise. Z. wiss. Zool. 1941, **154**, 247—344.
(75) — Unterschiede im Jagdinstinkt der Waldameisenrassen. Forstwiss. Zbl. 1941, **63**, 139—143.
(76) — Über den Lebensablauf von Kolonien der Roten Waldameise. Zool. Jb. System. 1951, **80**, 1—188.
(77) — Die Rote Waldameise im Dienste der Waldhygiene. 1951, Lüneburg, Metta Kinau Verl.
(78) — Über die Wirtschaftlichkeit des Masseneinsatzes der Roten Waldameise. Z. angew. Zool. 1954, 145—185.

(79) GÖSSWALD, K., und K. BIER: Untersuchungen zur Kastendetermination in der Gattung *Formica*. Naturwiss. 1953, **40**, 38–39.

(80) – Untersuchungen zur Kastendetermination in der Gattung *Formica*, 2. Die Aufzucht von Geschlechtstieren bei *F. rufa pratensis*. Zool. Anz. 1953, **151**, 126 bis 134.

(81) – Untersuchungen zur Kastendetermination in der Gattung *Formica*. 3. Die Kastendetermination von *F. rufa rufo-pratensis minor*. Insectes sociaux 1954, 1.

(82) GÖSSWALD, K., und W. KLOFT: Untersuchungen über die Verteilung von radioaktiv markiertem Futter im Volk der Kleinen Roten Waldameise (*F. rufo-pratensis minor*). Waldhygiene 1956, **1**, 200–202.

(83) GRABENSBERGER, W.: Untersuchungen über das Zeitgedächtnis der Ameisen und Termiten. Z. vergl. Physiol. 1934, **20**, 1–54.

(84) GRÜGER, R.: Untersuchungen über Gruppenbildung und Nestgeruch bei Ameisen. Unveröffentlicht. Zit. nach GOETSCH, Vergl. Biologie d. Insektenstaates, 1940.

(85) HAAS, A.: Die Mandibeldrüse als Duftorgan bei einigen Hymenopteren. Naturwiss. 1952, **39**, 484.

(86) HANSTRÖM, B.: Die Corpora cardiaca und Corpora allata der Insekten. Biol. gen. 1942, **15**, 405–531.

(87) HEINZ, H. J.: Vergleichende Beobachtung über die Putzhandlung bei Dipteren im allgemeinen und bei *Sarcophaga carnaria* L. im besonderen. Z. Tierpsychol. 1947, **6**, 330–371.

(88) HEMPELMANN, F.: Tierpsychologie vom Standpunkt des Biologen. 1926, Leipzig.

(89) HENNIG: Zur Ameisenpsychologie. Biol Zbl. 1918, **38**, 208–220.

(90) HEROLD, W.: Beobachtung über die Arbeitsleistung einiger Arbeiter von *Vespa germanica* F. Biol. Zbl. 1952, **71**, 461–496.

(91) HERTER, K.: Untersuchungen über den Temperatursinn einiger Insekten. Z. vergl. Physiol. 1924, **1**, 221–288, Ameisen: 274.

(92) – Temperaturoptimum und relative Luftfeuchtigkeit bei *Formica rufa* L. Z. vergl. Physiol. 1925, **2**, 226–235.

(93) – Die Fischdressuren und ihre sinnesphysiologischen Grundlagen. 1953, Berlin, Akad.-Verl.

(94) HERZIG, J.: Ameisen und Blattläuse. Z. angew. Ent. 1937, **24**, 367–435.

(95) HESELHAUS, F.: Die Hautdrüsen der Apiden und verwandten Formen. Zool. Jb. Anatom. 1922, 43, 369–464.

(96) HESS, G.: Über den Einfluß der Weisellosigkeit und des Fruchtbarkeitvitamins E auf die Ovarien der Bienenarbeiterin. Sauerländer Beih. Schweizer Bienenz. 1942, 1, 33–110.

(97) HEYDE, K.: Die Entwicklung der psychischen Fähigkeiten bei Ameisen und ihr Verhalten bei abgeänderten biologischen Bedingungen. Biol. Zbl. 1924, **44**, 623–654.

(98) HOLST, E. v.: Neue Anschauungen über die Tätigkeit des Zentralnervensystems. Naturwiss. 1940, **28**, 803–807.

(99) HOLZAPFEL, M.: Triebbedingte Ruhezustände als Ziel von Appetenzhandlungen. Naturwiss. 1940, **28**, 273–280.

(100) HÜSING, J. O., und W. ULRICH: Untersuchungen über das Ovar der Arbeiterinnen von *Apis mellifica*. Verh. VII. Internat. Congr. Ent. 1939, **3**, 1802–1816.

(101) IWANOFF-MESTSCHERSKAJA: Physiologische Besonderheiten der geschlechtlich unreifen Insektenovarien und der zyklischen Veränderungen ihrer Eigenschaften. Zool. Jb. allgem. Zool. 1935, **55**, 281–348.

(102) JACOBS, W.: Verhaltensbiologische Studien an Feldheuschrecken. 1953, Berlin, Verl. Parey.

(103) JANET, CH.: Systéme glandulaire tégumentaire de la *Myrmica rubra* (Studien über Bienen und Ameisen, Nr. 17). 1898. Paris.

(104) KALABUCHOW, H. J.: Die Methodik experimenteller Untersuchungen zur Ökologie der Insekten und Wirbeltiere. 1951, Moskau, Staatl. Verl. „Sowjetwissenschaft“.

(105) KIIL, V.: Untersuchungen über Arbeitsteilung bei Ameisen (*Formica rufa* L., *Camponotus herculeanus* L. und *C. ligniperda* LATR.). Biol. Zbl. 1934, **54**, 114 bis 146.

(106) KLEBER, E.: Hat das Zeitgedächtnis der Bienen biologische Bedeutung? Z. vergl. Physiol. 1935, **22**, 221–262.

(107) KLOFT, W.: Über die Einwirkung von Begiftungen mit neuzeitlichen Insektiziden auf soziale Verhaltensweisen von Ameisen. Insectes sociaux 1954, **1**, 141 bis 148.

(108) KOLLER, G.: Hormone bei wirbellosen Tieren. 1938, Leipzig, Akad.-Verl.-Ges.

(109) KRATKY, E.: Morphologie und Physiologie der Drüsen im Kopf und Thorax der Honigbiene. Z. wiss. Zool. 1931, **139**, 120–200.

(110) KÜHN, A.: Die Orientierung der Tiere im Raum. 1919, Jena.

(111) — Über den Farbensinn bei Tieren. Mitt. Univ. Göttingen, 1927, 9.

(112) — Grundriß der Allgemeinen Zoologie. 1949, 10. Aufl., Stuttgart, G. Thieme Verl.

(113) KUTTER, H.: Züchtung von Ameisen. Handb. biol. Arbeitsmeth. (ABDERHALDEN) 1928, IX, 485–512.

(114) LECOMTE, J.: Recherches sur le comportement agressif des ouvrières d'*Apis mellifica*. Behaviour 1951, **4**, 60–66. Ref. in Z. Tierpsychol. 1951, **8**, 494.

(115) LINDAUER, M.: Ein Beitrag zur Frage der Arbeitsteilung im Bienenstaat. Z. vergl. Physiol. 1952, **34**, 299–345.

(116) LORENZ, K: Über die Bildung des Instinktbegriffes. Naturwiss. 1937, **25**, 289 bis 300, 307–318, 324–331.

(117) LUBBOCK: Ants, Bees and Wasps. 1883, Leipzig.

(118) MAGNUS, D.: Beobachtungen zur Balz und Eiablage des Kaisermantels *Argynnis paphia* L. Lep. Nymphalidae. Z. Tierpsychol. 1950, **7**, 435–449.

(119) — Experimentelle Untersuchungen am Kaisermantel zur Analyse optischer Auslösereize. Dt. Entomologentag Hamburg 1953, 1954, Jena, Fischer Verl., 58–76.

(120) MEINERT. F.: Bidrag til de danske Myrers Naturhistorie. Det Kongelige Danske Videnskabernes Selskabs Skrifter, Femte Raekke, Femte Bind, 1861, Kobenhagen, 273–340.

(121) MEYER, W., und W. ULRICH: Zur Analyse der Bauinstinkte unserer Honigbiene. Naturwiss. 1952, **39**, 264.

(122) MORDWILKO, A.: Die Ameisen und Blattläuse in ihren gegenseitigen Beziehungen. Biol. Zbl. 1907, **27**, 212–224, 233–252.

(123) MÜSSBICHLER, A.: Die Bedeutung äußerer Einflüsse und der Corpora allata bei der Afterweiselentstehung von *Apis mellifica*. Z. vergl. Physiol. 1952, **34**, 207–221.

(124) OEKLAND, F.: Studien über die Arbeitsteilung und die Teilung des Arbeitsgebietes bei der Roten Waldameise *F. rufa* L. Z. Morph. Ökol. Tiere 1931, **20**, 63–131.

(125) OTTO, D.: Die Pharynxdrüse der Honigbiene (*Apis mellifica* L.) bei Prowona-Hefe-Nahrung als Pollenersatz. Arch. Geflügelzucht u. Kleintierkde. 1955, **4**, 209–240.

(126) — Über die Sinnesleistungen der Honigbiene. Jb. Imkers 1956, Berlin, Dt. Bauernverl., 113–130.

(127) PARDI, L.: Beobachtung über das interindividuelle Verhalten bei *Polistes gallicus*. Behaviour, 1947, **1**, 138–171. Ref. in Z. Tierpsychol. 1949, **6**, 293.

(128) — Dominance order in *Polistes* wasps. Physiol. Zool. 1948, 21.

(129) PFLUGFELDER, O.: Tatsachen und Probleme der Hormonforschung bei Insekten. Biol. gen. 1941, **15**, 197–236.

(130) PFLUGFELDER, O.: Volumetrische Untersuchungen an den Corpora allata der Honigbiene *Apis mellifica*. Biol. Zbl. 1948, **67**.

(131) — Entwicklungsphysiologie der Insekten. 1952, Leipzig, Akad.-Verl.-Ges. Geest u. Portig.

(132) RÖSCH, G. A.: Untersuchungen über die Arbeitsteilung im Bienenstaat. I. Teil: Die Tätigkeiten im normalen Bienenstaat und ihre Beziehungen zum Alter der Arbeitsbienen. Z. vergl. Physiol. 1925, **2**, 571—631.

(133) — Über die Bautätigkeit im Bienenvolk und das Alter der Baubienen. Z. wiss. Physiol. 1927, **6**, 264—298.

(134) — Untersuchungen über die Arbeitsteilung im Bienenstaat. 2. Teil: Die Tätigkeit der Arbeitsbienen unter experimentell veränderten Bedingungen. Z. vergl. Physiol. 1930, **12**, 1—72.

(135) SAKAGAMI, SH. F.: Untersuchungen über die Arbeitsteilung in einem Zwergvolk der Honigbiene *Apis mellifica* L. Japanese J. Zool. 1953, **11**, 117—185. Ref. in: Biol. Abstracts 28.

(136) SCAMONI, A.: Standortkundliche und pflanzensoziologische Verhältnisse im Lehrrevier Eberswalde. In: WAGENKNECHT, E.: Wege zur standortgerechten Forstwirtschaft (Eberswalde 1953), 1956, 48—163, Radebeul u. Berlin, Neumann Verl.

(137) SCHMIDT, A.: Geschmackphysiologische Untersuchungen an Ameisen. Z. vergl. Physiol. 1938, **25**, 351—378.

(138) STÄGER, R.: Gibt es Insekten, die von Ameisen nicht verzehrt werden? Soc. ent. 1923, **38**, 33—35.

(139) — Über das Mitteilungsvermögen der Waldameise beim Auffinden und Transport eines Beutestückes. Z. wiss. Insektenbiol. 1931, **26**, 125—137.

(140) — Verkehrs- und Transportverhältnisse auf den Straßen der Waldameise. Rev. Suisse Zool. 1935, **42**, 459—460.

(141) — Neue Beobachtungen und Versuchsanstellungen mit Ameisen. Mitt. naturforsch. Ges. Bern 1938, 1—15.

(142) STEINER, A.: Über die Temperaturverhältnisse in den Nestern der *Formica rufa var. rufo-pratensis*. Mitt. naturforsch. Ges. Bern. 1923, 61—66.

(143) — Über den sozialen Wärmehaushalt der Waldameise (*Formica rufa var. rufo-pratensis* FOR.) Z. vergl. Physiol. 1924, **2**, 23—56.

(144) — Temperaturmessungen in den Nestern der Waldameise (*Formica rufa var. rufo-pratensis* FOR.) und der Wegameise (*Lasius niger* L.) während des Winters. Mitt. naturforsch. Ges. Bern 1925, 1—12.

(145) — Die Temperaturregulation im Nest der Feldwespe (*Polistes gallica*). Z. vergl. Physiol. 1930, **11**, 461—503.

(146) — Neuere Ergebnisse über den sozialen Wärmehaushalt einheimischer Hautflügler. Naturwiss. 1930, **18**, 595—600.

(147) — Die Arbeitsteilung der Feldwespe *Polistes dubia* K. Z. vergl. Physiol. 1932, **17**, 101—152.

(148) — Neuere Untersuchungen über die Arbeitsteilung bei Insektenstaaten. Ergebn. Biol. 1934, **10**, 156—176.

(149) STITZ, H.: Hautflügler oder Hymenoptera · I: Ameisen oder *Formicidae*. In: Tierwelt Deutschlands (DAHL) 1939, **37**, Jena, Fischer Verl.

(150) STUMPER, R.: Quantitative Ameisenbiologie. Biol. Zbl. 1922, **42**, 435—440.

(151) STURDZA, S. A.: Über die Verschiedenheit optischer Orientierungsreaktionen der Roten Waldameise beim Tageslicht und bei künstlichem Lichte. Bull. Sect. sci. Acad. 1942, **24**, 659—667. Ref. in: Ber. wiss. Biol. 1943, **62**, 383—384.

(152) TINBERGEN, N.: Über die Orientierung des Bienenwolfes, II. Die Bienenjagd. Z. vergl. Physiol. 1935, **21**, 699—716.

(153) — mit KRUYT, W.: Über die Orientierung des Bienenwolfes, III. Die Bevorzugung bestimmter Wegmarken. Z. vergl. Physiol. 1938, **25**, 292—333.

(154) — Die Übersprungbewegung. Z. Tierpsychol. 1940, **4**, 1—40.

(155) TINBERGEN, N., mit MEEUSE, BOEREMA, VAROSSIEAU: Die Balz des Samtfalters *Eumenis semele* L. Z. Tierpsychol. 1942, **5**, 183—226.
(156) — Physiologische Instinktforschung. Experentia 1948, **4**, 121—131.
(157) — Instinktlehre — Vergleichende Erforschung angeborenen Verhaltens. 1952, Berlin, Parey Verl.
(158) WAGENKNECHT, E.: Wege zur standortgerechten Forstwirtschaft (Eberwalde 1953). Kap. I: Die klimatischen Verhältnisse des Lehrrevieres. 1956, 23—37, Radebeul und Berlin, Neumann Verl.
(159) WAHL. O.: Neue Untersuchungen über das Zeitgedächtnis der Bienen. Z. vergl. Physiol. 1932, **16**, 529—589.
(160) — Beitrag zur Frage der biologischen Bedeutung des Zeitgedächtnisses für Bienen. Z. vergl. Physiol. 1933, **18**, 709—717.
(161) WASMANN, E.: Eine neue Reflextheorie des Ameisenlebens. Biol. Zbl. 1898, **18**, 577—588.
(162) — Nervenphysiologie und Tierpsychologie. Biol. Zbl. 1901, **21**, 23—31.
(163) — Noch ein Wort zu BETHEs Reflextheorie. Biol. Zbl. 1902, **22**, 573—576.
(164) WEBER, E.: Grundriß der Biologischen Statistik. 1956, 2. Aufl., Jena, Fischer Verl.
(165) WEBER, H.: Morphologie, Histologie und Entwicklungsgeschichte der Articulaten. In: Fortschritte der Zoologie, 1952, **9** (1945—1950), 18—231, Jena, Fischer Verl.
(166) WELLENSTEIN, G.: Beiträge zur Biologie der Roten Waldameise (*Formica rufa* L.) mit besonderer Berücksichtigung klimatischer und forstlicher Verhältnisse Z. angew. Ent. 1928, **14**, 1—68.
(167) — Zur Ernährungsbiologie der Roten Waldameise (*Formica rufa* L.). Z. Pflanzenkrankh. 1952, **59**, 430—451.
(168) — Die Insektenjagd der Roten Waldameise (*Formica rufa* L.). Z. angew. Ent. 1954, **36**, 185—217.
(169) Was können wir von der Roten Waldameise im Forstschutz erwarten? Beitr. Ent. 1954, **4**, 117—138.
(170) WEYER, F.: Die rudimentären Keimdrüsen im Lebenslauf der Arbeiter von *Formica rufa* L. und *Camponotus ligniperda* LATR. mit Berücksichtigung der übrigen sozialen Hymenopteren. Zool. Anz. 1927, **74**, 205—221.
(171) — Untersuchungen über die Keimdrüsen bei Hymenopterenarbeiterinnen. Z. wiss. Zool. 1928, **131**, 345—501.
(172) — Die Eiablage bei *Formica-rufa*-Arbeiterinnen. Zool. Anz. 1929, **84**, 253—256.
(173) WEYRAUCH, W.: Wie entsteht ein Wepennest? II. Teil: Experimentelle Analyse des Verhaltens von *Vespa germanica* F. und *Vespa vulgaris* L. beim Bau der Hülle ihres Nestes. Z. Morphol. Ökol. Tiere 1936, 30, 31; 1937, 32.
(174) — Wie entsteht ein Wespennest? V. Teil: Experimentelle Analyse des Verhaltens von *Vespa germanica* F. und *Vespa vulgaris* L. beim Bauen mit Erde. Zool. Jb. 1937, **69**, 215—240.
(175) — Die allgemeinen Prinzipien der Zusammenarbeit bei sozialen Insekten, nach Feststellungen an *Vespa* und *Dolichovespula*. VII. Intern. Kongr. angew. Ent. 1939, **2**, 980—984.
(176) WICHMANN, H. E.: Das Schutzverhalten von Insekten gegenüber Ameisen. Z. angew. Ent. 1955, **37**, 507—510.
(177) WIGGLESWORTH, V. B.: The Functions of the Corpus allatum in the Growth and Reproduction of *Rhodnius prolixus* (Hemiptera). Quart. J. microsc. Sci. 1936, 79, 91.
(178) WILSON, E. O.: A new interpretation of the frequency curves associated with ant polymorphism. Insectes sociaux 1954, **1**, 75—81.
(179) ZIEGLER, H. E.: Der Begriff des Instinktes einst und jetzt. 1920, 3. Aufl., Jena, Fischer Verl.

IX. AUTORENVERZEICHNIS

KURZE ZUSAMMENFASSUNG

In vorliegender Arbeit wurden Art, Ausmaß und Regulationsfähigkeit der Arbeitsteilung im Staate der Kleinen Roten Waldameise (Formica rufa rufopratensis minor GÖSSW.) analysiert und als verhaltensphysiologisches Phänomen charakterisiert. Durch individuelle Unterschiede in der Schwellenwerthöhe der einzelnen Auslösereize kommt es zu unterschiedlichem Verhalten der Tiere in gleicher Reizsituation und damit zu individuell verschiedener Betätigung, die sich in einer Arbeitsteilung nach Art von Berufsgruppen äußert. Neben arbeitssteten Spezialisten gibt es arbeitsunstete Tiere; zwischen allen bestehen nur graduelle Unterschiede.

Das Alter ist für die Tätigkeit nur insofern ausschlaggebend, als mit dem Altern eine Umstellung von der Betätigung im Nestinnern zum Außendienst stattfindet. Im ersten, durch den Innendienst gekennzeichneten Lebensabschnitt sind die Maxillardrüsenzellen der Arbeiterinnen größer als zur Zeit des Außendienstes, und die Ovarialschläuche enthalten Eier. Erst nach Resorption dieser Eier verlassen die Tiere das Nestinnere. Ein bestimmter morphologischer oder physiologischer Faktor, der letzten Endes für die Individualität der Arbeiterinnen verantwortlich gemacht werden kann, konnte nicht gefunden werden.

Besondere Individuengruppen, die innerhalb des Volkes engere Gemeinschaften bilden, sind nicht vorhanden.

SUMMARY

The present work analyses the way, extent and regulation of the division of labour in the state of the Little Red Wood Ant (Formica rufa rufo-pratensis minor GÖSSW.) and characterizes the same as ethological phenomenon. The individual differences in the threshold value of the single sign stimuli cause different behaviour of the animals in the same stimulus situation and thus an individually different activity which shows itself in a division of labour according to the line of business. In addition to specialists with a constant kind of working there are inconstant working animals; between all animals are only gradual differences.

The age is decisive for the activity only as far as with the increasing age a changeover from the service inside the nest to the service out of the nest takes place. In the first period of life, characterized by the service inside the nest, the cells of the maxillar gland of the working ant are bigger than in the time of the service out of the nest and the ovariols contain eggs. Only after resorption of these eggs the animals leave the inside of the nest. A certain morphological or physiological factor which finally can be made responsible for the individuality of the working ant could not be found.

Particular groups of individuals forming more close communities within the people are not existing.

„РАЗДЕЛЕНИЕ ТРУДА В КОЛОНИИ ЛЕСНОГО МУРАВЬЯ“

В настоящей статье анализируется разделение труда у малого рыжего лесного муравья Formica rufa rufo-pratensis minor GÖSSW. – В отношении самого характера этого явления, степени его развития и регулятивности. Проблема рассматривается с точки зрения физиологии поведения.

Различное поведение особей при одинаковых раздражениях зависит от индивидуальных различий в величине порога тех или иных разрешающих раздражений. Этим и определяется индивидуально различное поведение, поскольку оно выражается в разделении труда соответственно функциональным группам. Наряду с функционально постоянной специализацией особей наблюдается и непостоянная, причем то и другое связано постепенными переходами.

Возраст муравьев имеет значение лишь в том смысле, что по мере старения у них происходит смена характера производимых работ: сначала муравьи работают во внутренних частях гнезда, а затем переходят к наружным работам. Первый период деятельности рабочих особей характеризуется наличием у них бо́льших размеров клеток максиллярной железы, а также тем, что их яйцевые трубки содержат яйца. После резорбции этих яиц муравьи покидают внутренность гнезда и несут наружную службу. Какого-либо фактора морфологического или физиологического порядка, который в конечном счета определял бы индивидуальные особенности рабочих муравьев, до сих пор найти не удалось.

В пределах гнезда нет таких групп особей, которые складывались бы в более узкие сообщества.

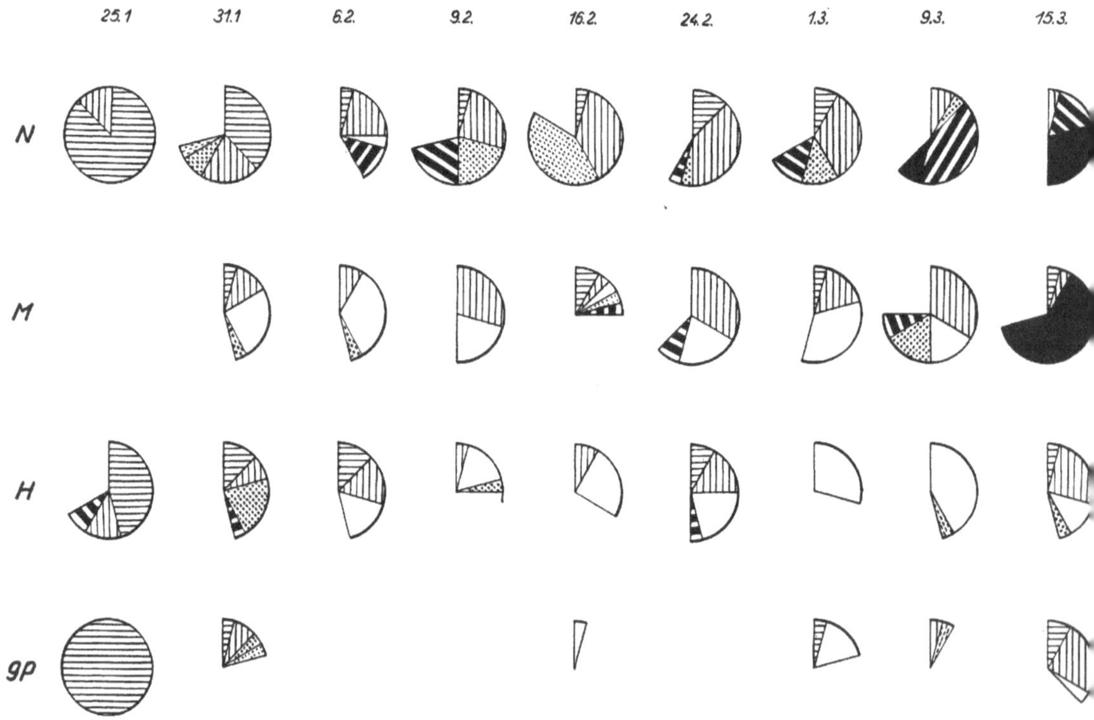

25.1
31.1
6.2.
9.2.
16.2.
24.2.
1.3.
9.3.
15.3.
N
M
H
gP

Tafel 1

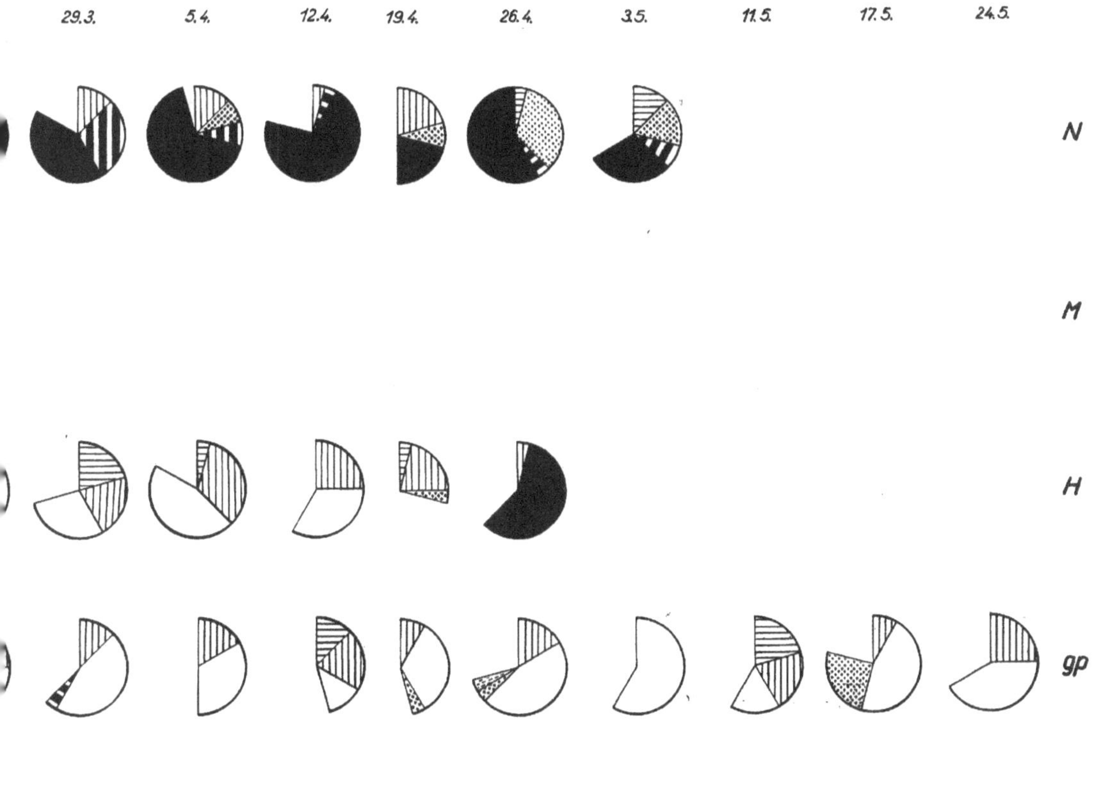

Diagramme
zur individuellen Arbeitsteilung
und ihrer zeitlichen Veränderung

(Anlage zu Kap. IV B)

Zeichenerklärung:

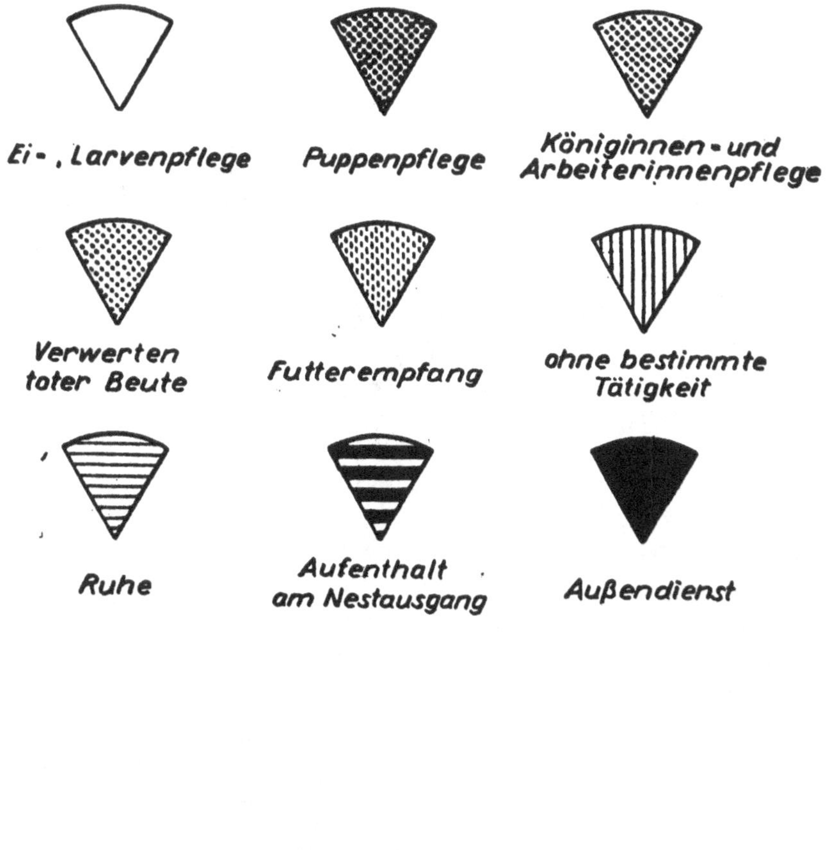

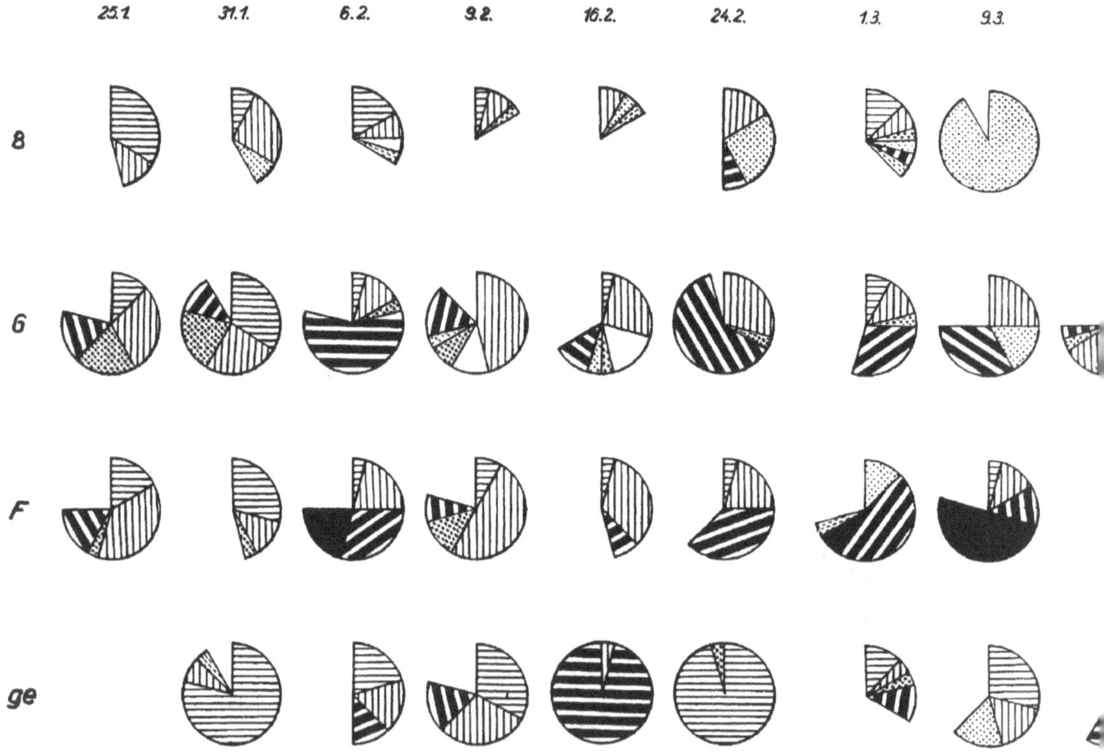

25.1.
31.1.
6.2.
9.2.
16.2.
24.2.
1.3.
9.3.
8
6
F
ge

Tafel 2

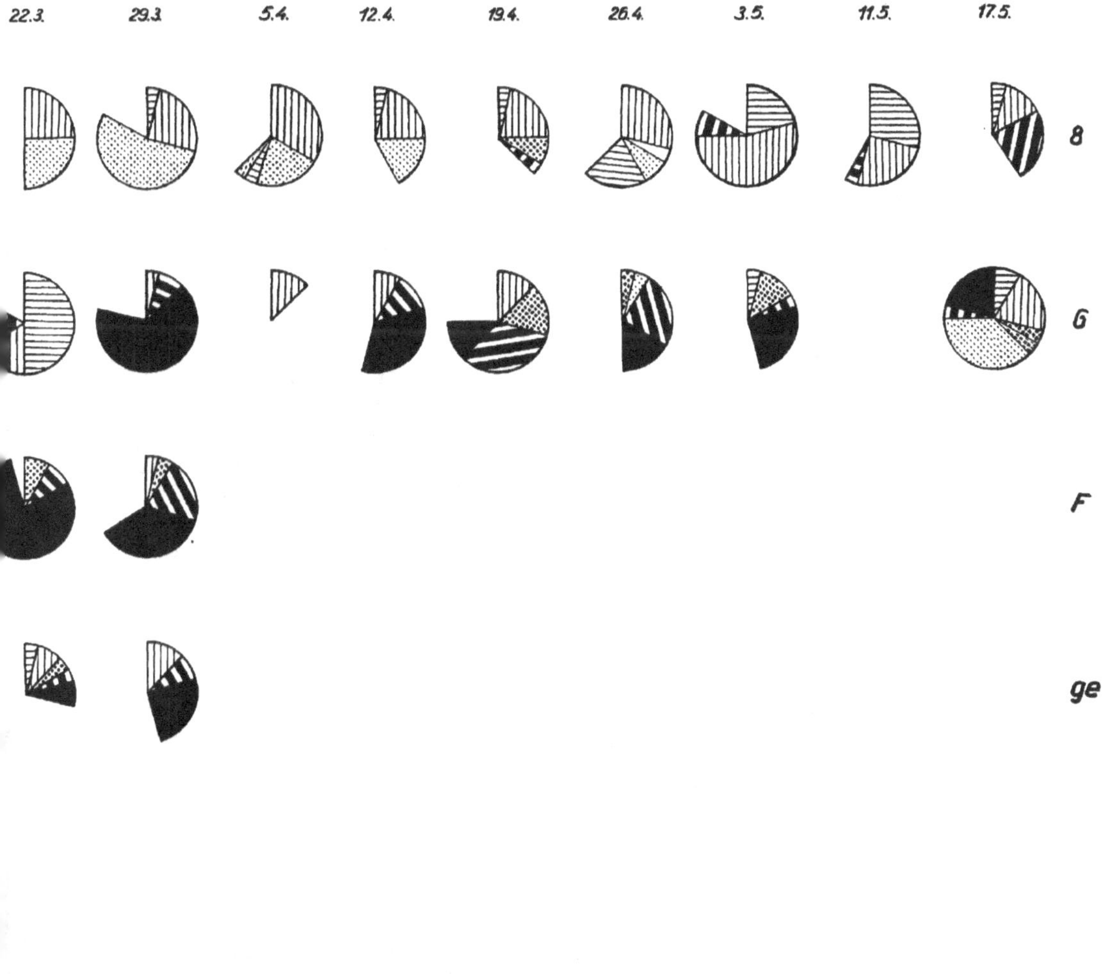

Tafel 3

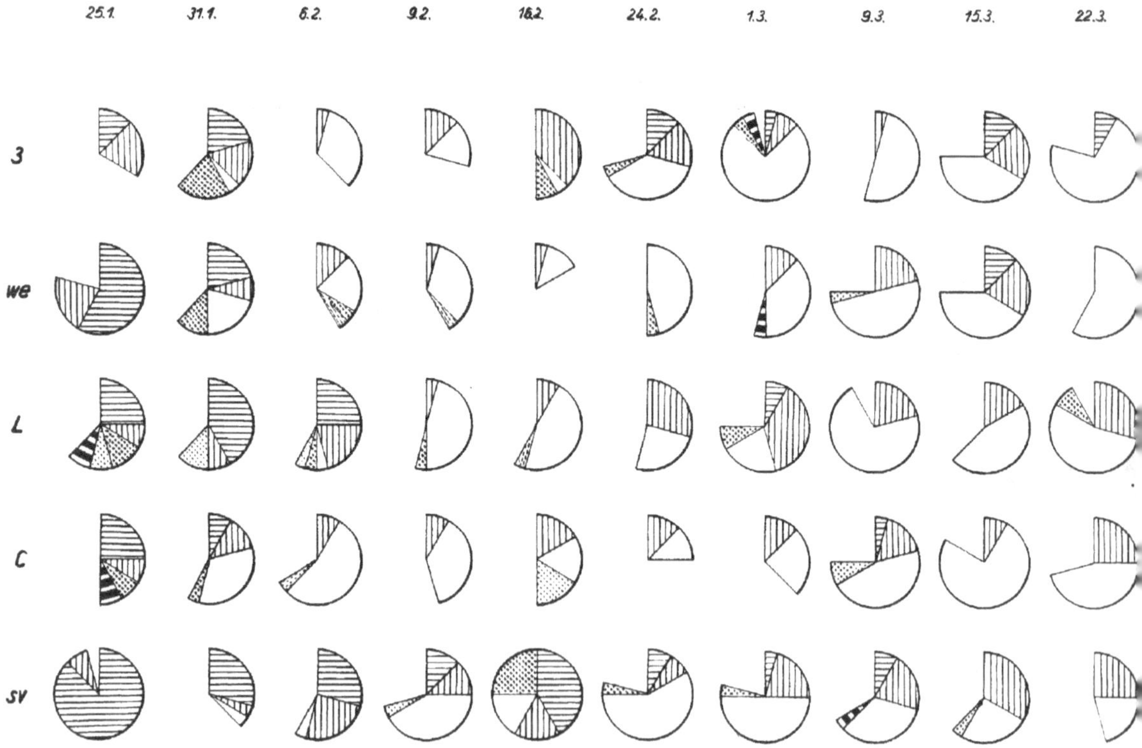

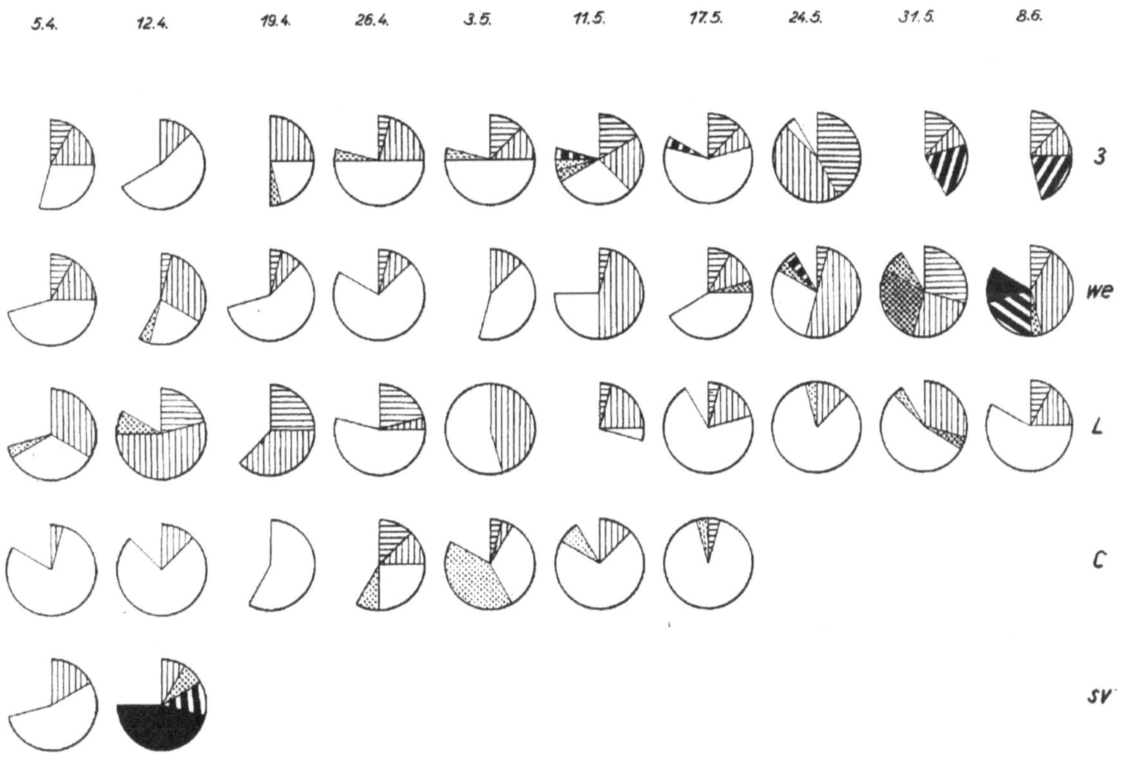

5.4.
12.4.
19.4.
26.4.
3.5.
11.5.
17.5.
24.5.
31.5.
8.6.
3
we
L
C
sv

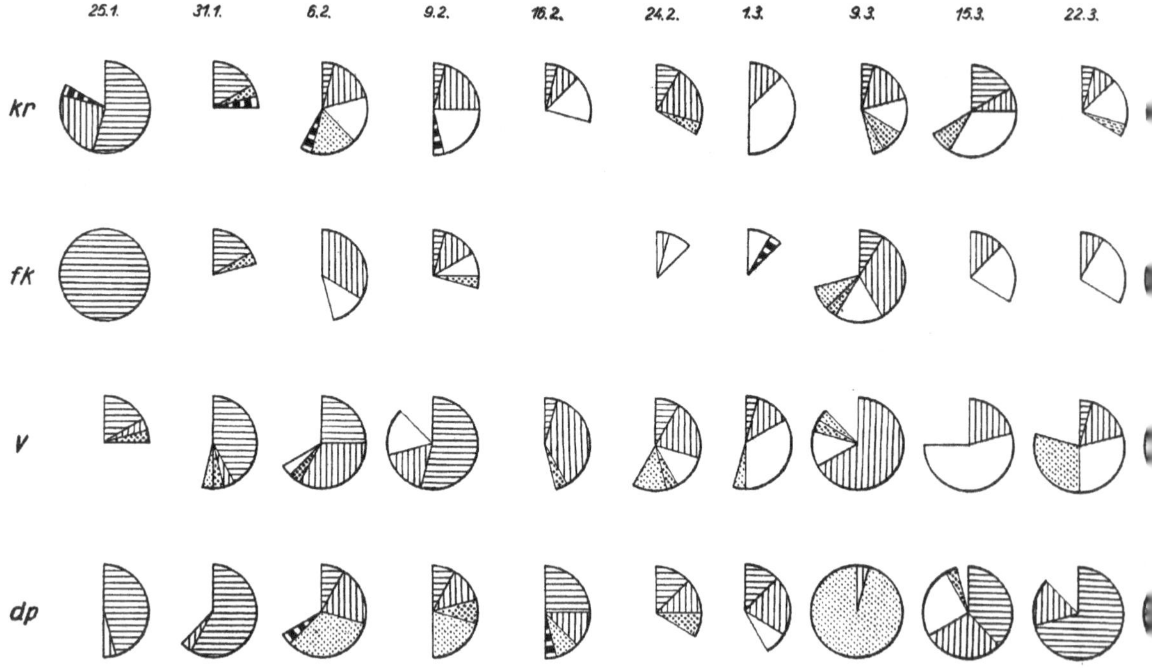
25.1.
31.1.
6.2.
9.2.
16.2.
24.2.
1.3.
9.3.
15.3.
22.3.
kr
fk
v
dp

Tafel 4

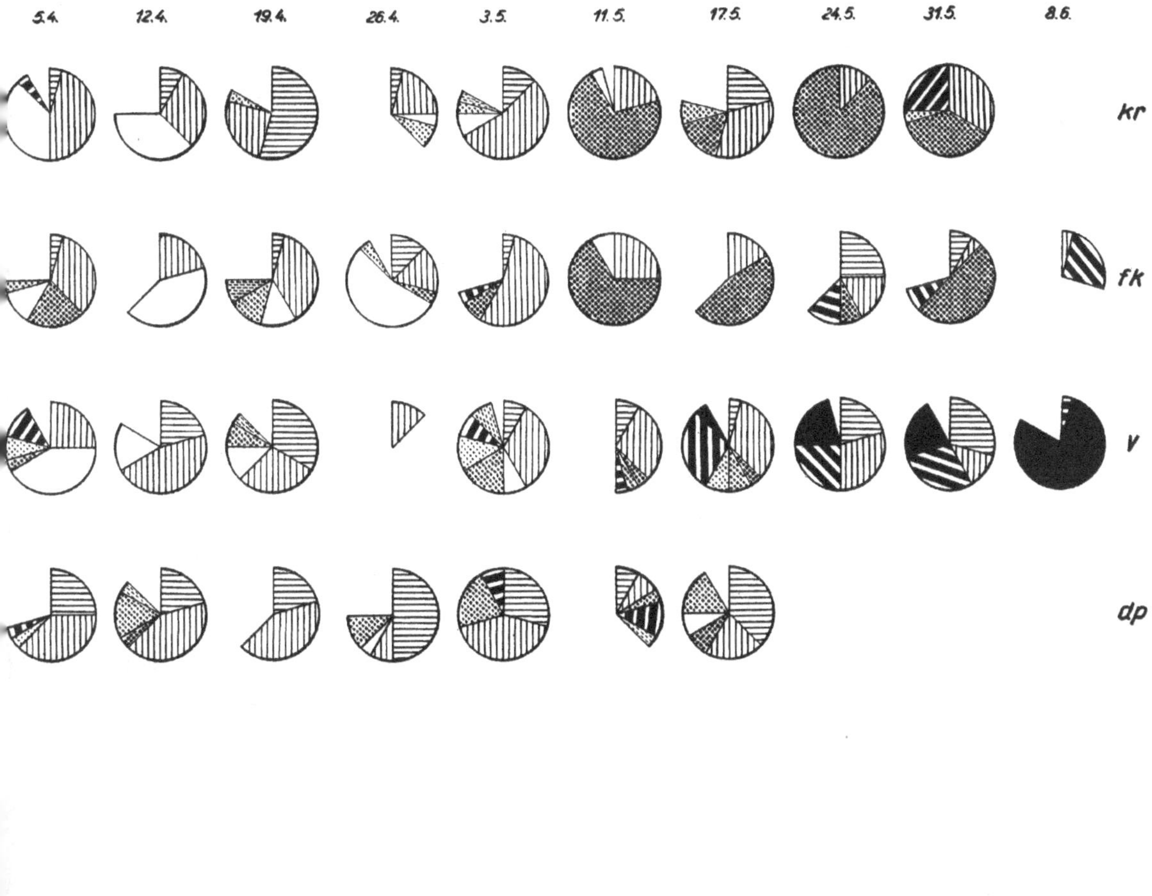

Tafel 5

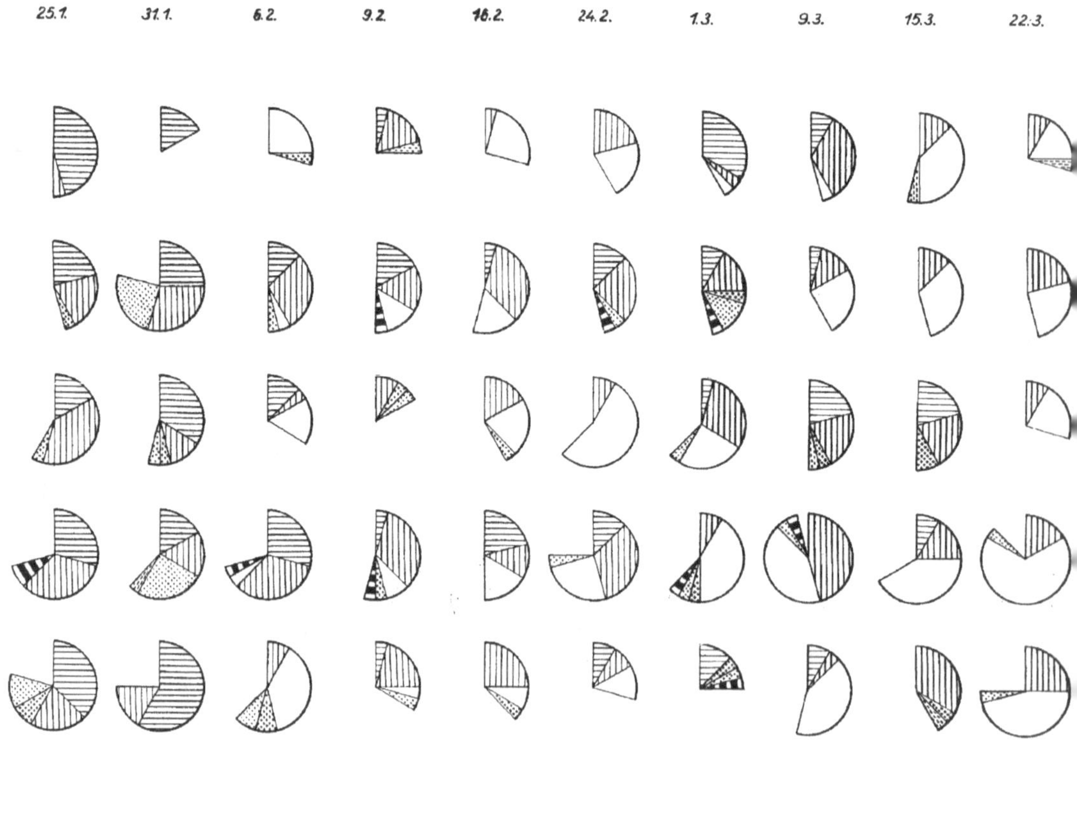

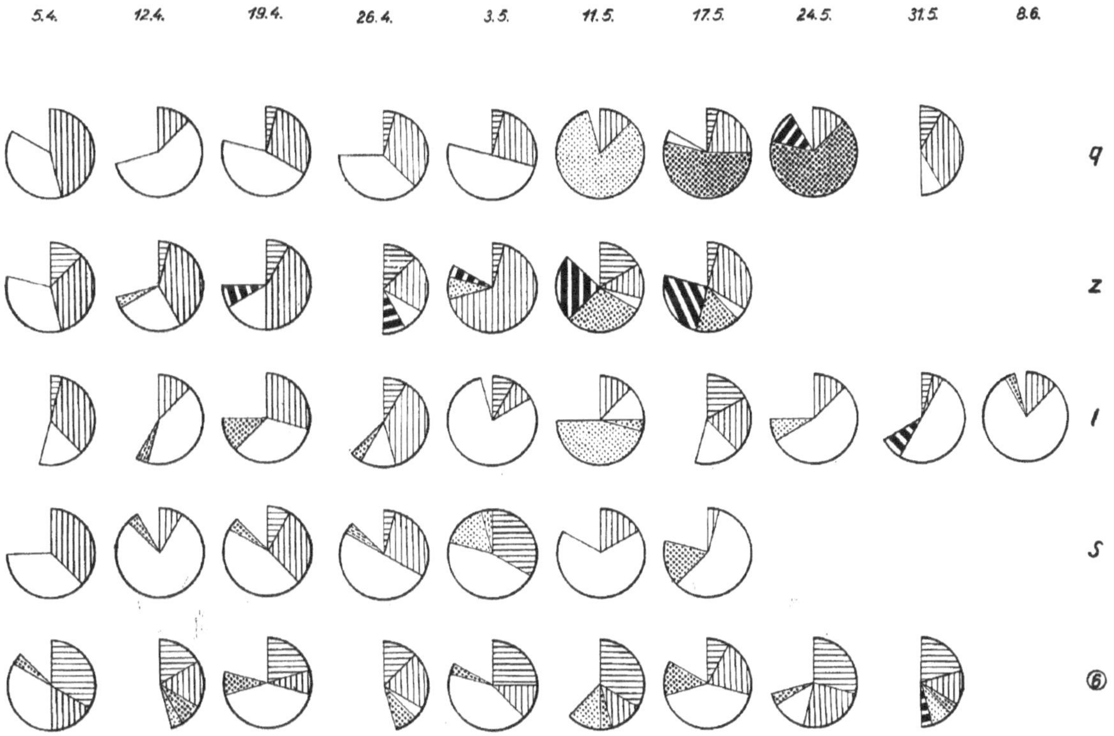
5.4.
12.4.
19.4.
26.4.
3.5.
11.5.
17.5.
24.5.
31.5.
8.6.
q
z
l
S
⑥

FSC
www.fsc.org
MIX
Papier | Fördert gute Waldnutzung
FSC® C083411

Kolibri 360 GmbH
Ferdinand-Jühlke-Straße 7
99095 Erfurt, Deutschland
produktsicherheit@kolibri360.de